不只中國木建築

나무로 집 지은 이야기만은 아니랍니다。

중국 목조건축의 문화사

자오광차오 지음
한동수·이정아·차주환 옮김

미진사

목차

일러두기

1. 근현대의 인명과 지명은 현행 외래어표기법에 따랐습니다. 근현대 이전의
   인명과 지명, 학술어 등 관용화된 특수 고유명사는 한국식 발음으로 표기했습니다.
2. 〈 〉는 작품, 《 》는 서책, 『 』는 단행본에 해당합니다.
3. 저자의 주석은 ◇으로 표기했습니다. 역주는 ●를 붙여 구별했습니다.

추천의 말

중국 역사 속 집 짓는 이야기

한 민족의 건축 문화를 이해하려면 먼저 그들의 역사를 알아야 하고 그 속에 스며들어 있는 삶의 흔적을 이해해야 합니다.

인간이 땅에 뿌리를 내리고 정착해 나가는 과정은 민족에 따라 각기 차이가 있지만, 자연을 상대하며 살아왔던 본능적인 욕구는 의식주라는 관점에서 볼 때 과거와 현재를 이어가는 문화적인 속성으로 읽히는 공통점을 갖고 있습니다.

지형적으로 중국 대륙과 한반도는 육지로 연결되어 고대로부터 많은 문화 교류가 있어왔습니다. 하지만 금세기 들어 형성된 냉전체제는 한중 양국 간 일시적인 문화의 단절을 가져왔습니다. 당시 중국 건축에 관한 자료는 일본이나 대만을 통해 극히 제한적으로 소개되었기 때문에 이 분야의 전문 지식은 거의 공백 상태였다 해도 과언이 아닙니다. 다행히도 1992년 양국은 국교를 수립하여 교류의 물꼬를 다시 열었으며 이와 더불어 중국 건축에 관한 일부 서적이 번역되어 국내에 소개되기 시작했습니다. 그러나 오랜 기간 교류의 단절로 인한 양국 간 전문용어의 차이와 한자 어휘에 대한 생소함 등은 우리 학계가 중국 건축을 이해하는 데 큰 걸림돌이 되고 있습니다.

최근 들어 중국 건축에 관한 전문 서적은 물론 대중 서적의 출판이 증가하는 추세이기는 하지만 학계와 일반 대중의 갈증을 충족시키기에는 턱없이 부족한 것이 현실입니다.

이번에 번역 출간된 『나무로 집 지은 이야기만은 아니랍니다』는 저자의 수려한 문장과 명료한 그림을 통해 중국 목조건축의 본질을 이해하는 어려움을 단번에 해소시켜주었을 뿐만 아니라 중국 역사 속에 깊이 잠들어 있던 수많은 집 짓는 이야기들이 저자의 해박한 지식을 통해 드러남으로써 중국 목조건축은 단순한 물리적인 행위에 그치는 것이 아니라 그 이상의 존재임을 독자들에게 전해줍니다.

> "집은 하나의 건물입니다. 그리고 뜰은 빈 공간이죠. '넓은 공터'라고 하면 처마 앞의 빈곳을 가리킵니다. 안이기도 하고, 밖이기도 한 곳이지요. 보통 집의 빈 공간에서는 일상의 활동을 합니다. 그래서 제왕이 머무는 집의 빈 공간은 궁정이며, 군신들이 알현하는 공간은 조정이라고 합니다."
>
> "전통은 문화의 증거입니다. 어떤 사람은 그것을 다시 불러일으키고 어떤 사람은 다시 발휘되게끔 합니다. 물론 지나치게 전통만을 추구하면 생기가 부족해질 수 있고, 반대로 전통을 완전히 무시해버리면 사람들이 무엇을 따라야 할지 몰라 갈팡질팡하게 됩니다."
>
> 본문 중에서

또한 이 책의 필자는 여기에 그치지 않고 있습니다. 옛 문헌에 있는 수많은 건축 어휘들을 정리하기 위하여 한 장의 회화 자료를 찾아주는 수고로움을 아끼지 않았고 현장을 답사하는 노고에 더하여 신중하게 선택된 사진은 구구절절 설명을 요하지 않습니다. 넘겨진 책장이 쌓여 갈수록 나도 모르게 감탄과 공감을 하게 됩니다.

때로는 함축적이고, 때로는 우의적인 저자의 표현과 전통 건축 용어의 어려움을 잘 극복하고 우리말로 재해석하여 마무리해준 칭화대학교 건축학원의 박사과정 동문들인 이정아 박사님, 차주환 박사님, 한동수 교수님의 노력에 아낌없는 박수를 보냅니다. 번역은 자기희생의 산물이라고 합니다. 우리 건축계와 중국 건축을 알고 싶어 하는 한국의 독자들은 이 책을 읽으면서 중국의 건축 문화를 이해하는 길잡이로 활용하기에 충분하다고 여깁니다.

서문을 쓰신 주환롱 선생이 이 책의 원본을 서점에서 접하고 난 이후의 감동을 읽으니, 저 역시 자전거를 타고 책을 사러 다니던 베이징 칭화대학에서의 유학생활이 주마등처럼 지나가며 더욱 감회가 새로워집니다.

이 한 권의 책 속에 녹아 있는 단어 하나, 문장 하나, 단락 하나는 모두 위엄이 살아 있는 명청 시대 베이징의 자금성과 이화원을 볼 수 있는 식견, 쑤저우와 항저우의 경이로운 원림을 감상하는 안목, 더 나아가 천년 고찰인 오대산의 불광사를 답사하는 훌륭한 길잡이가 될 것입니다.

장헌덕

한국전통문화대학교 전통건축학과 교수

2020년 3월

추천의 말

여기에 그치지 않습니다

자오광차오 선생의 『나무로 집 지은 이야기만은 아니랍니다』를 중화서국中華書局에서 재발행하면서, 선생의 부탁으로 감히 추천의 글을 쓰게 되었습니다.

내가 선생을 알게 된 지는 14년이 넘습니다. 베이징 중국미술관 동가美術館東街 옛 거리에 있는 싼롄서점三聯書店 2층의 동쪽 벽 책꽂이에는 당시로선 보기 드문 예술 서적들이 꽂혀 있었습니다. 이 책들은 쉽게 접할 수 없을 뿐더러 서점에 입고되는 수량 자체가 적었습니다. 손때도 잔뜩 묻고 오래되었지만 재판의 가능성이 전혀 없어 누가 사면 사고, 에누리 같은 건 기대할 수도 없는 그런 책들이었지요.

『나무로 집 지은 이야기만은 아니랍니다』는 거기서 만나게 되었는데, 2001년 상하이과기출판사上海科技出版社에서 중국어 간체자로 소개한 판본이었습니다.

잠깐 다른 이야기를 하면, 상하이과기출판사 편집자의 안목과 결단력을 높이 사지 않을 수 없습니다. 상하이과기출판사는 홍콩의 여러 출판기구에서 발행한 우수도서들의 간체자 저작권을 연이어 사들여 책을 냈습니다. 그중 가장 많이 알려진 것이 고궁박물원故宮博物院과 홍콩상무인서관香港商務印書館이 공동 발행한 대형 총서 『고궁박물원 소장 문물 진품전집故宮博物院藏文物珍品全集』입니다. 흔히들 간략히 '리우스쥐엔육십권, 六十卷'이라고 하는 바로 그 책이지요. 다시 돌아와서, 만약 『나무로 집 지은 이야기만은 아니랍니다』의 간체자 판본이 나오지 않았더라면 내가 선생을 위해 이 글을 쓸 일도 없었을 겁니다.

책꽂이에서 마주한 이 책은 손때가 묻어 흰색 표지가 지저분해진데다 모서리도 조금 찢어져 있었습니다. 게다가 딱 한 권밖에 남아 있지 않았지요. 그게 2002년쯤으로, 내가 독자로서 선생을 알게 된 순간이었습니다.

이전에 접해보지 못한 유형이라고 할까요. 학술적이고 예술적이지만 과거에 알고 있던 그런 책들과는 전혀 달랐습니다. 선생의 문장은 학교 강단에서 들음직한 어투도 아니고, 억지스럽게 서정적이지도 않았으며, 가식 섞인 가벼운 어투도 아니었습니다. 많은 지식이 담겨 있지만 폭넓게 연결되고, 문장이 소박하면서도 시정詩情이 가득했습니다.

예를 들면 이렇습니다.

> "집 밖에서 달은 항상 다른 사람을 비추고, 마당에서 보는 달은 언제나 가족처럼 나와 한가로이 집안 이야기를 나누고 싶어 합니다. 마당이란 하늘과 땅을 한 조각씩 잘라내어 집 안에 들여놓은 것이며, 나무가 하늘을 향해 자라는 방이라는 것을 문득 깨닫습니다."

> "중국인들은 나무로 종이를 만들고, 나무에 글자를 새겨서 인쇄판을 만들며, 나무로 지은 공간에 들어앉아 그 모두를 합하여 건축과 예술의 역사를 썼습니다."

> "《강희자전康熙字典》에 따르면 나무 목木을 부수로 하는 글자는 1,413개인데, 그중 400개 이상이 건축과 관련된다고 합니다. '서栖: 깃들일·거주할 서'란 글자만 해도 명백히 '나무木'로 부수를 삼았지요."

"'세상에서 가장 부드러운 것으로 세상에서 가장 견고한 것을 다스린다天下之至柔 馳騁天下之至堅'라는 옛글이 생각납니다."

본문 중에서

2004년 홍콩문물기금회의 지원을 받아 진행된 자금성 내 건복궁建福宮 복원 공사가 마무리될 즈음, 기금회 공사감독인 치우샤오밍邱筱銘 씨가 건복궁을 쭉 둘러보면서 복원 과정을 소개하는 책을 쓰면 어떻겠느냐고 말을 꺼냈습니다. 책 내용은 복원 공사에 대한 것이고, 대상 독자는 기금회의 출자자 그리고 이 공사에 대해 알고 싶지만 사전 지식이 없는 대중으로 잡았지요. 그런데 어떤 형식이어야 독자들이 이 공사를 쉽게 이해하고, 또 중국 건축이 자연에서 왔지만 동시에 자연을 초월하는 특성을 지닌다는 걸 이해하게 할지가 고민이었습니다. 마침 내가 고궁박물원에서 발행하는 간행물인 『자금성紫禁城』의 편집자여서 의견을 물어온 거였지요. 나는 홍콩이공대학 교수로 있는 자오광차오라는 분에게 부탁하면 분명 원하는 결과를 얻을 거라고 망설임 없이 권했습니다. 치우샤오밍 씨가 입가에 미소를 띠며 아는 사람이냐고 되물었을 때, 나는 그저 책으로만 만나보았다고 답했습니다. 그러자 치우샤오밍 씨가 큰 소리로 웃으며, 그가 다음 달에 이곳 자금성으로 올 텐데 그때 소개해주겠다고 했습니다. 그러면서 화풍이 어딘가 익숙한 건복궁 그림 한 장을 건네며 자신이 자오 선생에게 스케치를 부탁하고는 그의 의견을 기다리는 중이라는 게 아닌가요.

이렇게 해서 그다음 달에 자오 선생을 만나 비로소 진짜로 알게 되었습니다. 그날 우리는 많은 이야기를 나누었습니다. 나의 부친인 주자진朱家溍을 이야기할 때, 자오 선생은 이곳에 오는 일이 늦어지는 바람에 그토록 뵙고 싶던 분을 만나지 못하게 됐다며 아주 유감스러워 했습니다. 그러면서 그가 던진 한마디가 내 머릿속을 떠나지 않습니다. "주 선생님의 글은 교만하지 않아요." 부친의 글을 읽어본 많은 사람들이 그런 느낌을 받는다고 하지만, 자오 선생에게서 들으니 특별한 감동이 있었습니다. 자오 선생 자신의 글과 행동이 늘 이 같은 자신만의 규율을 보여주기 때문입니다.

자오 선생을 알기 전에는 "찻주전자에 만두를 삶는다" 즉 '마음속에 들어 있는 것을 꺼내지 못한다'라고 하는 베이징의 오래된 속담이 한 번도 피부에 와 닿지 않았습니다. 그런데 자오 선생과의 대화가 딱 이 속담에 어울리듯 '힘들면서도 즐거운' 것이었습니다. 이렇게 말하는 이유는 먼저 자오 선생의 광둥 사투리가 무척 심해서입니다. 그런데 그 마음속은 더할 수 없이 풍요로워서, 한 가지를 이야기하면서 재빨리 또 다른 많은 것들을 떠올립니다. 그러다 보니 자신의 생각에 스스로 막혀서 말로 표현하기가 어려워지고, 혀를 굴려 사투리를 표준어로 바꾸어 말하려니 숨이 차오르는 걸 피할 도리가 없었지요. 그래서 함께 대화하며 이를 지켜보는 사람도 자연히 '힘이 들었습니다.'

또 선생은 역사, 문학, 예술에 대해 시종일관 어린아이같이 천진무구한 마음을 간직했습니다. 지식을 추구하는 방식에도 영화·희극·설창說唱 등을 가리지 않았고 예술 형식에 그 어떤 높고 낮음의 잣대를 들이대지 않았습니다. 그래서 대화하며 서로 쉽게 이해하고 마음을 터놓을 수 있어서 매우 '즐거웠습니다.'

선생은 스스로 체험하기를 무엇보다 중요하게 여겼습니다. 두 다리로 직접 가서 두 눈으로 직접 보고 그중에 드러난 것 혹은 그 사이에 숨겨진 관계를 최대한 느껴야 한다는 것이지요.

자금성과 친숙해지기 위해 보내던 1년 동안, 선생은 자신이 데려온 학생에게도 이렇게 하도록 했습니다. 그저 돌아다니며 눈으로만 보지 말고, 궁전 마당의 한 지점에 서서 사계절을 지나며 달라지는 태양의 빛과 온도를 온몸으로 느끼게 했지요. 그렇게 해서 학생이 펜을 움직여 선을 그리기 전에 옛사람처럼 피부로 느낀 진실함을 갖추도록 이끌었습니다. 이 방법을 통해서 창작 과정 중에 그것이 조형이든 문장이든 상관없이 직설적이면서도 자연의 운치가 있는 표현을 조금씩 배울 수 있다고 생각했던 겁니다. 이로써 문장의 표현이 자연스럽고 명료해지며, 글을 아는 사람이면 누구나 전하려는 의미를 이해할 수 있어 마침내 이야기를 잘 전달하고 '교만해지지 않을 수 있다'고 했습니다.

선생을 보면 자연스레 옛사람의 이 말이 떠오릅니다. "군자는 입을 무겁게 하고 행동은 민첩하게 한다君子欲訥于言而敏于行." 여기서 '눌訥'의 사전적 의미는 말솜씨가 없고 표현이 어눌하다는 뜻이며 '민敏'은 신속하고 빠름을 가리킵니다. 그야말로 선생에게 딱 들어맞는 대목입니다.

마음속에 이야기가 가득 차 있어 이를 말하려는 사람이 있고, 나무로 지은 집 아래 가족이 있고, 가족이란 건 단지 한 사람에게만 있는 것이 아니고…. 사람과 사람 사이의 관계, 가족의 일과 가문의 일, 정말이지 사소하면서도 영원한 것 아닌지요.

이 책에도 나무만이 아니라 더 많은 이야기가 담겨 있습니다.

어디 나무로 집 지은 이야기 그뿐일까요?

주찬롱◇

2017년 3월

◇ 주찬롱(朱傳榮). 중국의 저명한 역사학자인 주자진(朱家溍, 1914-2003)의 딸로, 고궁박물원에서 발행하는 간행물『자금성(紫禁城)』의 편집인이다.

원래 세계는 흠 없이 완벽해서 근심걱정이 없었다고 합니다.

문제는 인류의 역사가 '낙원' 밖에서 시작되었다는 점이지요.

전설에 따르면 아담과 하와는 사과 하나를 훔쳐 먹었고, 그 결과 낙원을 잃어버렸습니다. 하느님이 아담과 하와를 에덴동산에서 추방할 때, 마침 하늘에서 큰 비가 쏟아졌습니다. 아담은 반쯤 포기한 상태에서 비를 다소나마 막아보려고 두 손으로 몸을 가렸고, 하와는 말없이 남편의 품에 기대어 두려움에 떨었습니다. 두 식구 중 하나는 부산스레 행동했고, 다른 하나는 묵묵히 부축했습니다. 이렇게 해서 비바람이 몰아치는 환란 속에 인류 최초의 건축 구조물, 곧 덮개와 지지대가 형성되었습니다.

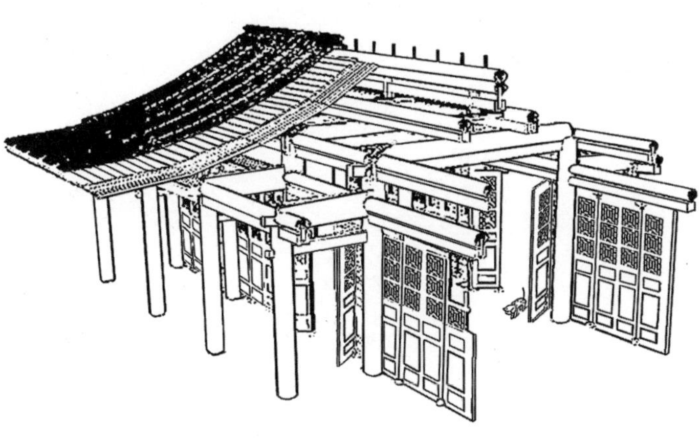

가벼이 볼 수 없는 목조건축

돌로 지은 고딕 성당, 파리 노트르담 대성당(Notre Dame de Paris, 1163-1345)

이 이야기는 15세기 서양 건축계에서 유행하던 흥미로운 우화입니다. 만약 아담과 하와가 말다툼이라도 벌였다면 둘의 신체로 이루어진 이 구조가 해체되고 말았겠지요.

이야기의 진실은 어떠한가요. 인류의 조상은 셀 수 없이 많은 세대에 걸쳐 황야를 떠돌며 잡아먹을 수 있는 온갖 동물을 쫓아 사방으로 뛰어다니고(사냥하기), 잡아먹힐 위험이 있는 여러 동물을 피해 사방으로 도망 다니는(사냥당하기) 삶을 살았습니다. 그러던 어느 날, 그들은 이 고단한 유랑을 멈추고 머물기에 좋은 한 조각의 터전을 찾아내고는 피동적인 채집생활에서 생산(유목, 농경, 정착)이라는 새로운 생활양식으로 돌아섰습니다.

이는 정말이지 중대한 전환점이었습니다. 유랑에서 정착으로 삶의 방식을 바꾸면서 그들은 덮개와 지지대 이외에 별도의 안전대책, 곧 둘러싸는 구조가 필요하다는 걸 깨달았거든요.

바꿔 말하면 지붕과 기둥에 벽체를 더한 것입니다.

송나라 때의 건축 지침서인 《영조법식營造法式》에 의거하여 재현된 12세기 궁전 건축의 모습. 파리 노트르담 대성당을 건설하던 시기에 해당한다. 얼핏보면 이전 양식과 전혀 다르지 않은 것 같다.

기원전 4,5천 년경 모든 민족의 조상들은 약간의 시차는 있어도 이때부터 이 개념에 기초하여 제각기 건축 실험을 하기 시작했습니다. 야수와 홍수를 피하는 일 이외에 그들이 바란 것은 단순히 한 채의 집house이 아니라 하나의 온전한 가정home이었습니다.

달리 말하면 가정은 집의 내용이고, 집은 가정의 포장인 셈입니다.

일반적인 가정은 일반적인 집으로 포장되었고, 일반적이지 않은 가정은 일반적이지 않은 집, 그러니까 궁전이나 감옥으로 포장되었습니다. 초월의 존재가 머무는 가정은 신전이나 교회로 포장되었고, 죽은 이의 가정은 무덤으로 포장되었습니다.

각 지역마다 나름의 방법이 있다고 할까요. 중국인들이 토목(흙과 나무) 공사로 건설의 개념을 표현한 데 비해, 서양인들은 돌을 쌓아서 터전을 만들었습니다. 프랑스의 문호 빅토르 위고Victor Hugo, 1802-1885는 서양 건축의 발전을 찬미하면서 "돌로 쓴 역사"라는 통찰력 깊은 표현을 처음 썼습니다. 이는 이후 서양 건축 담론에서 어김없이 등장하는 관용

문구가 되었지요.

그런데 사실 위고의 이 말은 '돌로 쓴 여러 가지 서로 다른 이야기'라고 고쳐야 합니다. 그리스식, 로마식, 로마네스크식, 고딕식, 바로크식 … 그리고 현대의 경이로운 초고층 빌딩에 이르기까지 그야말로 없는 형식이 없으니까요. 위고는 영구한 재료인 돌을, 보는 이의 눈을 미혹하는 한때의 유행인 것처럼 어긋나게 서술했습니다.

서양 건축의 특징에서 운을 떼어 중국 건축을 이야기하고 있는데 이 둘 사이에 필연 관계는 없지만, 참고할 만한 의미는 있습니다. 결국 이들이 동서양의 가장 커다란 두 가지 건축 계통을 이루는 게 아닐까요?

중국 건축에는 서양 건축과 같은 기이한 혼란은 없었습니다. 다만 '전문가들은 계속 변했다고 하나 우리가 보기에는 전혀 변한 것이 없는' 듯해서 당황스럽지요. 특히 영화를 관람할 때면 당송唐宋 시대든 명청明淸 시대든 모두 같은 세트에서 연기하는 것처럼 보이지 않던가요.

'줄곧 변하여 왔다'와 '줄곧 변하지 않았다'라는 두 가지 상반된 느낌을 자아내는 원인은 매우 복잡합니다. 이 세상의 서로 다른 문화들에서 일어났던 온갖 건축 실험에 딱 들어맞는 공통의 공식이란 없습니다. 민족성이라고 부르든 양식이라고 부르든 혹은 전통이라고 부르든 간에 어찌되었건 결국엔 서로 다른 법입니다.

집의 개념만 봐도 서로 완전히 다릅니다.

우리는 서양 건축에서 정교하고 아름다운 조각을 발견하곤 합니다. 반면 중국 건축에서는 조각뿐 아니라 온갖 종류의 전통 공예를 찾아낼 수 있지요. 한 권의 중국 건축사 책은 거의 모든 공예의 발전사를 다룬 것이나 마찬가지입니다.

원인은 건축 재료에 있습니다. 바로 나무입니다.

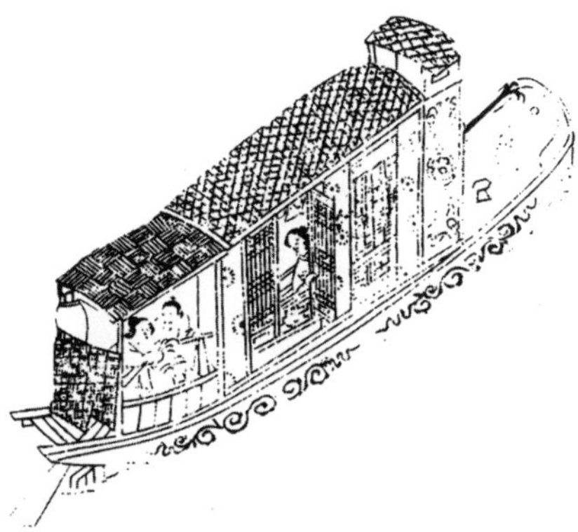

위: 메고 다니는 방을 가마라고 부른다. 〈청명상하도淸明上河圖〉의 한 부분
아래: 중국에서 배는 물위에 둥둥 뜬 집일 따름이다.

중국에서 나무를 응용하는 기술은 어김없이 건축에도 사용되었습니다. 마찬가지로 건축의 각종 기술은 여러 목공예 분야에 두루 응용되었지요.

중국에서는 구조와 기능상 집의 역할을 할 때 비로소 집이라고 부릅니다. 어떠한 상황에서 집은 물건이기도 합니다. 작아서 위에 앉을 수 있다면 의자이고, 옷장은 한 칸의 방과 완전히 똑같은 면모를 지닙니다. 메고 다니는 방은 가마이고, 바퀴 위에 올라탄 방은 마차입니다.

만약 성경의 노아가 중국인이었다면, 신께서 방주의 청사진을 내려 주시길 간절히 기다릴 필요가 없었을 겁니다. 중국에서 배란 물위에 둥둥 뜬 집이니까요.

중국 건축은 공사 과정에서만 독립된 하나의 영역으로 여겨질 뿐, 문화의 총체적인 맥락에서는 '정해진 형식이 없다'라는 역동성을 갖습니다. 역동적이어서 놀랍게도 사람들에게 '전혀 역동적이지 않은 것처럼' 보이지요. 그러니 영화 세트가 항상 똑같아 보이는 건 오직 열심히 만들지 않은 탓으로 돌릴 수밖에 없겠습니다.

"세상에서 가장 부드러운 것으로 세상에서 가장 견고한 것을 다스린다天下之至柔 馳騁天下之至堅"라는 말이 생각납니다. 중국인들은 수천 년간 돌에 비해 너무나도 연약한 나무를 사용해서 자신의 터전을 지탱해왔습니다. 그리고 이 나무의 이면에는 당연히 또 다른 이야기가 숨어 있답니다.

가벼이 볼 수 없는 목조건축 이야기,
함께 나누어볼까요?

趙廣超

자오광차오

1999년 9월

높고 큰 나무에 의지합니다

중국 사람과 나무의 관계를 어떻게 말하면 좋을까요?

옛사람들은 나무를 심어 숲을 만들고 나무를 잘라 재목을 만들었습니다. 그리고 나무로 집을 짓고 가구家具를 만들었습니다. 사람들은 나무와 함께 생활했으며, 나무 안에서 거주했습니다. 나무로 만든 식탁에서 음식을 먹고, 나무로 만든 침상에서 잠을 청했습니다. 오행五行 중 목木의 위치는 밝은 태양이 비치는 동쪽으로 모든 생명의 근원에 해당합니다.

녹나무楠木는 500년이 지난 후에야 비로소 폐부를 깊숙이 찌르는 맑은 향기를 발산한다고 합니다. 현재 중국에서 가장 거대한 녹나무는 네 그루인데 그 높이가 14.3미터, 직경이 1.17미터로 수명은 2천 년이 넘었을 것으로 여겨집니다. 10미터 정도 되는 다른 쉰여섯 그루의 나무와 합하면 모두 예순 그루로, 이렇게 큰 나무들이 명대明代 제왕의 능묘에서 가장 큰 장릉의 능은전祾恩殿을 지탱하고 있습니다(1427년 건립). 그 안으로 발을 내디디면 마치 녹나무 숲을 걸어 들어가는 것 같습니다. 건립된 지 5,6백 년이 지난 후에 제왕은 흙으로 변했지만 이 나무에서는 향기가 풍깁니다.

명나라 사재항謝在杭, 본명 謝肇淛, 1567-1624은 잡담을 주제로 한 소품인《오잡조五雜俎》에서 "중국 남방의 깊은 산속에는 언제 생겼는지도 모르는 녹나무가 자라고 있는데, 결이 고운데다 마치 무쇠처럼 단단하여 썩지 않을 뿐만 아니라 곤충의 침입도 없다"고 언급했습니다. 일찍이 어떤 사람이 녹나무로 나무상자를 만들어 더운 여름에 한 덩이의 고기를 그 안에 넣었는데, 며칠이 지났어도 고기가 여전히 신선한 빛깔을 유지했

다고도 합니다.

모든 일에 신중한 중국인들은 동일한 목재를 이용하여 능묘의 전각을 세우고 궁전을 일으켰습니다. 다시 말하지만, 녹나무는 신선함을 유지하므로 관을 짜기에도 매우 좋은 재료입니다. 나무는 생명의 근원이자 귀결점이기도 합니다.

중국인들은 한대漢代부터 나무로 종이를 만들기 시작했고, 송대宋代에는 목판을 제작하여 사용했으며, 나무로 만든 종이 위에 인쇄를 해서 민족 전체의 역사를 써 내려갔습니다.

말하자면 수당대隋唐代의 협녀 홍불녀紅拂女가 이정李靖을 처음 만났을 때, 그가 위대한 남자 영웅 같다고 생각하면서 마음속으로 이렇게 내뱉었던 것에 비할 수 있지요. "기생식물은 홀로 살지 못하고 높고 큰 나무에 기대어 삽니다."《당송전기唐宋傳記》

중국인들은 일생 동안 높고 큰 나무喬木에 의지합니다.

제1장

집을 세우다

집을 세우는 태도에는 두 가지가 있습니다. 하나는 자연을 문 바깥에 두는 것이고, 다른 하나는 자연과 공존하는 건물을 지어 더불어 사는 것입니다. 중국인들은 집家을 높고 큰 나무에 의존하여 만듭니다. 집과 마당은 별개의 것이 아닙니다. 집의 나무기둥은 자연의 정취를 그대로 담아냅니다. 마당의 나무도 집의 따스함을 퍼뜨립니다.

사물의 유래를 담은 글자

한 칸의 건물屋과 하나의 집家은 서로 같지 않습니다. 건물은 한 채 한 채 셀 수 있지만, 집은 오직 느낄 수만 있습니다.

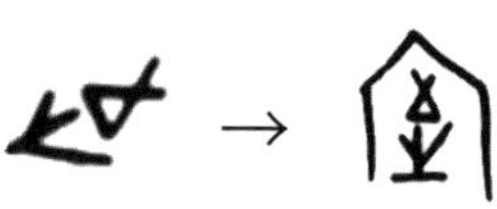

한 개의 화살(至)이 여기로 와서 한 칸의 방(屋)이 되었다.

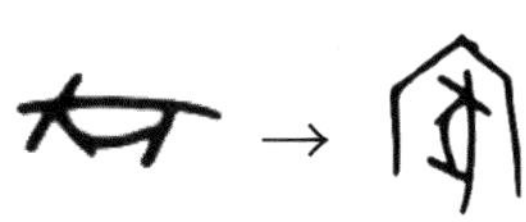

멧돼지 한 마리(豕)가 이리저리 뛰어다니다가, 별안간 방으로 뛰어 들어가 집(家)으로 변했다.

집

건물屋은 땅 위에 세워진 것으로서 지붕과 벽이 있는 인공의 구조를 가리킵니다. 그러니까 집家은 특별한 의미를 지닌 건물屋입니다.

건물 안에 맛있는 음식이 있기 때문이지요. ('돼지豕'라는 글자 말이에요. 멧돼지가 실내로 뛰어 들어가서 자연스레 요리가 되기를 기다리고 있지 않습니까?) 물론 멧돼지가 당연히 스스로 식탁에 뛰어오르지는 않겠지요. 마찬가지로, 하나의 집家은 저절로 세워지지 않습니다.

옛사람들은 세상 물정을 알았고, 편안한 생활安이 어떠한지도 잘 알았습니다.

자, 저 지붕宀 아래에 집안의 일을 도맡아 살림을 꾸려가는 여성女이 보이지요.

'가정을 꾸린다安家'라는 말은 안정되고 따뜻하며 끝없이 배려하는

상태를 뜻합니다. 그리고 형태상 건물屋이라는 글자는 흙 위에 인공적으로 만든 것을 나타내지요. 가정을 꾸린다는 건 자립하는 것과 같습니다. 옛사람들은 마음의 안정을 집에서 찾았으며, 집을 세우고 가정을 꾸림으로써 진일보한 고급의 인류문화를 생각해낼 수 있었습니다. 그렇지 않았다면, 밖에서 두 발로 선 채로 '안착安着'할 방법이 보이지 않는 길을 따라서 언제까지나 걸을 수밖에 없었을 겁니다.

집을 세우는 것起家은 글자를 이해하는 데서 시작합니다. 중국어에서 건축이나 거주居住와 관련된 한자의 형상은 대부분 하나의 지붕을 이고 있으며, 윗면에 돌출된 하나의 점을 지닙니다. 이 '점'은 지붕 전체를 지탱하는 중요한 나무기둥이랍니다.

주柱, 영楹, 양梁, 동棟, 절梲, 두枓, 공栱, 첨檐, 정棖, 미楣, 항桁, 난欄, 간杆 등은 모두 건물과 관련된 명사로, 모조리 그렇다고 할 수야 없겠지만 대부분 나무로 만들어집니다. 《강희자전康熙字典》에 따르면 나무 목木을 부

수로 하는 글자는 1,413개인데, 그중 400개 이상이 건축과 관련된다고 합니다. '서栖: 깃들일·거주할 서'란 글자만 해도 명백히 '나무木'로 부수를 삼았지요.

특히 '집 가家'의 첫 번째 획을 절대로 빠뜨리지 않도록 하세요. 그렇지 않으면 바로 무덤冢으로 변할 수 있으니까요(물론 이 실수가 거꾸로 상서로움을 불러와서 좋은 일을 맞이할 수도 있겠지요).

가정

집家은 하나의 건물입니다. 그리고 뜰广은 빈 공간이죠. '넓은 공터廣'라고 하면 처마 앞의 빈곳을 가리킵니다. 안이기도 하고, 밖이기도 한 곳이지요.

보통 집家의 빈 공간에서는 일상의 활동을 합니다家庭. 그래서 제왕이 머무는 집의 빈 공간은 궁정宮庭이며, 군신들이 알현하는 공간은 조정朝庭이라고 합니다.

'가정家庭'의 의미는 어디까지나 집家에서 비롯합니다. 어느 정도 빈 공간이 있어야 해요. 그런데 지금은 가정뿐만 아니라 법정法庭에도 빈 공간이 없습니다.

과거 중국인들은 사방을 건물로 에워싸고 중간에 빈 공간을 갖춘 것이 하나의 정상적인 가정이라고 생각했습니다. '정庭'이라는 한자어는 사합원四合院의 정원을 떠올리게 하지요. 그런데 집 안의 이 빈 공간은 집 밖의 빈 공간과 매우 다릅니다. 그것은 하나의 여과된 '야외 공간'이기 때문입니다. 낯선 사람, 소음과 모래바람 등을 걸러주는 장소인 것입니다.

자, 앞에서 '정庭'은 꼭 닫힌 건축 내부의 열린 공간이라고 했습니다. 그런데 회랑에 있는 기둥 옆에 나무 한 그루를 심는다고 하면 어떨까요? 나무기둥은 집을 지탱하고, 나무는 정원에 우뚝 서서 건물과 정원이 하나의 기묘한 조합을 이룰 테지요.

이 얼마나 절묘한 풍경인가요. 또 나무기둥 하나와 나무 한 그루의 관계도 볼 수 있습니다.

그 시적인 정취를 말로써 낱낱이 풀어내려는 건 마땅치 않지요.

나무기둥과 나무

인류의 문명이 반드시 자연을 역행하는 것은 아닙니다. 아래 그림을 보세요.

이처럼 우리는 인위적인 공간(건축)에서도 자연의 존재를 느낄 수 있습니다. 반대로 대자연(나무)의 형태에서도 인위적인 공간(집)의 따스함을 느낄 수 있지요.

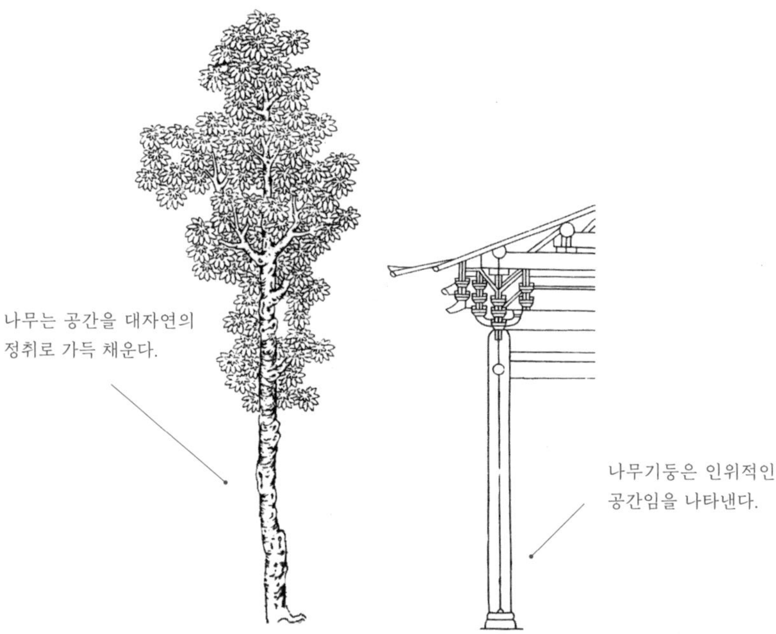

둔황벽화(敦煌壁畵)에 그려진 거실. 대자연의
존재와 집의 따뜻한 정취가 담겨 있다.

도대체 어찌된 영문인지 자세히 설명할 수는 없지만, 하여간 인공 세계와 자연 세계가 오묘하게 어우러져 있는 것입니다.

옛사람들은 수천 년 전에 건물을 세우고 대자연의 진한 감정을 표현하려 애썼지만 그럴 수 없었다고 합니다. 하지만 중국 문화는 처음부터 끝까지 이런 분위기를 지니고 있습니다.

설명을 하려니 약간 불가사의하군요. 그리고 현대인들은 집에서 급기야 이 '뜰庭'마저 포기하고 말았습니다.

제2장

나무를 베다

"노랫가락과 전설이 침묵해도 건축은 여전히 이야기를 한다."

러시아 작가 니콜라이 바실리예비치 고골(Nikolai Vasilievich Gogol, 1809-1852)

위대한 유소씨有巢氏•는 수천 년간 끊임없이 회자되었습니다.

우리는 지금도 '유소씨 같은 바로 그런 사람'이 셀 수 없이 많다고 생각하지요. 사실 유소씨는 오랫동안 입에 오르내리며 이런저런 운명의 변화를 겪으면서 서서히 빚어진 가상의 인물입니다. 그럼에도 오늘날 중국인들은 유소씨 같은 위대한 인물이 자신들을 혈거穴居에서 목조건축의 길로 이끌었다고 굳게 믿습니다. 중국 건축에는 이처럼 신비로운 매력이 깃들어 있답니다.

"벌목 소리 쩡쩡 울리고, 나뭇가지 얽어매니 둥지가 되었네."

이 문장은 중화민족의 전매특허가 아닙니다. 풀 한 포기 자라지 않는 사막(텐트를 쳐야 했겠지요)이나 얼음과 눈으로 뒤덮인 황량한 땅(이글루를 만들어야 했을 테고요)이 아닌 바에야 각 민족들은 모두 목재를 이용해 자신들의 집을 짓기 시작했습니다. 처음엔 나무를 사용하다 나무와 돌을 함께 사용하는 데로 넘어갔고, 벽돌과 돌만으로 재료를 완전히 바꾸기도 했습니다. 유독 중국인만 시종일관 나무를 사용하는 데 빠져 있었지요(중국 건축물 한 채에서 나무의 점유 비율은 70퍼센트 이상이라고 하니까요).

• 중국 고대 신화의 인물. 새가 보금자리 짓는 모습을 보고 사람에게 집 짓는 법을 가르쳤다고 한다.

찡짱짱

수천 년간 목조건축은 중국 건축과 동의어로 이해되었을 뿐 아니라 주변 국가에도 폭넓게 영향을 주었습니다. 그리고 석조 위주의 서양 건축과 구별되는 독립적이고 자족적인 건축 전통을 일구었지요.

그저 재료로만 보자면 석재를 얻는 데는 발굴과 채굴이 필요하고, 목재를 얻는 데는 벌목과 재배가 요구됩니다. 하나는 개척의 색채(채석장)를 띠고, 다른 하나는 자연과의 조화(조림)라는 성향을 보입니다.

일찍이 농업에 근간을 두었던 중국에서는 대대로 문서에다 목재의 용도와 조림 계획을 빠짐없이 그리고 상세히 기록해두었습니다. 일반 백성들도 자신의 능력과 경험으로 집 지을 나무를 쌓아둘 계획을 세웠습니다.

"나무를 쌓아놓고 좋은 장인을 기다린다"라는 말을 풀어보기 위해 중국 농부의 입장에 한번 서봅시다. 집 한 채를 짓는다고 할 때, 가장 먼저 할 일은 묘목을 심는 것이겠지요. 그리고 신경 써서 물을 주어야 할 테고요.

심어서 나오는 것

국가가 주도하는 거대한 규모의 공사와 크게 다르지는 않지만, 농부가 집을 짓기까지는 더 많은 인내심과 준비가 필요합니다. 한 알의 씨앗이 기꺼이 제 역할을 하기까지 오래 기다려야 하지요. 묘목을 선택한 후에도 농민은 농한기의 짬을 내서 긴 시간을 들입니다. 그는 아침 햇살과 황혼을 등에 지고 강가의 모래톱으로 가서는, 멜대를 이용해 터를 돋는 데 쓸 돌들을 고르고 땅을 평평하게 다집니다.

'터를 다지는 일基業'은 어떤 일에서든지 중요한 법입니다. 농민은 바쁜 가운데도 여유를 잃지 않고 천천히 가장 좋은 돌을 골라냅니다. 서까래용 묘목이라면 최소 5년은 길러야 하고, 일반 도리나 기둥에 쓰려면 10년쯤 기다려야 하죠. 꽤 좋은 품종은 20년은 되어야 목재로 자랍

농부보다 땅을 잘 이해하는 사람은 없다. 농부들은 땅에 오곡을 심어 양식으로 삼고, 면과 마를 심어 옷을 지으며, 나무를 심어 베·수레·그릇·도구를 만들었다. 그랬더니 집과 가정과 정원이 생겼다.

니나. 이처럼 목재를 모으는 과정에는 제법 긴 시간이 필요해서 현대인들이 깜짝 놀랄 정도랍니다. 다행히 많은 경우에 아버지 세대가 일찌감치 자식과 손자를 대신해서 좋은 나무를 심어두지요. 아버지들은 소중한 경험까지도 후대에 남겨 대대로 전해줍니다.

> "알뜰살뜰한 경작으로 그 명성이 자자한 중국 농업은 오늘날에도 전 세계 농경지의 7%를 가지고 전 세계 인구의 22%를 먹여 살리고 있다."
>
> 수빙치(蘇秉琦), 저명한 현대 고고학자

"벌목이란 스스로 근본을 없애는 것이 아니라 반드시 다시 살아나게 하는 것이다"《국어國語》 진어晋語 편라는 말이 있지요. 근본은 변화하는 것이 아니라 계속 전수되어갑니다.

나무를 옮기고 땅을 고르고 벽돌을 굽고 기와를 올리기까지, 이 모든 작업이 가족 구성원 한 사람 한 사람의 행복과 노력 아래 이루어집니다. 그리고 경험이 쌓이고 쌓여 무언가를 만드는 민간의 비법을 낳고 대를 이어 내려갑니다. 그 결과, 중국 농민의 대부분을 건축사라고 에둘러 말할 수 있을 정도가 되었지요. 문이나 창같이 비교적 복잡한 부분도 능수능란하게 짜 맞추는 고수가 있게 마련이고요. 이렇게 한 채 또 한 채의 건물을 짓다 보면 어느새 촌락이 됩니다.

이웃사촌

지금도 양쯔강 상류를 따라서 이런 방식으로 만들어진 작은 촌락들을 볼 수 있습니다. 일할 어른이 부족한 가정은 능력껏 기간을 나누어 시공합니다. 봄에는 먼저 집의 뼈대를 세우고, 가을철 농한기에 접어드는 때를 기다려 지붕을 고르고 기와를 올리지요. 아니면 주변 이웃에 도움을 청해 힘을 모아 집을 완성합니다. 이 소중한 협동정신은 중국 농촌에서 드문 것이 아니랍니다.

비교적 큰 규모의 건설은 당연히 도시에서 기술자를 불러와 진행하지만, 일반 농촌에서 무언가를 지을 때면 근처에 사는 친구들을 불러 모읍니다. 시냇가 초입에 사는 친구, 강 건너편의 이웃, 5리 떨어진 정자에 사는 사람이나 7리 떨어진 가겟집 주인, 10리 떨어진 상가에서 오는 친구 등 모두가 도움을 주려고 한걸음에 찾아옵니다.

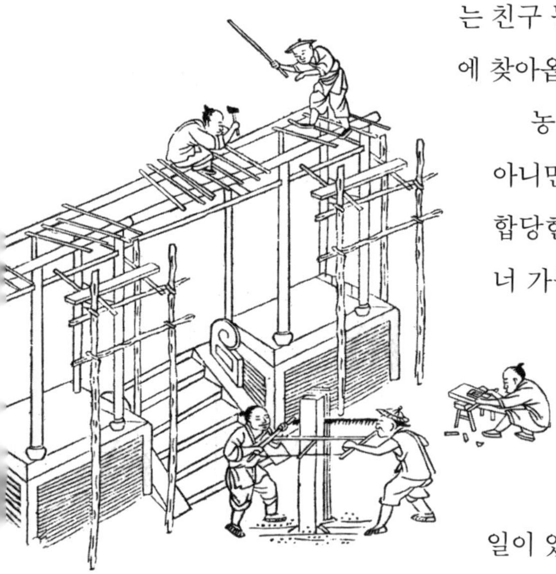

농촌에서 건축의 주재료는 나무 아니면 돌입니다. 정확한 채굴 기술과 합당한 노동력을 지키려고 한다면 서너 가구의 일손만으로 당해낼 재간이 없습니다. 그래서일까요, 중국에서 오랫동안 이어온 끈끈한 이웃의 정이란 것도 건축 재료에 따라 소원해지는 일이 있다고 하니까요.

자원과 기술

"주나라의 넓은 들판 기름지니, 쓴 나물 씀바귀도 엿처럼 달콤하네."

《시경詩經》 대아大雅 편

주周나라 시절에 땅은 풍성하고 기름지고 비옥해서, 쓴 나물조차도 달콤한 맛을 냈다고 합니다.

3천 년 전 황허黃河 중하류 지방은 기후가 온난다습하고 토질이 기름져서 쓴 나물조차도 감미로웠고 삼림은 당연히 무성하고 풍부했습니다.

주 왕조의 으뜸가는 인물은 문왕이며, 2인자는 무왕이었습니다. 문치文治가 무공武功의 위에 있어서, 영토를 확장하거나 정벌을 하기보다도

拉　扯　歌 노동요•

人之四角枋子隨，　明縫枋子丁字倍。
葫蘆套在山瓜柱，　相拉金枋不用揆。
一字簷金脊枋用，　袍頭單拐白行爲。
若縫(逢)過河君須記，　落金泥並抱頭推。
更有桁條易得定，　平面拉扯按縫追。
兩卷搭頭及隨倍，　十字拉之不用積。
唯有直板言何處？　三卷搭頭樑上飛。
若問三岔並五岔？　拉定斗拱另栽培。

• 〈납차가拉扯歌〉는 집 지을 때의 요령을 축약해놓은 노동요의 하나이다. 그 내용에 대해 중국의 저명한 학자 왕푸즈(王璞子)는 철물로 목 부재를 보강하는 일에 관한 것이라고 해석했다. 1931년 발행된 『영조학사회간營造學社匯刊』의 「영조산례營造算例」 부분에 수록되어 있다.

각 민족의 성격에 맞추어 '각각 알맞은 둔전屯田과 파종播種의 법'이 있음을 밝혔습니다.

주나라 때 시작된 정전제井田制는 오래가지 못했지만, 정전과 유사한 성격의 격식이 건축의 평면도에는 줄곧 남아 있었습니다.

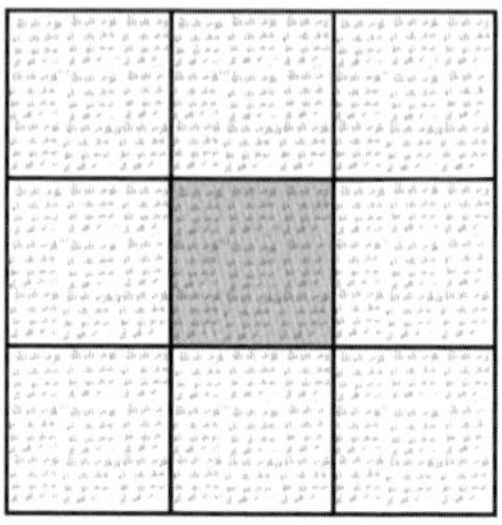
정전제의 평면 도식

그림에서 중앙 부분이 공후가 소유한 농지이고, 그 밖의 땅은 여덟 가구의 사람들이 공동으로 경작하던 공공 토지입니다. 공가公家, 공공公共, 공중公衆의 것이지요.

나무로 된 경작도구는 토질이 세밀하고 부드러운 곳뿐만 아니라 바람에 흙먼지가 훌훌 날리는 황토 평원에서도 큰 어려움 없이 쓸 수 있었습니다. 한 그루 또 한 그루의 나무는 이 토지 위에서 한 개 또 한 개의 기둥으로 변했습니다. 그다음에는 한 채 또 한 채의 집으로 변신했습니다. 그래서일까요, 많은 사람들은 중국 고대 건축이 나무 재료를 써서 탁월하게 발전했던 이유가 석재가 부족했기 때문이라고 말합니다.

목재가 풍부하다고 해서 반드시 석재가 부족한 건 아닙니다. 이러한 사실은 황허 유역을 포함하여 중국 문화권 전역이 그렇습니다. 양쯔강 양안과 기타 지방에도 양질의 석재가 부족하지 않았습니다. 그럼에도 전국 각지의 건축 유적을 보면, 중국 건축은 확실히 목조 위주였다는 사실을 알 수 있습니다.

자원의 풍부한 정도와 기술 수준의 높낮이에 따라 결과가 나오는 듯하지만, 실제로는 전혀 그렇지가 않습니다.

한 이슬람 건축가는 기발하고 독특한 발상으로 가장 좋은 사례를 선보였습니다. 그는 그토록 아름답고 마음을 감동시키는 연못을 물이 풍부한 곳이 아니라 끝없는 모래사막의 한가운데에다 지었습니다.

기원전 1500년경, 미케네인을 계승해 발칸반도의 주인이 된 고대 그리스 민족은 석재가 골고루 분포한 자연환경에서 무려 800여 년을 기다렸습니다. 그들은 고대 이집트인에게서 기술의 아이디어를 얻은 후, 기원전 7세기경에야 비로소 신전을 지으며 석조건축 분야에서 찬란한 날개를 펼쳤습니다.

자원이 조금이라도 부족해서는 안 되지만, 기술을 갖추는 건 더욱 중요한 법입니다. 특히 그 기술은 편리하고 실제적이어야 합니다.

이 이야기는 고대 중국의 농부에게도 해당됩니다.

금속 철기가 걸음마 단계에 들어서자, 목재의 처리 기술이 한결 발전했습니다. 목재는 가장 이상적인 주재료였고(석재에 비하면 다루기가 아주 쉬우니까요) 목구조는 이치에 맞는 건축의 주류가 되었습니다.

이쯤에서 한 가지 질문을 던져볼게요. 국토의 면적이 광활한 중국에서 산이 이어지고 길이 끊어지는 가운데 이 주류, 즉 목조건축이 어떻게 전국 각지로 퍼져 나갔을까요?

사실상 목구조라는 건 하나의 총체적 개념일 뿐입니다. 아주 다양한 지역과 서로 다른 민족의 건축이 드러내는 제각각의 면모는 어떤 강력한 접착제가 출현한 후에야 비로소 '중국 건축'이라고 하는 하나의 큰 계통을 이룰 수 있었습니다.

그 접착제는 바로 문자文字, 한족이 주로 사용하던 한자漢字였습니다.

나는 고대 중국 농민입니다

나는 가정을 꾸릴 만큼 어른이 되기 전에, 먼저 한 채의 집을 지었습니다.

장래의 내 아이를 위해 만든 집입니다.

일찍부터 편리하고 바람을 막지 않으며 물 좋은 곳을 콕 짚어두었거든요. 바람이 좋고 물이 좋으면 자연히 땅도 비옥하고, 땅이 비옥하면 나무도 풍성하게 자라고, 그러면 집 지을 목재가 부족할까 걱정할 필요가 없습니다. '천 년 가는 측백나무, 만 년을 가는 소나무'를 얻는 것이지요. 그렇지 않다면 나와 집안 식구가 산에 가서 끌어오면 됩니다. 한 번에 한 그루씩이어도 언젠가는 끝이 나게 마련이니까요.

"낙엽이 지지 않으면 도끼 들고 산림에 들어가지 않는다"는 말이 있지요. 여름철에는 농사일로 바쁘고 기후도 습해서 베어낸 재료에 벌레가 끼어 쏠아먹을 수 있으니, 추수가 막 지난 다음에 바로 산에 들어가 나무를 끌고 오는 것이 좋습니다. 목공일의 고수인 나의 숙부님이 도움을 주겠노라고 이미 말씀하셨지요. 모든 일이 순조로이 진행된다면 내년 봄, 파종 전에 집의 골격을 완성할 수 있을 거예요. 때가 되면 먼저 띠를 이용해서 지붕을 잇고 벽체를 만듭니다. 대략 마무리한 다음에는 조금씩 돈을 모아서 기와를 깔고 장식을 할 겁니다. 내가 선택한 자리는 햇빛이 잘 드는 곳이어서 장차 몇 개의 큰 창을 내려고 합니다. 훗날 빛이 한가득 쏟아내리는 창문 앞에서 내 아이가 열심히 공부해 입신양명하는 그림을 그려봅니다.

그때 며느리를 맞게 되면 손자도 생기겠지요. 내가 마음에 둔 곳은 옆에 큰 공터가 있어서 아들을 위해 또 한 채의 집을 짓기에 충분합니다. 아니면 뼈대를 연결해서 몇 개의 방을 보탤 수 있으니 걱정할 필요가 없답니다.

나는 몇 세대가 함께 한 집에서 살며 시끌벅적하게 지내는 걸 좋아합니다.

그래서 내가 고른 집터는 바로, 내 할아버지 댁 옆이랍니다.

제3장

문자로 통하다

중국 땅이 넓다 보니 하나의 '공통된 생각'을 유지할 수 있는 방법은 오직 문자밖에 없습니다. 나무는 우리에게 집을 선물할 뿐 아니라 목판 인쇄를 통해 글자를 배우게도 합니다. 문자와 집은 서로 다르고, 사람과 나무도 서로 다르지만 함께 놓고 보면 무척 흥미롭습니다. 나무 뼈대를 짜는 것은 글을 쓰는 것과 같고, 인재人材와 목재木材는 모두 심혈을 기울여 조각하고 다듬어야 한다는 점에서 다르지 않습니다. 시작점이 바로 귀결점입니다.

bei mir zu hause 독어

a casa mia 이탈리아어

my house 영어

ma maison 프랑스어

у меия дома 러시아어

56개의 소수민족과 260종이 넘는 방언이 존재하는 중국에는 글씨 쓰는 방법이 한 가지입니다. 한번 써볼까요. "우리 집我的家."

깨진 물건의 단면에 강력접착제를 바르고 조금만 기다리면 감쪽같이 붙어 원래의 모습과 똑같아지죠.

역사도 그런 접착제로 이어져 있습니다. '강력한 정치'라는 접착제이자 '통일된 문자'라는 접착제로 말이지요.

영국의 역사학자인 토인비Arnold Joseph Toynbee, 1889-1975는 『토인비의 눈에 비친 동방세계, 부호와 의의』라는 책에서 서양 문자가 라틴어 자모에 기원을 두고 있고, 후세에 서로 다른 독립적 문법 시스템으로 파생되었으며, 이 때문에 이웃사촌은 서로 등을 돌리게 되었다고 지적했습니다. 언어의 차이로 다른 나라가 되었기 때문입니다.

문자가 서양에서 각 지역의 문화를 단절시킨 반면, 중국에서는 반대로 접착제가 되었습니다.

상반된 풍속들이 섞여 다양한 중국 건축의 체계를 이루도록 촉진한 것은 한 사람의 공로입니다. 바로, 중국의 첫 번째 황제 말입니다.

진시황의 공적과 과오는 한마디로 잘라 말하기 어렵습니다. 분서갱유焚書坑儒 사건에서 볼 수 있듯이 그에게 지식인에 대한 호감은 조금도 없었습니다. 그럼에도 오늘날까지 서양의 문자통일 문제가 곤혹스러운 사안으로 남은 반면, 진시황은 그 문제를 단기간에 해결했습니다.

진시황(秦始皇, BC 259-BC 210)

기원전 3세기에 진시황은 전국을 통일하고 즉시 계획적으로 도시 건설에 나섰습니다. 옛 문헌에는 "진나라는 제후국을 무찌를 때마다 그 궁실을 모방하여 함양 북쪽 언덕에 이를 만들었다. …전옥, 복도, 주각이 서로 이어졌다秦每破諸侯, 寫放其宮室, 作之咸陽北阪上……殿屋複道, 周閣相屬"《사기史記》 권6, 진시황본기秦始皇本紀라고 기록되어 있습니다.

전국 각지에서 명장과 명인을 징집해 여섯 개 제후국의 궁실을 중건했던 것입니다. 이렇게 해서 기원전 3세기의 함양은 인류 최초의 건축박람회장이 되었습니다. 당시 각국의 최고 건물인 궁전을 전시해놓은 거지요. 전국 각지에 흩어져 있던 건축 기술의 정수를 모았고, 문자의 통일과 더불어 도로망이 진나라의 구석구석에까지 깔렸습니다.

'시험 보러 서울 가는 일上京赴考'은 민간 고사의 영원한 주제입니다. 고대 중국도 어떤 국가에 뒤지지 않을 만큼 문풍이 성하여, 전국 각지의 뛰어난 인재들이 길고 힘겨운 공부를 거쳐 속속 도성으로 모여들었습니다.

통일된 문자는 960만 제곱킬로미터에 달하는 이 거대한 국가를 기상천외하게 연결했습니다. 초기의 초楚 문화, 위진남북조魏晉南北朝 시대, 남북송南北宋 시대의 상황들, 침입해온 이민족과 중원中原에서 할거하던 세력, 이 모두가 다시는 만회할 수 없을 분열을 불러일으키기에 충분했음에도 바로 이 통일된 문자로 인해 균열이 봉합되었습니다.

한자(그리고 한자 문화)는 한국, 일본, 베트남 그리고 남양 등지에서 줄곧 있어왔고 동아시아 문화의 큰 계통을 이루었다. 문자와 함께 도·량·형度量衡 등도 통일되었다. 중국 건축에서 표준화 시스템은 당대에 시작해 송대에 완성되었다고들 한다. 실은 저 멀리 진나라 때에 이미 단단히 기초를 다져놓았던 것이다. 이런 기초는 강력한 침투력을 지닌 외래문화에 강인한 융합력을 발휘했으며, 근본적인 변화가 일어나지 않도록 방어하기도 했다.

말口語이 다른 것은 문자의 통일이라는 사건의 의의와 정신에 결코 걸림돌이 되지 않았습니다. 주나라의 예제, 춘추春秋 시대의 유가사상, 도가의 대자연철학, 그리고 불교의 인생관이 이로부터 나왔고, 황허 유역의 중원문화中原文化는 통일된 문자로 중국인 한 사람 한 사람의 마음을 기록했습니다. 당연히 건축물의 구석구석도 하나하나 묘사했지요.

진秦나라의 뒤를 이어 한漢나라 때는 찬란히 빛나는 중국 고대 건축의 한 페이지가 완성됩니다.

선線

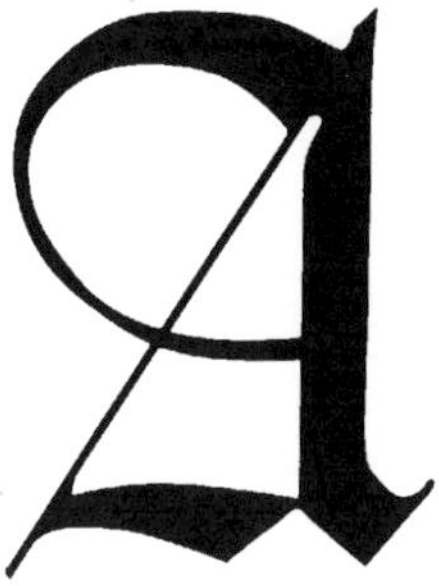

고딕 서체

"건축은 하늘에 입체의 선을 그립니다."

현대의 철골 구조가 생기고 나서야 차가운 목소리로 이 시적인 결론을 선포하게 되었습니다. 원래 그러함에도 말이지요.

사실 건축과 선의 관계는 줄곧 친밀했습니다. 카롤링거 왕조 양식의 서체나 고딕 서체를 보더라도 그렇습니다. 이 서체의 미학 구조는

고딕 성당

당시의 건축 미학과 다르지 않습니다.

중국 서예를 접해본 사람 누구나 한자의 구조에 입체 '공간空間'의 의미와 정서가 담겨 있음을 경험했을 겁니다. 또 '선과 선 사이'의 움직임과 매력 그리고 그 기품이야말로 서예가 추구하는 공간의 본질이라는 어느 서예가의 말을 들어본 적이 있을 겁니다. 이 신비로운 매력은 중국인에게 결코 생소하지 않습니다.

중국의 전통 목조건축 역시 이 서예가의 말과 전혀 다르지 않습니다. 하나의 나무기둥을 세우고, 하나의 들보를 얹고, 창방·도리·서까래를 걸치는 것은 종횡으로 필획을 더해가며 때로는 흩뿌리고 때로는 누르면서 '공중에 그림을 그려 나가는 것'과 같습니다. 우리는 본래 우아한 글자 안에서 생활하고 있었던 것입니다.

"서예가 중국의 건축에까지 영향을 미쳤다는 사실은 믿기 어려운 이야기일 수 있지만, 이 영향은 우아하고도 힘 있는 골격 구조에서 찾아볼 수 있다. 기둥과 지붕 등이 그렇다. 경직된 직선을 싫어하고, 경사진 지붕면의 처리에 능한 점에서. 또 궁전과 사찰이 주는 엄밀하면서 사랑스럽고 균형 잡힌 인상에서도 이러한 성격을 발견할 수 있다.

골격 구조를 드러내고 가리는 것은 서화의 필법 문제와 같다.

중국 서화의 간략한 필법은 단지 물체의 윤곽을 묘사하는 데 쓰이는 것이 아니라 작가의 의도마저도 과감히 드러낸다. 중국 건축에서도 벽체 사이의 기둥과 지붕 아래의 들보와 서까래를 숨기지 않고 도리어 솔직하게 드러내고 있다. (중략)

한자 부수의 우아하고 아름다운 사선이 마치 지붕과 비슷한 것을 보니, 단지 나의 상상에 그치는 것만은 아닌가 한다."

린위탕(林語堂, 1895-1926), 『내 나라 내 민족吾國吾民』 제8장

중국 문화를 널리 알리는 데 힘썼던 린위탕 선생은 건축과 서예가 선의 운율에서 공통점이 있다는 점을 강조했습니다. 이 흥미로운 시각이 정말로 그러한지, 중국인은 제각각 취향에 따라 선의 구조를 처리하는 데 능숙하답니다.

나무는 모두 쓸데가 있다

심고, 가꾸고, 단련하여 마침내 능력을 발휘하는 건 나무가 그러하고 사람 역시 그러합니다.

이론적으로 어떤 나무이건 모두 쓰임이 있는 법입니다. 들보나 기둥으로 쓸 수 없으면 창틀이나 가림판으로 쓰고, 그나마도 쓸 수 없다면 앞마당에 심어 벗 삼아 바람과 달을 감상하기도 합니다.

예나 지금이나 사찰 불전에서 중시되는 것은 구조를 이루는 목재가 아니라 가운데 모셔진 불상입니다. 사회에서도 찬양받는 것은 은거 중인 선비들과 같이 아무 일도 하지 않는 고결한 사람들입니다.

현실에는 너무나도 귀중하여 '어디에도 적합하지 않은' 사물이 있고, 고결하여 '아무 일도 하지 않는' 사람이 있습니다. '쓸모없다'고 바꾸어 말해도 틀리지 않겠죠. '귀중'과 '고결'은 쓸 곳이 없습니다. 사람들이 우러러보

"재材란 곧은 나무이다. 무릇 쓸모가 있으면 모두 '재'라 부른다."

《설문해자說文解字》, 단옥재(段玉裁, 1735-1815)의 주석

굵기가 작은 목재라도
연결하면 큰 목재가 될 수 있다.
큰 목재라도 훼손되었다면
그저 잘라서 작은 목재로 쓸
수밖에 없다. 가장 난감한 건
작은 목재를 이유 없이 큰 곳에
사용하고, 큰 목재를 억울하게
작은 곳에 사용하는 일이다.

"십 년의 계획으로 나무를 심는 것만 한 것이 없고."

《관자管子》

산과 들판의 목재 하나라도
정성스럽게 다듬으면 오두막이
될 수 있고, 서민의 집도 될 수
있으며, 귀족의 집이나 심지어
최고급 궁전이 될 수도 있다.

"백 년의 계획으로 사람을 심는 것만 한 것이 없다."

《관자管子》

산과 들판에 사는 일개
농민일지라도 위를 향해
노력하고 밭을 갈며 공부하면
여러 차례의 선발을 거쳐
관료의 자리에 오를 수 있다.

게 하는 것뿐입니다.

중국 수묵화에서 우뚝 솟은 높은 산은 종종 은은한 구름과 안개에 가려지는데, 이 수법을 가리켜 '수섭收攝'이라 합니다. 정서를 다 드러내기보다는 조금 '함축'하는 것이 좋다는 원리이지요.

같은 관점으로 최고 수준의 목조건축을 바라보면 어렵지 않게 '자연으로 회귀하는' 어떤 정서를 느낄 수 있습니다. 공교롭게도 '전원에 은거'하는 것이 요직에 자리한 지식인들의 보편 심리가 되었습니다. 피곤하고 속된 공무 가운데 잠깐의 여유를 찾아 벽에 걸린 수묵화에 담긴 산과 들을 바라보고 번잡한 세상을 초월하는 정서를 느끼면서 함축된 소양을 기릅니다. '쓸모 있는' 세계에서 '쓸모없는' 세계를 갈망하는 것은 특히 문인들에게 완전한 인격 추구라 할 수 있습니다.

이렇게 보니, 인재와 목재에는 확실히 공통점이 있군요.

작고 흩어진 목재를 '시柴'라 합니다. 쓸모 있는 나무로는 '재材'를 만들고, 쓸모없는 나무로는 장작柴을 만듭니다. 가장 형편없는 장작은 '폐시廢柴'라 하는데 "나무는 모두 쓸데가 있다"는 문장에 예외가 되겠네요.

> "무릇 나무는 크게 정목正木과 각목脚木으로 나눈다. … 각목에는 여덟 가지 병폐가 있으니 즉 속이 비었거나, 표면에 흠이 있거나, 부서졌거나, 썩었거나, 뾰족하거나, 짧거나, 휘었거나, 굽은 것이다."
>
> 《영조법식營造法式》

시작점이 곧 귀결점이다

자연의 유기 재료는 천성적으로 생명의 형태를 지닙니다. 그리고 성공적인 예술품이라면 어김없이 이 생명의 이미지를 반영하거나 포함합니다.

고대 그리스 신전의 돌기둥에는 오목하게 패인 홈이 있는데, 그 크기가 성인 한 사람의 등이 들어갈 만한 정도입니다. 생명을 향한 다정함을 느끼게 하는 부분이 아닌가요.

"오직 산이 깊지 않을까 걱정이다"
즉 충분히 깊은 산을 천천히 찾기를 바란다.
《노자老子》의 한 구절

명나라 때는 벽돌 제조업이 급속히 발전하기 시작했습니다. 벽돌의 적당한 크기는 두 손으로 들기에 딱 좋은 정도의 두께와 중량으로 결정했습니다. 반면에 오늘날의 과학기술은 이미 구조와 형태에서 비례 제한을 깨버렸지요. 컴퓨터나 손목시계 같은 물건은 지속적으로 축소되고 소형화되어 마침내 가지고 다니기에 딱 좋은 형태가 되었습니다. '딱 좋다'라는 건 사람들에게 즐거움enjoyment을 주는 정도를 뜻합니다.

한 개의 나무기둥과 한 개의 돌기둥도 이런 식으로 구별할 수 있습니다. 중량과 가격 이외에 '딱 좋다'라는 개념에 따라 한 그루의 나무를 나누어볼 수 있습니다. 비단 우리 집의 규격만이 아니라 대자연의 계수에 의해서 '딱 좋게' 설정된 것도 있습니다.

나무줄기는 대들보에 딱 좋고, 구부러진 나무는 구부러진 보月梁에 딱 좋으며, 잘라낸 나뭇가지 역시 서까래로 만들어 지붕을 덮어 높낮이와 밀도를 조절하면 딱 좋습니다. 부지불식간에 뚝딱하고 딱 좋은 집 한 칸이 마련되었네요.

19세기 초 서양에 전원풍이 유행하면서, 예술가들이 향촌과 자연 경치를 세심하게 표현하며 새롭게 태동한 도시 문화의 소란한 압력을 부드럽게 다독거린 적이 있습니다. 먼 길의 풍경이 전하는 이 아련한 정감은 지금도 이어지고 있지요. 그런데 이 정서는 중국에 더 오랜 전통이 있습니다. 소박하고 간단한 건축 요소는 중국 문인화에서 인생의 기점이요 생명의 종착점으로 생각되었습니다.

중국 전통 산수화에서 집이 차지하는 비중은 아주 낮습니다. 하지만 절대로 빠뜨릴 수 없는 요소입니다. 마치 보물을 품고 유희를 즐기듯 산천에 안긴 소박한 거처는 대자연과 융합하려고 했던 중국 예술가들의 정감을 담아내기 때문이지요.

제4장

대를 높이 쌓다

함께 노래 부르며 흙을 다져서 만든 높디높은 동작대銅雀臺는 득의양양합니다. 하지만 대臺를 높이 쌓는 것으로 중국 건축이 최고봉에 이른 건 아니랍니다. 신을 위한 공간은 지극히 아름답고 완벽해야 하지요. 하지만 중국인들은 꼭 그래야 한다고 여기지 않았습니다.

수나라 때 만들어진 허난성 자현 남향당산 석굴(南响堂山石窟)의 석각. 『량쓰청문집梁思成文集』 제1권에서

"모래에 묻힌 부러진 쇠창 끝 아직 삭지 않아
주워서 닦아보니 이전 왕조의 것임을 알겠네
동풍이 주유의 편을 들지 않았다면
동작대는 깊은 봄, 두 교씨를 가두었으리"

당나라 시인 두목(杜牧, 803-852)의 〈적벽赤壁〉

적벽을 노래한 시는 많지만 두목의 이 시가 가장 유명하지요.

여기서 '동작대銅雀臺'란 삼국 시대 조조曹操가 만든 높은 누대의 이름입니다.

한나라 건안建安 2년(207) 겨울, 조조는 호탕하게 80만 대군을 이끌고 양쯔강을 따라 남하해서 촉과 오의 연합군을 일거에 격파하기로 계획했습니다. 돌격하기 전날 밤, 조조는 군신들을 모아두고 이렇게 호언장담했지요. "금번 승리 이후에 노부는 대교大喬와 소교小喬 두 자매를 첩으로 취하여 얼마 후 장쑤 강변에 완공될 동작대 위에서 쉬면서 만년을 즐길 수 있다면 만족하리라. 하…하…." 이 두 강남 미녀는 다른 사람의 처로서 대교는 손책孫策의 부인이고 소교는 오나라 대장군 주유周瑜의 부인이었으니, "하…하…"는 조조의 자신만만한 웃음

" … 내가 오늘날 장쑤 강변에 동작대를 새롭게 건설하고 있는데, 강남을 얻은 후 대교와 소교를 취하여 동작대 위에 두고 늦은 봄을 즐긴다면, 나의 바람이 이루어지리라."

《삼국연의三國演義》 제48회

" … 서쪽 누대는 높이가 67장丈, 한 자尺의 열 배로 약 3미터에 해당한다. 위에는 동으로 봉황을 만들었다. 창살은 모두 동으로 내어 구름을 흩고 태양을 가린다. 태양이 뜰 때 흐르는 여명에 찬란하게 빛났다."

《업중기鄴中記》

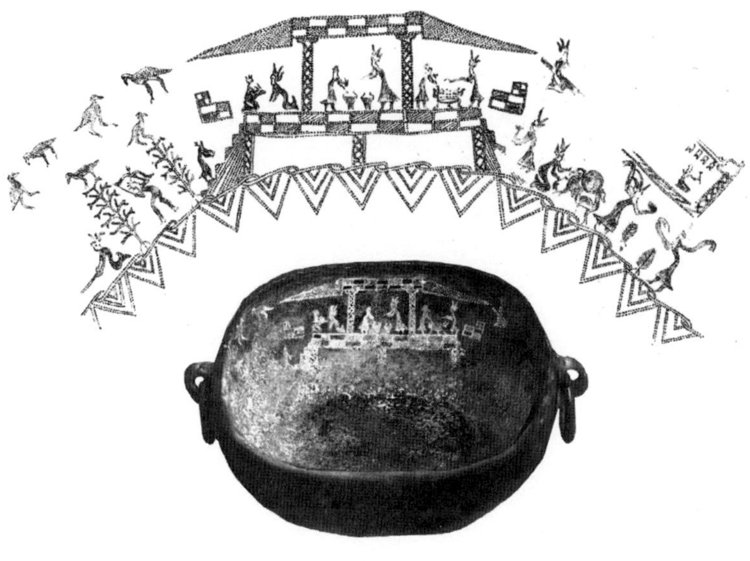

전국 시대 동제 그릇에 새겨진 누대

소리가 아닐 수 없었습니다.

그런데 "술 마시고 노래하자, 인생사 별거더냐"라며 호탕하게 외치던 바로 그때, 갑작스런 한바탕 동풍과 함께 매서운 불 공격이 들이닥치더니 조조가 고심 끝에 고안해낸 쇠사슬로 연결한 전함 진형을 완전히 태워버렸습니다. 교씨 자매의 액운도 그 순간 저 멀리 날아갔지요. 여유만만하던 조 승상께서는 줄행랑을 치고 말았습니다.

'동작대에 갇힌 대교·소교 자매'는 전란으로 얼룩진 삼국 시대에 보태어준 희극적이면서도 낭만적인 한 편의 문학 이야기입니다. 난세의 효웅梟雄으로 묘사되는 조조는 문학과 군략에 모두 뛰어났다고 하니, 단지 강산을 미인에 빗댄 것만은 아닐 터입니다. 다만, 당시 위나라의 혁혁한 군세를 보여주던 동작대가 건설되었다는 것만은 역사의 사실입니다. 동작대는 조위曹魏, 후조後趙, 동위東魏, 북제北齊 시대를 거치며 계속 증축되었고, 명나라 말에 홍수로 파괴될 때까지 계속 그 자리를 지켰습니다. 지금도 그 유적이 옛 도시 업鄴의 성터인 허베이성河北省 린장현臨漳縣 인근에 위치합니다.

《이아爾雅》에는 "네모나고 높은 것을 대臺라 한다"라 기록되었지요. 이 높다란 누대는 3천 년의 중국 역사에서 적어도 천 년간 건축의 주류로 자리매김했습니다.

큰 힘으로 달구질하다

흙을 달구질해 지면에서 높이 솟게 만든 것을 '대臺'라 하고, 대 위에 나무로 만들어 세운 집을 '사榭'라 하며, 이 둘을 합쳐 '대사臺榭'라고 이릅니다.

흙을 달구질해 만드는 항토夯土는 그 유래가 신석기 시대에 이를 정도로 오래된 건축 기술입니다. 건조한 중원 지방은 토질이 마르고 딱딱한데다 흙 입자가 가는 편이어서 조금만 달구질해 압력을 가해도 쉽게 누대를 만들 수 있었습니다. 나중엔 중간중간 찹쌀죽을 부어가며 한 층 한 층 쌓아올렸는데, 완전히 마르고 나면 돌처럼 견고해졌지요.

《사기·사마천전史記·司馬遷傳》 계사전繫辭傳의 기록에 따르면, 상고 시대 요堯 임금의 궁전은 "당堂, 누대의 높이가 3자이고 띠지붕은 다듬지 않았다"고 합니다. 그러니까 흙을 달구질해서 3자 높이의 누대를 만들고 그 위에 소박한 초가집을 지었다는 것입니다.

당시 기원전 24세기경은 이상적인 조화의 시대로, 요 임금은 검소와 실용의 미덕을 몸소 보이고자 띠로 엮은 초가집으로 자신의 궁전을 삼았다고 하지요. 다만 3자나 되는 높은 대 위에 궁을 세워서 한눈에 알아보도록 했습니다.

이후로 제왕이나 높은 계급의 집은 줄곧 당堂, 누대의 높이로 구별하게 되었답니다.

당의 높이는 3자, 5자, 7자, 9자로 등급에 따라 차등을 두었습니다.

평민의 집은 누대 없이 지면 위에다 직접 지었습니다.

지금 중국에 현존하는 가장 높은 옛 건축물은 탑이지만, 과거에는 산처럼 쌓아올린 누대가 가장 높은 건축물이었습니다.

> "천자天子의 당은 9자이고,
> 제후諸侯는 7자이며,
> 대부大夫는 5자이고,
> 사士는 3자이다."
>
> 《예기禮記》

누대 건축의 절정기는 춘추 시대부터 진한 시대까지입니다. 이때는 각지의 제후들이 치열하게 경쟁하던 시기로, 세를 과시하기 위해 앞다투어 저마다 높은 누대를 건설했습니다. 마치 대기업들이 마천루를 지어 재력을 과시하는 오늘의 상황과 다를 바 없지요. 때문에 누대는 가능한 한 높디높게 세워지곤 했습니다.

> "춘추 시대부터 한나라 때에 이르는 7백여 년간, 대사臺榭는 제왕의 종실, 종묘 등이 주로 채택하던 건축 형식이었다. 가장 이른 시기에 지어진 대사는 규모가 크지 않았는데, 기둥을 세웠으나 벽체가 없었고 조망, 연회, 활쏘기('집 사榭'는 '활쏘기 사射'에서 비롯한 말로, 군사용 건축이라는 의미가 있다) 등의 용도로 사용되었다. 춘추 시대에 지방 세력들은 경쟁적으로 웅대한 건축 형태를 추구했으며, 높은 누대에 층층이 집을 쌓아 올리는 방식으로 웅장한 외관을 만들어냈다."
>
> 『중국대백과전서』 건축 편

대사는 천연의 고지대나 인력으로 흙을 달구질해 쌓은 누대 위, 혹은 누대 위에 다시 작은 누대를 더하여 쌓은 터 위에 세워졌습니다. 어떤 경우든 높은 곳에서 아래를 굽어보는 기세를 띠고 타인을 압도하는 특징을 보이지요. 누각樓閣이 본격적으로 출현하기 이전에 대사는 정치적 권위와 군세를 과시하는 중요한 상징물이었습니다. 홍수에도 끄떡없고, 통풍이 잘 되어 목조 구조체의 건조함을 유지할 수 있었죠. 또 건물 곳곳에 햇빛을 받기에도 좋고, 방어와 조망에 유리하다는 점 외에 다양한 실용 기능도 갖추었습니다.

《오경이의五經異義》의 기록에 따르면 천자는 천문을 관측하는 영대靈臺, 사시를 관찰하며 교화를 베푸는 시대時臺, 새나 짐승, 물고기, 자라를 관찰하는 유대囿臺라고 하는 세 가지 대를 갖추어야 한다고 합니다. 제후는 어땠을까요? 시대와 유대까지는 지을 수 있지만, 천문을 관찰하는 영대는 지을 수 없었습니다. 하늘을 살피는 일이 천자의 고유 권한이었기 때문입니다.

하夏나라의 걸왕桀王은 요대瑶臺를 지었고, 상商나라의 주왕紂王은 노대鹿臺를 지었으며, 주나라의 문왕文王은 영대靈臺를 지었습니다.

고대 서사시에 묘사된 대사臺榭의 예에서 알 수 있듯이, 고대의 임금들은 어질건 포악하건 간에 "대사를 높이 짓고 궁실을 아름답게 함에 뜻을 두는"《국어國語》 초어楚語 편 행위를 따랐던 것 같습니다.

"사람의 힘으로 거듭 달구를 들어 올렸다가 떨어뜨려, 위에서 아래로 향하는 힘을 이용해서 진흙을 눌러 다진다."《사해辭海》

함께 노래하며 세우다

"척척 수레에 흙을 담아, 퍽퍽 담틀에다 흙을 처넣고, 탕탕 흙을 다지고, 평평 높은 곳을 쳐내리니.
捄之陾陾(구지잉잉), 度之薨薨(도지훙훙), 築之登登(축지등등), 削屢馮馮(삭누풍풍)。"

《시경詩經》 대아大雅 편, 금錦

'잉잉, 훙훙, 등등, 풍풍'은 모두 판축 벽을 시공할 때 흙을 운반하고, 틀에 부어 넣고, 다지고, 솟은 곳을 평평하게 깎을 때 나는 소리입니다. 만인이 함께 노래하고 북소리가 끊이지 않으니 주나라의 도읍 건설 현장은 그야말로 장관이었겠지요.

한나라 때 쓰인 《회남자淮南子》에는 "요즘은 거목을 들어 올릴 때 앞에서 '사허邪許'라 외치면 뒤에서 따라한다. 이는 무거운 물건을 들어 올릴 때의 노래이다"라는 기록이 있습니다. 여기서 '邪許사허'란 발음이 'Yeah-Uh'에 가까운, 함께 지르는 함성소리로 추측됩니다.

집은 나무를 심듯이 짓고, 높은 누대는 함께 노래하며 세우는 것입니다.

주나라 천자는 천하의 민심을 얻었습니다. 자연히 백성들의 기쁘고 들뜬 노랫소리가 영대와 함께 구름 속을 뚫고 올라갔을 테지요. 반대로 오나라 왕 부차夫差는 절세의 미인 서시西施를 얻은 일을 경축하기 위해 고소대姑蘇臺를 건설했는데, 신하 오자서伍子胥가 그의 독단적인 처사를 말리자 분을 이기지 못하고 오자서의 눈알을 파내 궁문을 향해 던졌다고 합니다. 일설에 의하면 대문 위의 둥그런 못圓釘 중에 두 개가 바로 오자서의 눈알로, 이후 부차의 몰락을 지켜보았다고도 합니다. 고소대를 쌓는 노래는 자못 비장했을 것입니다.

한나라 무제武帝는 태자 시절에 성사대聖思臺를 지은 것도 모자라 황제가 되어서도 걸핏하면 통천대通天臺, 통성대通聖臺, 백량대柏梁臺 따위를 건설했습니다. 앞에서 말한 조조의 동작대도 오나라 왕 부차의 스타일에 속한다고 할 수 있습니다.

무릇 영웅이라 칭하는 사람들 중에는 호기 부리기를 자제하는 자가 드문데, 그중에 가장 독보적인 인물이 진시황입니다. 그는 하늘을 나는 기러기鴻를 활로 사냥하겠다고 자그마치 40장 높이의 홍대鴻臺를 지었다고 합니다《삼보황도三輔黃圖》. 그의 아방궁阿房宮은 더욱 대단해서 일단계로 건설된 전전前殿에만 1만 명을 수용할 수 있었다고 하니, 실로 그 규모가 경이로울 정도입니다.

> "동서 길이는 500보, 남북 길이는 50장으로 위에는 1만 명이 앉을 수 있고, 아래에는 5장 높이의 깃발을 세울 수 있었다. 주위로 공중에 떠 있는 행랑을 둘렀으며, 대전에서 아래로 내려오면 바로 남산에 이르렀다."
>
> 《사기史記》 진시황본기秦始皇本紀

예로부터 항상 누군가는 초패왕 항우項羽가 아방궁을 불태운 일을 비난하곤 했는데, 사실 초패왕이 불을 지르지 않았더라도 아방궁은 연기 속에 사라지는 운명을 벗어나지 못했을 겁니다. 동서양을 막론하고 왕조가 교체될 때는 반드시 이전 왕조의 건축을 불태워 새로운 시작을 선포하는 관습이 있었기 때문입니다. 유일한 차이라면 서양의 제왕들이 한 번 불을 놓은 반면, 강경한 중국의 제왕들은 철두철미하게 불살라버렸다는 점입니다(이전 '왕의 기운'을 싹 지워버려야 새로운 왕의 기운이 신속히 자라난다고 믿었기 때문입니다). 그리하여 고대에 만들어진 누대들은 파괴를 면한 사례가 없습니다. 아방궁도 예외는 아닙니다. 70만여 명을 동원해서 쓰촨성四川省의 모든 산림이 소진될 때까지 '잉잉, 홍홍, 등등, 풍풍' 해가며 만든 아방궁(실은 궁전 전체 가운데 전전을 지었을 따름이죠)이 완전히 타서 없어지는 데만 족히 석 달이 걸렸다고 합니다. 2천 년이 지난 지금은 시안 교외에 남은 70만여 제곱미터의 폐허만이 그 화려했던 과거를 전하고 있습니다.

높은 누대에서 내려오자 비로소 중국 전통 건축의 최고봉이 시작되었다

제후들의 창검이 내던 요란한 소음은 위진남북조 시대의 청담한 소리 속에 점차 사그라졌습니다. 높은 누대에 대한 열망은 군웅할거의 시대가 저물고 대통일의 시대로 전환되면서 점차 진정되었습니다. 정치적 권위의 상징은 우뚝 솟은 하나의 누대에서 광활한 성곽으로 바뀌었고, 하늘에 견주던 웅대한 뜻은 대지를 아우르는 위대한 책략으로 변했습니다.

높은 누대 한 가지로 몰아쳤던 건설바람은 드넓은 대지에 펼쳐지는 도성 수립 계획으로 대체되었습니다. 한 채의 높은 판축 누각을 분해해서 평지 위에 여러 채의 건물로 된 하나의 군락을 일구었다고 할까요. 이 방법으로 경제적으로나 시공의 편이성에서 건설 효율이 크게 높아졌습니다. 이렇게 해서 진한 시대 이후 높은 누대는 점차 나즈막한 건축 군립으로 변화했고, 비로소 고대의 건축 기술은 성숙의 단계로 들어서게 되었습니다.

역사를 일정한 규칙에 따라 이해하려는 시도는 바람직하지 않겠지만 중국 전통 건축의 '최고봉'이 '평

《열녀전列女傳》에 수록된 높은 누대

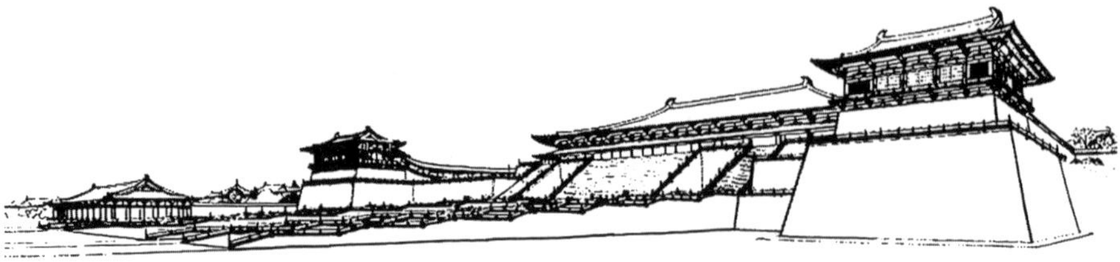

높은 누대와 군체 건축의 기세를 겸비한 당나라 대명궁(大明宮) 함원전(含元殿)의 복원도. 함원전은 장안 동북쪽에 자리한 구릉인 용수원(龍首原)에 4장 높이의 누대를 쌓고 그 위에 지었다. 대전의 앞에는 70여 미터 길이의 세 갈래로 난 용미도(龍尾道)를 설치했는데 그 모습이 지극히 장엄했다고 한다.

지'로 내려온 덕분에 이루어졌다는 데는 이견이 없을 겁니다.

전통 건축의 절정기는 모든 중국인이 자랑스러워하는 대당제국大唐帝國 시기였습니다. 당 현종玄宗은 원래 월대月臺를 지어 양귀비와 함께 구름 위에서 중추절을 지낼 계획이었지만 안녹산安祿山의 반란으로 포기해야 했습니다. 이때부터 중국 건축에서 누대에 관한 '의식意識'은 군락으로 이루어진 건축의 울타리 안으로 들어갔습니다. 건축군에서 하나의 주제가 되는 건축물을 돌출시켜 그 기세를 드러내거나, 파노라마 경관의 중심으로 혹은 멀리 조망하는 용도로 사용하기 시작한 것입니다.

당나라 이후로 물가나 물 위에 짓는 건축을 수사水榭라고 불렀는데, 이는 웅대한 기백을 추구하던 대사臺榭와는 완전히 다른 일종의 작은 관상용 건축입니다.

중국 건축이 높은 누대에서 평지로 내려와 사방으로 퍼져가던 그때, 서양의 건축 기술은 하늘을 향해 한없이 치솟는 방향으로 나아가고 있었습니다. 신명난 노래 한마당을 끝내고 퇴장하는 이와 새롭게 무대에 오르는 이가 서로 스쳐 지나가듯, 중국 건축과 서양 건축은 서로 다른 방향을 향해 걸어가기 시작했습니다.

신의 공간

고대 그리스인들은 태양신 아폴론Apollon, 로마식 Apollo의 수하에 각종 문예와 미술을 담당하는 아홉 명의 뮤즈Muses가 있다고 믿었습니다. 뮤즈를 위해 인간 세상에 지은 건축물이 바로 '뮤지엄Museum'이지요. 이 건축물은 그 안에 예술을 담고 있을 뿐만 아니라 그 자체로 예술 작품이기도 합니다.

건축에는 종합하는 능력이 있습니다. 다양한 예술을 하나로 합치는 능력 말입니다. 벽면 위에는 그림이 그려지고, 기둥과 보는 조각이 되며, 문과 창에는 도안과 부조가 더해집니다. 심지어 중국인들은 현판 위에 문학을 표현하기도 했습니다. 널빤지, 종이, 비단 등에 글씨를 쓰거나 그림을 그려서 현관에 걸어두는 액자인 편액扁額이라든가 기둥과 벽

아테네의 파르테논 신전(Parthenon, BC 448-BC 432)

엄밀히 말해, 웅대한 피라미드는 건축물이 아니라(내부에 합리적인 건축 공간이랄 만한 것이 없으므로) 건축 기술을 응용해서 만든 거대한 금고이다. 그 안에는 파라오의 무한한 권력과 민족의 신앙이 매장되어 있다.

에 세로로 글씨를 써서 붙이는 주련柱聯이 그러합니다. 또 건축물의 내부와 외부에서 각종 예술품을 전시하거나 상연할 수도 있습니다.

다만 건축물 그 자체로 회화나 문학 같은 강렬한 '정서'를 효과적으로 전하는 경우는 많지 않습니다. 우리가 어떤 건축물을 바라보면서 '비통함'이나 '환희'를 느끼는 건 드문 일입니다. 그 이유는 건축물이 생활과 직결된 공간이기 때문입니다. 건축예술은 각 시대의 생활 습관, 기술 수준, 신앙 형태를 직접적으로 표현합니다. 그래서 본질적으로 '현실성'을 벗어나기가 힘듭니다.

건축과 생활의 관계는 이처럼 밀접합니다. 그래서 오히려 건축물과 생활 사이의 간극을 통해 서로 다른 건축의 형식과 풍격을 이해할 수 있습니다. 양자 간의 간극이 클수록 건축이 주는 현실 초월의 효과는 더욱 강해집니다.

건축의 목표가 비인간(초인)적인 역량을 표현하는 데 있다면, 건축의 표현은 모든 것을 능가하는 형태 곧 경관(자연) 가운데 돌출된 형태

중세 유럽의 고딕 성당. 전쟁의 무정한 화마로 고통받은 유럽 대륙. 그곳의 성당들은 좁다란 골목 사이에 놓인 거대한 보석상자같이 하늘을 향해 우뚝 치솟아 있다. 고딕 성당은 지상 세계를 초월하려는 종교의 힘을 상징하며, 오랜 전쟁에 지친 민초들에게 일상의 평온을 되찾을 수 있다는 믿음과 갈망을 품게 해주었다. 피라미드가 일종의 금고라면 성당은 입체화된 성경이다. 도시민 모두가 들어갈 수 있는 성경 말이다.

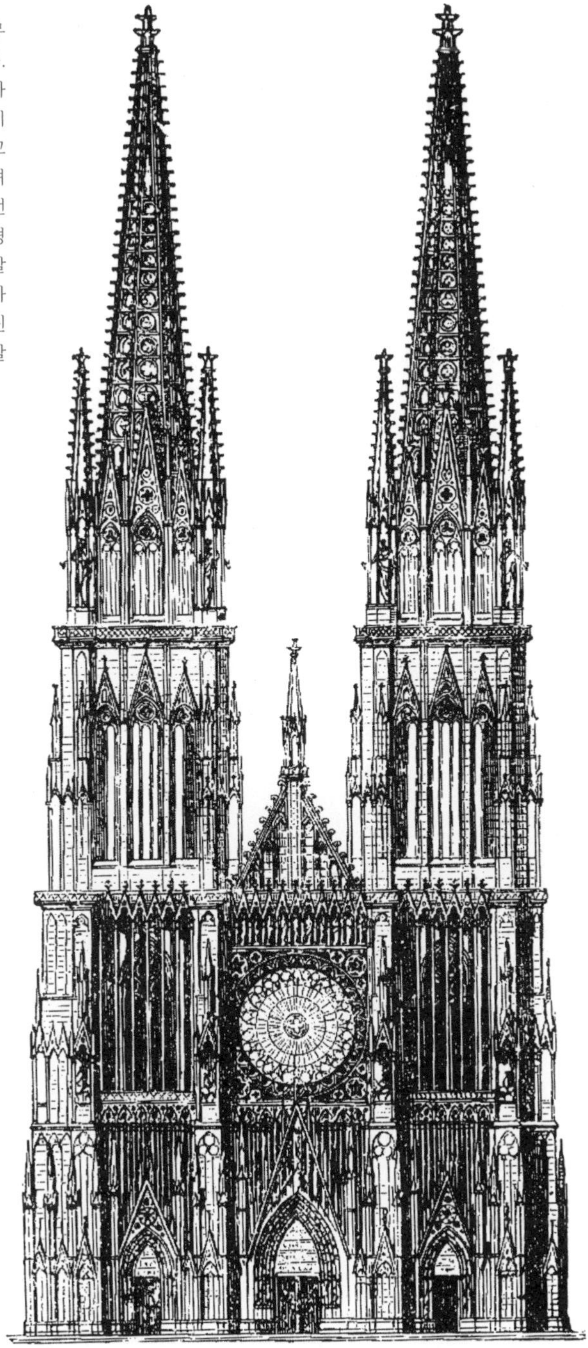

로 나타나며, 결과적으로 시선을 잡아끄는 초자연적인 힘을 발휘하기에 이릅니다. 그 거대한 건축물을 우러러보면서 사람들은 그 무엇에도 비할 수 없는 위대함과 전율 그리고 위압감을 느낍니다.

자, 한번 상상해봅시다. 사람과 짐승이 섞여 사는 초라한 집들이 옹기종기 모인 군락에서 천상을 향해 우뚝 솟아오른 10세기 고딕 성당의 모습을. 성당은 그야말로 신성한 장소로 보였을 겁니다.

반드시 그런 건 아니다

> "서양 미술의 범주에서 중국인들은 회화만을 인정하고 그 외에 조소, 건축, 공예 등은 모두 장인의 작업 영역으로 간주한다. 중국인에게 예술이란 시적詩的 의미에 기반한 것(정서적인 것)이지 물질로써 표현된 것이 아니다."
>
> 영국의 건축가이자 건축사가인 바니스터 플래처(Sir Banister Fletcher, 1866-1953)의 『양식비교법을 근거로 한 건축사*A History of Architecture on the Comparative Method*』

서양 건축의 최대 성취가 종교 건축 곧 성당에서 이루어졌다면, 중국 건축의 묘미는 최상위 등급의 주택 곧 궁전에서 최대로 발휘되었습니다.

중국에서 '인간人'과 '신神'의 거주처는 본질적으로 다르지 않습니다. 불교 사찰의 '사寺'는 원래 국가의 행정 기관이었고, 도교 도관의 '관觀'은 높이 지어 멀리 바라볼 수 있는 건물을 이르는 용어였습니다.

승려와 도사가 숭배하는 대상은 서로 다르지만, 두 종교의 건축 배치는 서로 같았습니다. 신령이 머무는 '집'은 인간의 집과 마찬가지로 대청·정자·누대·누각으로 구성되었고 마당과 화원도 갖추었습니다. 부자가 자신의 집을 종교 시설로 기증하는 일도 드물지 않았고, 사찰이나 도관을 사람들이 점거해서 주택으로 삼은 일도 있었습니다. 주택 안에 정결한 방이나 집을 지어 불당으로 삼은 경우, 그 장소의 기능과 의미는 종교 시설과 다름없었습니다. 불교와 도교는 심신수양을 추구하는 터라 역대 유명 사찰과 도관들은 대부분 번잡한 세속 저 멀리 교외나 심산유곡에 자리했습니다. 하지만 도시나 마을의 번화한 거리에 위치한 대다수 사당祠堂과 묘우廟宇는 성스런 장소이자 속된 시장의 기능을 겸했습니다. 이를 묘회廟會*라고 합니다.

주택 건축에서 뻗어 나온 제왕의 궁전 양식에도 현실성은 깊이 깃

베이징 자금성 태화전(太和殿)

들어 있습니다. 최고 권력의 상징인 궁전은 그야말로 웅대하고 화려하지만, 가장 좋은 재료와 가장 정교한 공예(중국 건축의 역사는 중국 공예의 역사와 다르지 않습니다)로 빚어낸 황제의 침실은 일반 백성의 침실과 크게 다르지 않았습니다.

"중국 전통 건축의 공간 치수는 인간의 실질적 필요에 따른다"라는 말이 있습니다. 이 말뜻을 이해하지 못하면, 청나라 고종황제高宗, 乾隆帝, 1711-1799가 심혈을 기울여 만든 삼희당三稀堂을 제대로 알기 어려울 것입니다. 고종황제는 거대한 규모를 선보이며 전율을 자아낼 수도 있었지만, 자신의 생활 공간만큼은 정교하고 고아하게 꾸몄습니다.

오랫동안 중국인들은 건축을 예술로 의식하지 않았습니다. '의식적'이라는 단어에는 자연을 거슬러 인위적으로 노력한다는 뜻이 포함되어

- 종교 시설을 신성한 공간으로 생각하는 보편의 시각으로는 이해하기 힘들지만, 중국에서는 예로부터 번화가에 위치한 사당과 묘우에서 정기적으로 시장을 여는 전통이 있다.

청나라 고종황제는 이곳에 소장된 세 가지 희귀한 예술품 곧 동진 서예가 왕희지(王羲之, 307-365)의 《쾌설시청첩快雪時晴帖》, 왕헌지(王獻之, 344-386, 왕희지의 7번째 아들)의 《중추첩中秋帖》, 왕순(王珣, 4세기, 왕희지의 재종손)의 《백원첩伯遠帖》을 떠올리며 '삼희당'이라 명명했다. 정면 두 칸 너비의 작은 공간으로 한 칸의 너비는 4제곱미터에 지나지 않는다. 최고급 목재인 녹나무로 화려하게 조각해 만든 창살 사이에 반투명한 망사 천을 끼워 넣었다.

있습니다. '사람 인人'자와 '만들 위爲'자를 붙여 쓰면 '거짓 위僞'자가 되지요. 그래서인지 인위人爲적이라는 개념은 중국 문화에서 상당히 기피되었습니다. 건축은 자연과 인공의 중간에 자리했고, 신과 인간이 공존하는 장으로 발전했습니다.

"남조南朝의 480개 사찰 중 다수가 여염집 사이에 있었다"라는 위진 남북조 시대의 기록처럼, 중국에서는 종교적 영원의 의미와 갓 태어난 아기의 응애응애 하는 생명의 소리가 같은 공간에서 공존했습니다. 신의 공간이자 인간의 치수에 들어맞는 공간이라는 것, 이것이야말로 중국 건축의 본질입니다.

제5장

표준을 정하다

표준 품셈, 비례를 다룬 전문 서적, 규격화된 건축 모듈이 등장했습니다. 표준화로 효율이 높아진 결과, 더 많이 짓고 더 빨리 철거할 수 있어 마치 옷을 갈아입듯 집을 바꾸게 되었습니다. 게다가 돌을 나무처럼 다루기도 했습니다.

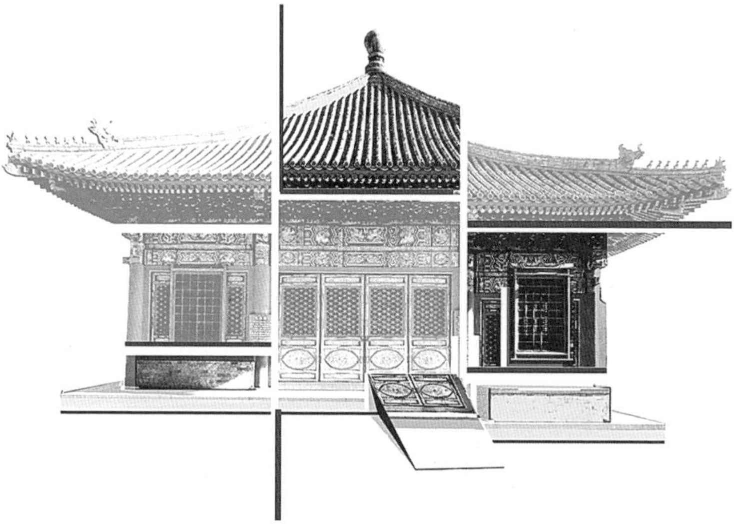

"오늘날까지 전 세계에서 오직 중국 전통 건축만이 건축 설계의 진정한 표준화를 이루었다."
량쓰청(梁思成, 1901-1972), 『중국건축사中國建築史』

표준 품셈

건축을 표준화하려면 재료의 성질과 시공 절차를 철저히 이해하고 각종 기술을 종합해서 모든 이가 인정할 만한 가장 적합하고도 실행 가능한 방법을 제정해야 합니다. 이와 함께 뺄 수 없는 한 가지가 있으니, 바로 표준 품셈입니다.

품삯을 표준화하지 않았는데 어찌 장인들이 그 숨은 기예를 발휘하며 기쁘게 참여할 수 있을까요?

고대 중국에서 국가 차원의 공사에는 부역제賦役制•가 시행되었습니다. 일반 백성의 입장에선 강제 노역이었으니, 당연히 적극적으로 일하기를 기대할 수는 없었겠지요. 그런데 당나라 때 안녹산의 난 이후 각지의 백성들이 사방으로 흩어지자, 호적제도를 유지하기가 어려워지면서 부역제도가 마비되었습니다. 이런 상황에서 기술을 가진 인재들을 불러 모으기 위해 일종의 타협안이 실시되었으니, 바로 '화고和雇'••가 그것이었습니다. 쌍방 모두에 득이 되는 이 정책은 장인들의 참여도와 일할 의지를 북돋아주었습니다.

송나라 때에 이르러 정부는 한발 더 나아가 숙련공에게 보수를 더 많이 주는 보너스 정책을 채택했습니다. 성장의 의지가 샘솟아 생산업

• 정부가 호적을 기반으로 각 지역마다 노동력을 의무적으로 부과하는 제도

•• 노동자를 공개적으로 모집하거나 관과 민간이 보수를 협의하는 제도

과 건설업이 눈부시게 발전했고, 운영 효율을 높이기 위해 방대한 생산 공정을 분업화하기 시작했습니다. 또 노동의 양과 질을 함께 평가해서 보수를 차등 지급하는 복잡한 등급제도에 대응하기 위해 수공업 생산이나 각종 건설 공정은 규격화와 등급화의 길을 걷게 되었습니다.

표준과 제도란 본래 하나의 거대한 혼란으로부터 태어나는 법입니다.

건축의 표준화는 결코 어려운 일이 아니지만, 어째서인지 오직 중국에서만 실현되었습니다.

'표준'을 정한다고 해서 결코 천재적인 작품의 탄생을 방해하는 건 아닌데 말입니다.

1914년 독일 공업계는 쾰른에서 회의를 열어 생산설계표준화Typiserung를 논의했다. 찬성과 반대 의견이 격렬히 충돌했지만, 결과는 모두가 아는 바와 같았다. 독일은 '표준'의 효율성에 힘입어 10년이라는 짧은 기간에 영국을 앞질렀고 유럽 최대의 공업 강국으로 탈바꿈했다. 표준화는 나쁠 게 없다. 지금 여러분이 읽는 이 책도 표준화된 인쇄 공정을 거쳐 나왔다. 그렇지 않았다면 아마도 책 값이 백 배 이상 비쌌을 것이다. 표준 활자로 인쇄한 책이라고 해서 지적 호기심과 감정의 흐름을 방해하지는 않는다. 유럽에서 문예 부흥이 활발히 일어나게 된 주요 원인의 하나는 모든 사람이 표준 활자로 인쇄된 책에 접근할 기회를 가졌다는 것이다. 파르테논 신전도 기본적으로는 표준 규격으로 지어진 건축물이다.

도리어 천재가 아니어도, 그 작업의 수준이 지나치게 낮아지는 것을 방지해줍니다.

정말로 우려해야 할 것은 경직화입니다. 이야말로 모두가 두려워하는 것입니다.

한 세트의 건축 전문 서적

《영조법식營造法式》의 배경

북송 중엽, 황실이 각종 궁전과 대규모 정원을 짓는 데 열중하면서 전국적으로 강한 건설 바람이 불었습니다.

송나라 인종仁宗 시기에는 개선전開先殿의 한 기둥에 구조적 문제가 생겨 수리를 해야 했습니다. 당시 보수를 담당했던 관원이 사익을 취하려고 거짓으로 재료비를 신청했는데, 그 금액이 자그마치 1만 7천 5백 민緡, 약 1천 7백 5십만 문이었다고 합니다. 당시 국가 재정의 한 해 세수를 다 써도 겨우 기둥 1천 개를 살 정도였으니, 부패의 정도가 이루 말할 수 없었습니다.

이 시기는 《수호전水滸傳》에서 "어쩔 수 없이 양산으로 쫓겨왔다"던 포청천包青天과 탐관오리들이 서로 다투던 때였습니다. 유명한 개혁가인 왕안석王安石, 1021-1086은 재상으로 임명되자 국가의 재정이 매번 "법도를 알지 못하여(규정 없이 재정을 지출하여)" 곤경에 처하고 마는 문제에 눈을 돌렸습니다. 당나라 말기에 전란의 피해가 아직 수습되지 않은 상황에서 목재의 대량 소진으로 국가 경제가 붕괴되는 것을 막기 위해, 그는 국가 공사를 재정 관리대상에 포함시켜 엄격하게 감독하기 시작했습니다.

《영조법식》은 이런 배경에서 출현한 건축공사 종합 지침서입니다. 이 책은 송나라의 국가 공사를 총괄하는 벼슬인 장작감將作監 자리에 있던 이계李誡, 1065-1110가 편수했는데, 지금까지 발견된 것 중에서 가장 완벽한 중국 고대의 건축 서적으로 평가됩니다.

이 책은 북송 희녕 연간(1068-1077)에 쓰이기 시작하여 원우 6년(1091)에 일차적으로 완성되었습니다. 하지만 내용과 편집이 혼란하고 부실해서 소성 4년(1097)에 이계가 황명을 받들어 다시 편수하기 시작했습니다. 그렇게 3년의 기간을 거쳐 원부 3년(1100)에 완성, 숭녕 2년(1103)에 각지에 반포되었습니다.《영조법식》은 북송이 멸망한 이후 한동안 전래가 끊겼으나 다행히 남송 소흥 15년(1145)에 재발견되었습니다.

내용

《영조법식》은 모두 34권으로 구성되어 있습니다. 건축 공정은 호채壕寨, 성벽 및 해자, 석작石作, 대목작大木作, 소목작小木作, 조작雕作, 선작旋作, 거작鋸作, 목재 분할, 죽작竹作, 와작瓦作, 니작泥作, 채화작彩畫作, 단청, 전작磚作, 벽돌, 요작窯作, 가마 등 13개의 공사 유형으로 명료하게 분류되었습니다. 전통 이론을 다시 한번 정리하고, 혼란한 부재 명칭을 통일했으며 각종 건축물의 표준 사례, 제도, 도면, 재료 사용, 인력 분배 등 건축과 관련된 모든 범주의 규정을 제시했습니다.

성과

이계는 먼저 국가의 기존 건설 공사들에 "너무 큰 재료를 사용하고(낭비), 검수와 감독 절차가 정해져 있지 않은(무단)" 폐단이 있음을 지적하고, 옛 서적과 전통 기술에 대한 고증을 진행했습니다. 그리고 몸소 장인들과 각종 시공 과정을 토론하여 최종적으로 3,555개항의 표준 시공 규칙과 표준 사례를 제정했습니다.

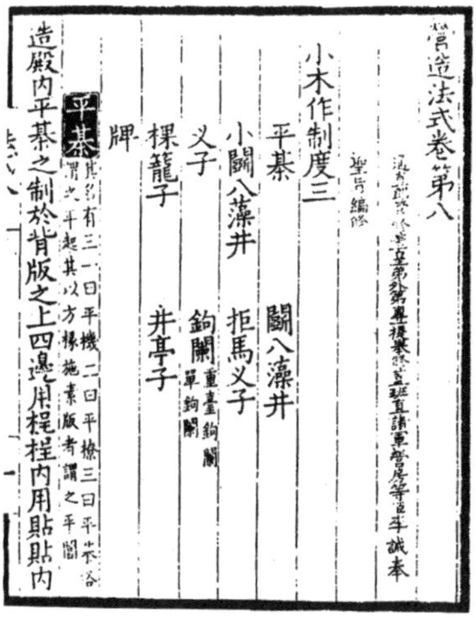
營造法式卷第八
通直郎管修蓋皇弟外第專一提舉修蓋班直諸軍營房等臣李誡奉
聖旨編修
小木作制度三
平棊　鬭八藻井
小鬭八藻井　拒馬叉子
叉子　鉤闌 重臺鉤闌 單鉤闌
棵籠子　井亭子
牌
平棊 其名有三一曰平機二曰平橑三曰平棊俗謂之平起其以方椽施素版者謂之平闇
造殿內平棊之制於背版之上四邊用桯桯內用貼貼內

《영조법식》은 중국 건축사에서 가장 중요한 저작이다.

그 밖에 계절별 작업량에 따른 차등보수 체계와 원료의 성질과 조달 지역의 거리에 따른 차등비용 체계도 책정했습니다.

《영조법식》은 수나라와 당나라의 건축 기술과 경험을 계승해서 전체적으로 정리했을 뿐 아니라 고대 건축 기술 중 표준 모수模數, module 제도인 '재材'에 관한 상세한 설명을 담고 있습니다. 이로써 당대인들뿐 아니라 오늘날의 사람들까지 고대 건축의 표준을 이해할 수 있게 해준다는 점에서 특히 중요합니다.

건축의 단위

재材

고대 중국의 건축 장인들은 늦어도 당나라 때부터 보와 기둥의 치수라든가 구조에서 수직과 수평의 이상적 비례를 탐색하기 시작했습니다. 이들은 톱을 써서 원형 목재를 단면 비율 $\sqrt{2}:1$(약 3 : 2)의 직사각형으로 잘랐을 때, 휨에 대한 저항 강도가 최대치로 나온다는 사실을 발견했습니다. 그리고 전체 건축에서 가장 많이 반복되는 부재인 두공枓栱, 공포의 구성 요소 중에서 공栱, 살미와 첨차의 높이를 기준으로 삼아 '재材'라고 칭하고, 이를 보나 방재枋材의 치수를 정하는 기본 비례 단위로 삼았습니다. 이로써 '재'의 비례에 따라 건축에서 모든 부분의 재료와 치수를 결정할 수 있게 되었습니다. 기초부터 지붕마루까지 모든 요소를 계산 범위에 넣어 건축(심지어는 건축군) 전체를 엄격하게 통제된 비례 안에서 건설하게 되었을 뿐 아니라, 미세한 변경이 발생해도 다른 부분들을 이에 따라서 조정할 수 있게 되었습니다.

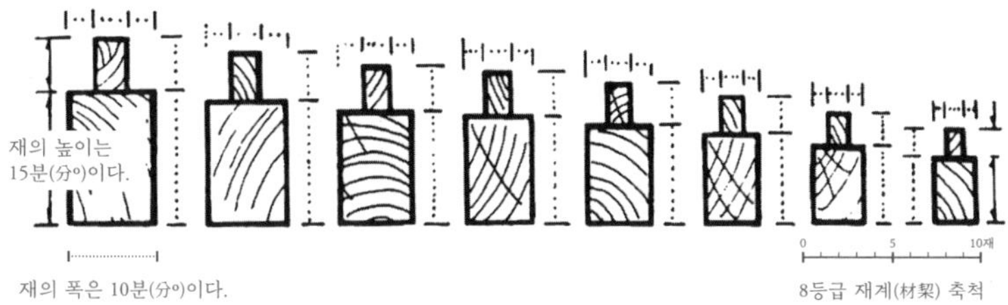

단위의 명칭을 '재(材)'라 한다. 이는 《영조법식》에 기재된 기본 건축 단위이다.

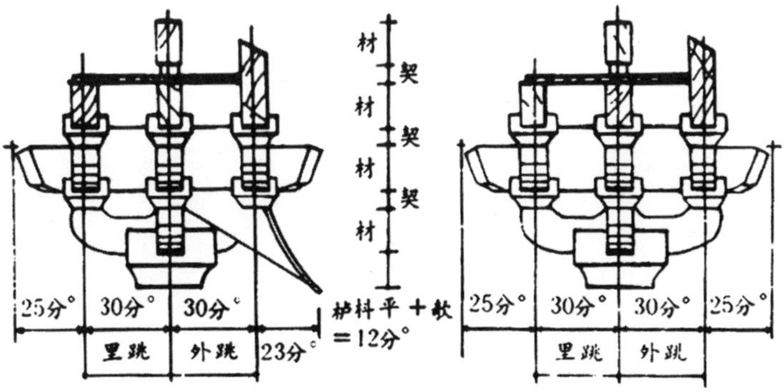

두공(공포)의 부재는 표준 단면(재材, 계栔)을 전체 건축의 설계 모수(module)로 한다.

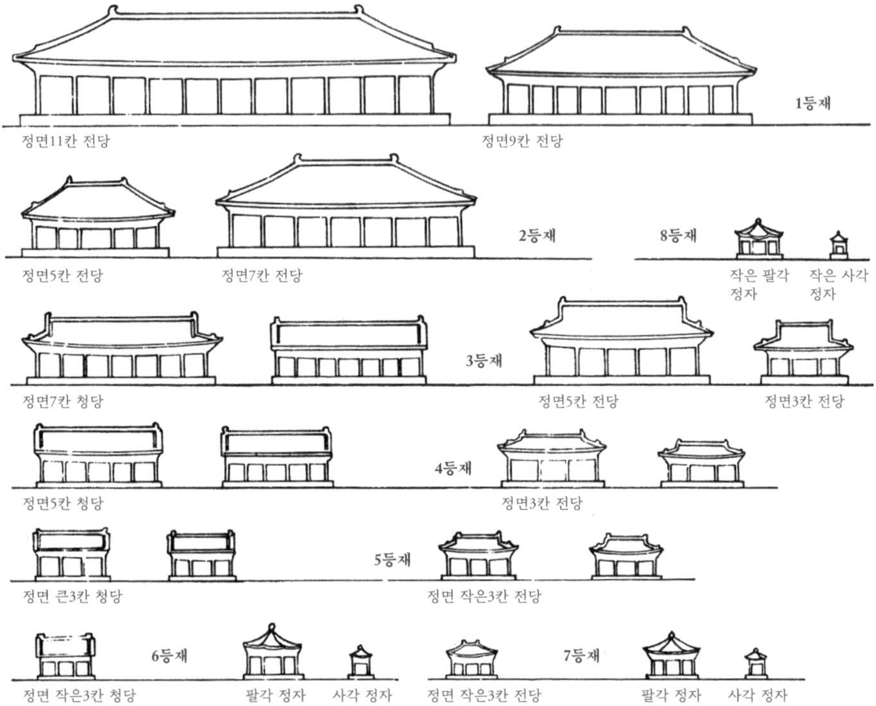

《영조법식》에 규정된 재(材)의 등급별 적용 대상 건축, 그 규모와 유형
- 전당(殿堂), 청당(廳堂), 정자(亭子)

건축 표준 모수제도의 장점

1. 원재료의 낭비를 근절할 수 있다. 예산을 합리적으로 계획할 수 있다. 건축물이 일정한 품질 수준으로 완성되도록 보장해준다.
2. 사전에 각종 부재를 제작하여 공사 현장으로 운반할 수 있다. 혹은 다수의 건축으로 구성된 궁전을 해체하여 다른 지역에 이건하기에 용이하다.
3. 여러 채의 건축을 동시에 시공할 수 있다. 표준 부재는 수시로 교체하거나 수리할 수 있다.
4. 재료의 양을 예상하고 부재를 미리 제작하기가 편리하다. 큰 재材가 손상되면 잘라서 작은 재材로 재사용할 수 있다.
5. 시공 효율이 대폭 향상된다.

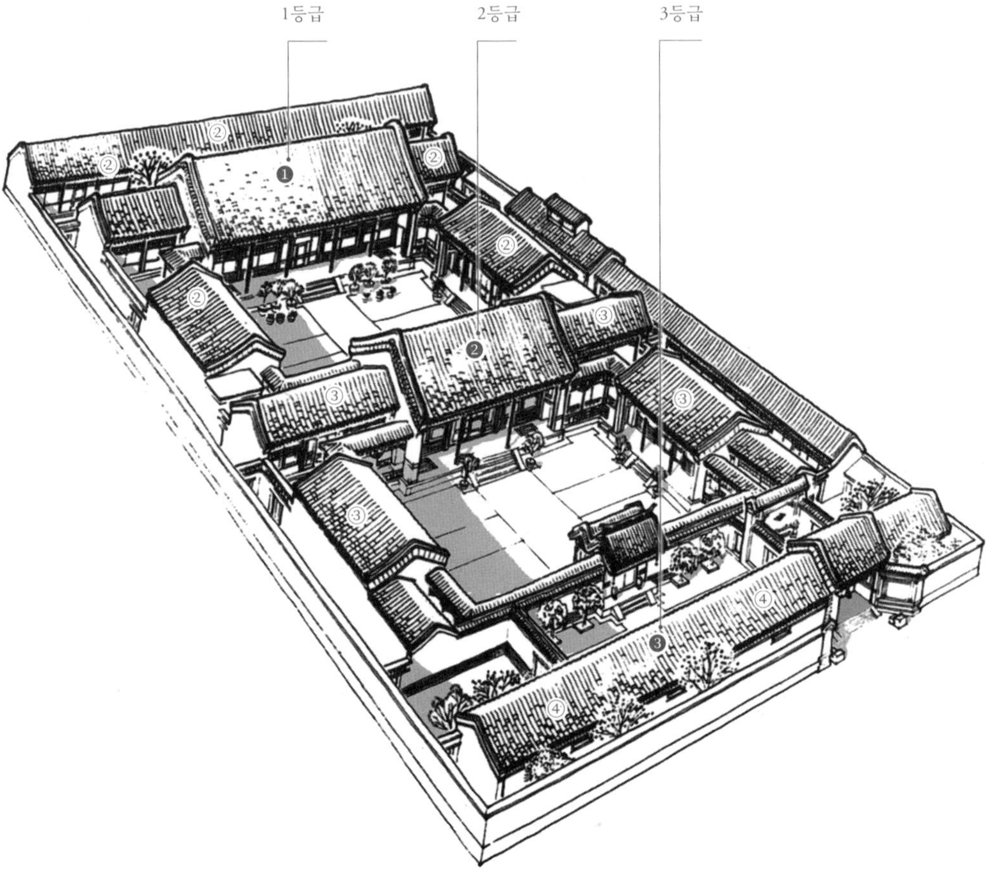

건축물은 위치에 따라 사용 재료의 규격과 건축 정면 너비의 등급에 차등을 둔다.

건설 속도

중국에서는 6세기부터 중대한 건축 공사에서 모형을 이용해 설계했고, 심사 후에는 책임자를 임명하여 모형을 실제 건축으로 만드는 시공 과정을 책임지게 했습니다.

로마제국의 수도에 일곱 개의 작은 산들과 그 사이를 흐르는 테베강의 풍광만 보이던 시절, 한나라의 장안성長安城은 로마의 수도보다 면적이 네 배에 달했으며 인구 1백만을 넘어서는 초대형 도시였습니다.

수나라 대흥성大興城, 장안성과 낙양성洛陽城의 건설을 총괄했던 저명한 건축가인 우문개宇文愷, 555-612는 경이로운 속도로 일 년이라는 짧은 기간에 당시 세계에서 가장 거대한 규모로 계획되었던 도시를 건설해냈습니다.

청대 원명원(圓明園)의 건축 모형

BC 221-BC 210	[진] 아방궁, 위수장교(渭水長橋), 여산릉(驪山陵), 만리장성, 치도(馳道)	11년
BC 202-BC 200	[한] 장락궁	2년
662	[당] 대명궁 개축(십여 채의 궁전 포함)	1년
700	허난성(河南省) 숭산(嵩山) 삼양궁(三陽宮)	3개월

BC 518-BC 460	페르시아 페르세폴리스(Persepolis) 백주궁전(百柱宮殿)	58년
BC 174-AD 132	아테네 올림푸스 제우스신전	306년
1506-1626	로마 성베드로 대성당	120년
1675-1710	런던 세인트폴 대성당	45년

『중국대백과전서』, 『화하의장华夏意匠: 중국 고전건축의 설계원리 분석』 참고

건설 속도로만 보면 서양의 대성당은 느리기 짝이 없습니다. 알다시피 자금성은 72만 제곱미터의 면적에 분포된 궁전 건축군으로, 약 30만 명의 인력을 동원해서 전체 공사를 거의 동시에 진행했습니다. 반면 성베드로 대성당은 건설 기간의 대부분을 직경 42미터, 높이 138미터에 달하는 돔의 지지 방식을 해결하는 데 썼습니다. 형식이 다르고 재료도 다르며 각자 추구하는 성과 또한 다른 것입니다.

고대 중국에도 지속적으로 공사를 진행한 경우가 있습니다. 위진남북조 시대부터 원元나라 때까지 천 년이나 중단 없이 지속되었던 둔황석굴(막고굴)의 조성 사업이 바로 그러합니다.

현존하는 가장 위대한 목조궁전 건축군으로 꼽히는 베이징의 자금성 역시 14년(1406-1420)이라는 짧은 기간에 완공되었다. 명나라는 북경성(北京城) 개축과 태묘(太廟) 신축을 4년 만에 완수했을 뿐 아니라 총 8,350칸 규모의 10개 왕부(王府)와 관저(官邸)를 동시에 완공했다.

도시 면적 비교

BC 202	[한] 장안(長安, 현재의 시안)	내성 35km²
493	[북위] 낙양(洛陽, 현재의 뤄양)	73km²
583	[수] 대흥(大興) [당] 장안◇	84.2km²
605	[수·당] 낙양	45km²
1267	[원] 대도(大都, 현재의 베이징)	50km²
1366	[명] 남경(南京, 현재의 난징)◇◇	43km²
1421-1553	[명·청] 북경(北京, 현재의 베이징)	60.2km²

300	로마	13.68km²
477	비잔티움	11.99km²
800	바그다드	30.44km²

량쓰청(梁思成)의 『영조법식 주역』 상권, 뤄저원(羅哲文)의 『뤄저원 고건축문집古建築文集』, 『중국대백과전서』 건축 편을 참고함

◇ 당나랑의 장안은 인류가 만든 가장 거대한 규모의 성벽을 두른 도시이다. 승천문(承天門) 앞 도로는 너비가 450미터이고 길이가 3000미터에 달했다.

◇◇ 명나라의 남경은 벽돌 성벽을 지닌 도시로, 면적 43제곱킬로미터, 내성 둘레길이 55.3킬로미터, 외성 둘레길이 103.7킬로미터에 달하는 당시 세계 최대 규모의 도시였다.

36자에 담긴 계획

기원전 5세기에 쓰인 《춘추좌씨전春秋左氏傳》에는 건축 시공에 관한 한 구절이 들어 있습니다. "너비 치수를 정하고, 높이를 정하고, 두께를 정하고, 도랑을 산출하고, 흙의 양을 산출하고, 공기를 산출하고, 재료를 산출하고, 식량을 산출하여 제후들에게 부역을 명령한다計丈數, 揣高卑, 度厚薄, 仞溝洫, 物土方, 議運迩, 量事期, 計徒庸, 慮財用, 書糇粮, 以令役于諸侯." 원문은 총 36자에 불과하지만, 이 구절은 공사에 필요한 주요 항목을 아우르는 세계에서 가장 간결한 건축 계획일 것입니다.

"춘추 시대 말기 제나라의 공예에 관한 공식 서적 중에서 《공목지공攻木之工》의 '장인匠人' 절에는 고대 건축가의 세 가지 주요 책무가 기록되어 있다. 하나, 도성의 위치를 선택하고 측량하여 방향을 정한다建國. 둘, 도시를 계획하고 왕궁, 명당, 종묘와 도로를 설계한다營國. 셋, 밭을 나누고 수리를 계획하고 창고와 관련 부속 건축을 설계한다溝洫."

《주례·고공기周禮·考工記》

융통성 있는 처리

10세기 북송 시대의 도읍인 변경汴京, 현재의 카이펑에 큰불이 났습니다. 뒤이어 중건을 담당한 정진공丁晉公, 966-1037은 궁전 앞 도로에서 공사에 필요한 흙을 파냈고, 흙을 파내어 형성된 도랑을 성 외곽의 변하汴河까지 연결되는 수로로 만들어서 건축 자재를 운반하는 선박이 직접 궁문 앞 공사 현장에까지 닿게 했습니다. 전체 공사를 마친 후에는 남은 재료를 이용해 수로를 다시 메우고 옛 모습을 회복했다지요.

"일거에 세 가지 공역을 완성하니, 억만에 이르는 비용이 절약되었다."

심괄(沈括, 1031-1095), 《몽계필담夢溪筆談》

건축은 옷과 같다

목재라는 가벼운 자재를 쓰고 표준 모수제도의 효율을 적용하자 왕조가 교체될 때마다 재빠르게 화려한 건축군을 지을 수 있었습니다. 여기에 정치와 형식이 일치해야 한다는 전통 관념이 더해지고, 집권자가 이전 시대의 건축을 망설임 없이 철거하거나 개조해버리는(심지어 의관복식까지 바꾸는) 관례가 굳어지면서 짓기도 빨랐지만 허무는 것은 더욱 빨라졌습니다.

목조건축에는 화재와 해충이라는 천적이 존재하지만, 우수한 품질의 목재는 적절한 보호 조치만 취해진다면 그 수명이 일이천 년에 달합니다. 예를 들어 산시성山西省 오대산五台山에 자리한 남선사南禪寺와 불광사佛光寺는 지어진 지 천 년이 훌쩍 넘었지요. 유구한 전통을 추구하기로

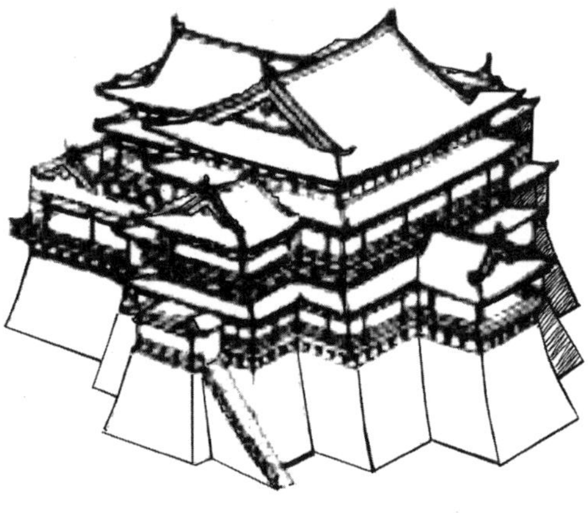

28차례 중건된 등왕각(滕王閣)

유명한 중국인들이 건축만큼은 열심히 개축하거나 주저 없이 허물고 새로 지으니 신기하기 그지없지요. 그 유명한 등왕각滕王閣은 28차례에 걸쳐 중건되었으니, 마치 계절에 맞추어 옷을 바꿔 입듯이 한 셈입니다.

> "물건을 있는 그대로 오래 보존한다는 의식이 없었다. … 건축을 옷이나 수레처럼 보았기에 때가 되면 당연히 바꾸었다. 물건이 오래가지 못할까 근심해보지 않았으니 자연히 영원히 훼손되지 않게 하겠다는 야심 또한 없었다."
>
> 량쓰청(梁思成), 『중국건축사中國建築史』

왕조가 바뀔 때뿐 아니라 경축일이나 명절에도 이를 명분 삼아 건축물을 새로 지었습니다. 게다가 재난으로 파괴된 사례까지 더해져, 오늘날까지 보존되어 내려오는 고대 목조건축은 그 수가 손에 꼽을 정도입니다.

명나라 때의 정원 설계사인 계성計成, 1582-1642?은 저서《원야園冶》에서 이렇게 말했습니다.

"천 년을 견딜 토목 공사를 한다지만, 어찌 사람이 백세까지 살 수 있겠는가. 자족하며 즐기고 쉬면서 유유히 집을 가꿔 나가리."

천 년을 내다보며 토목 공사를 하면서도 삶의 유한함을 직시하고 안락을 추구하겠다는 이런 태도는 중국인들의 건축관을 어느 정도 전해줍니다. 만약 건축 구조에 고도의 견고함이 요구되거나(성벽이 그렇지요), 영구 보존을 목적으로 건설하는 경우라면(능묘가 그렇고요) 돌을 쓰면 그만이겠죠. 다만 중국인에게 사람 사는 건축에는 아무래도 나무가 딱 좋은 것입니다.

목구조를 모방하는 석구조

목재 기술의 발달은 건축 구조가 개선되고 건설 속도가 향상되는 데 기여했을 뿐 아니라 고대 중국인의 심미 의식에도 영향을 주었습니다. 고대 중국인들은 익숙한 목조건축의 형태를 본떠서 석조건축을 만들기 시작했습니다. 다만 이상적인 접합제가 개발되지 않았기에 석재 간 연결 부위에는 자연히 온도 차로 인한 부정합이 생길 수밖에 없었습니다. 그래서 고대 중국인들은 석재를 가공할 때도 목재의 맞춤과 이음 기술을 응용했는데, 이런 관습은 결과적으로 석조건축의 발전에 걸림돌이 되고 말았습니다.

사정은 이러했지만 중국인들은 주저 없이 석조건축 분야에서도 탁월한 재능을 발휘했습니다. 모두 잘 아는 만리장성과 능묘에 보이는 뛰어난 석조 돔 기술, 아득히 높은 석탑, 그리고 석조 아치로 유명한 수나라의 안제교安濟橋 등이 그러합니다.

벽돌 제조술은 명나라 이후에 발달했습니다. 민간에서는 점차 실용적인 벽돌 건축이 출현했는데, 그 성격은 오늘날 표준화된 공동주택과 같았습니다. 벽돌 건축의 해체와 개축도 빨랐지만 목조건축에 비할 바는 아니었습니다.

청나라 때에 이르면 건축의 도면 제작양방, 樣房과 자재 산출산방, 算房이 전문 직제로 독립되었습니다. 공사는 완전히 제도화되는 단계까지 발달했고, 건축은 마침내 '과도한 표준화'(경

"패루牌樓의 발달은 … 목조 패루를 기준으로 각 부재 명칭을 정했을 뿐 아니라 목조가 유일한 기준이 되었으니, 먹선을 놓는 단계부터 모든 시공 과정에 목수가 참여하였다."

류둔전(劉敦禎, 1897-1968), 『류둔전문집劉敦禎文集』 제1권, 중국건축공업출판사, 1982년

패루는 중국 전통 건축 양식의 하나로, 큰 거리에 길을 가로질러 세우던 시설물이나 무덤, 공원 따위의 어귀에 세우던 문(門)의 일종이다. 도시의 아름다운 풍경을 기리고 경축의 뜻을 나타내기 위해 지었다.•

직화)의 위기에 봉착했습니다. 그런데 이런 제약 덕분인지, 청나라의 건축은 '표준화된 단일 건물'을 활용해서 다양하고 복잡한 건축 공간을 조합하는 방향으로 발전했습니다. 다행히 베이징의 자금성, 청더承德의 피서산장避暑山莊, 취푸曲阜의 공묘孔廟와 같은 중요한 삼대 건축군이 잘 보존되어 있어, 과감한 계획을 통해 이룬 놀라운 공간 배치를 오늘날에도 감상할 수 있습니다.

• 이 내용은 역자가 덧붙였다.

궁전에서 목재의 사용

명나라의 통치 계급은 매우 사치스러워서 수많은 대규모 공사를 벌이며 쓰촨성四川省, 후난성湖南省, 장시성江西省, 저장성浙江省 등에서 후박나무, 녹나무, 측백나무, 박달나무, 모과나무, 치자나무, 삼나무를 벌채했고 산시성山西省, 허베이성河北省 등에서는 소나무, 측백나무, 피나무, 느릅나무, 회화나무를 벌채하는 등 전국 각지에서 대량의 공사용 자재를 조

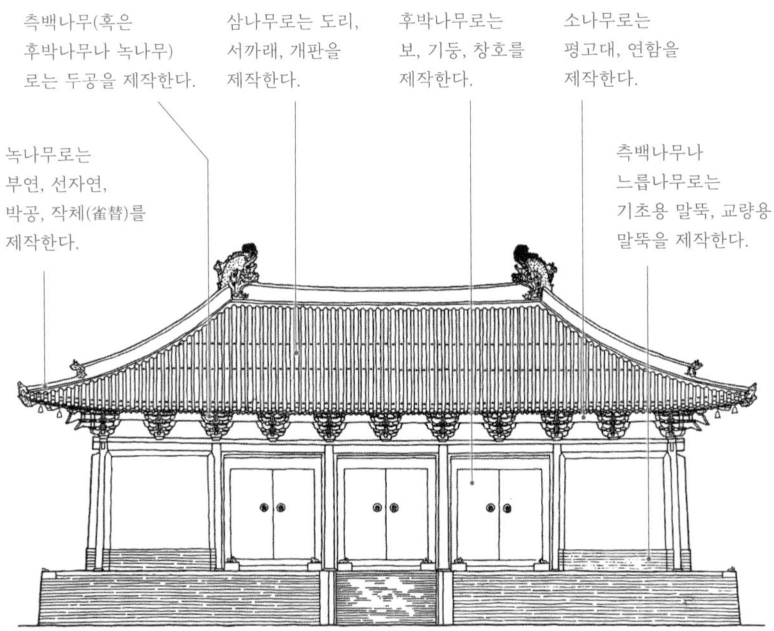

궁전 무덤, 제단, 사당 등 고급 건축에서 목재의 사용

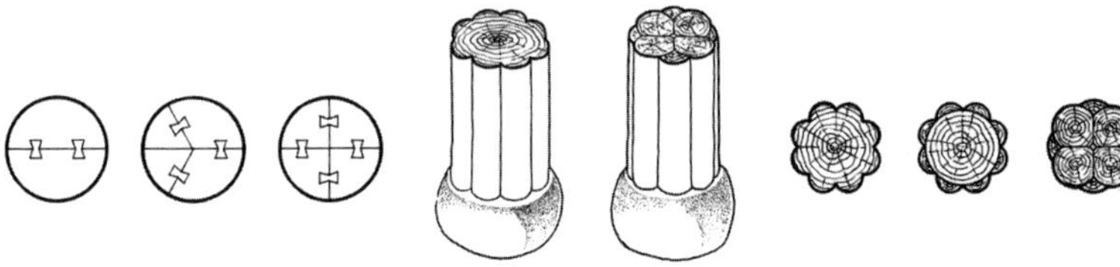

여러 개의 작은 목재를 조립하여 기둥을 만드는 기술로 《영조법식》에 기재되었다. 베이징 자금성 태화전 내부에 자리한 직경 1.5미터, 높이 13미터에 달하는 황금색 용이 그려진 기둥들이 바로 이 기술을 통해 제작되었다.

달했습니다.

명나라 초기에는 큰 치수의 목재를 건축 자재로 다수 사용했습니다. 예를 들어, 자금성의 천안문天安門과 단문端門의 정칸은 그 너비만 8.5미터를 넘는데 이는 전례가 없을 정도입니다. 베이징 창핑昌平에 위치한 장릉의 능은전祾恩殿에는 후박나무를 통째로 다듬어 제작한 직경 1.17미터, 높이 14.3미터의 기둥이 있는데 이렇게 거대한 치수는 중국에서도 대단히 드뭅니다.

> "청나라 때에 이르러 황실에서 실시하는 공사에 거대한 목재가 부족하여 부득이 여러 개의 작은 목재를 조립하고 바깥에 쇠띠를 둘러 하나의 기둥이나 보로 만들었다. … 청나라 황실의 건축 공사에서는 후박나무가 부족하여 대량의 황송黃松을 주 건축 재료로 사용하였다. 이렇게 명나라 때와 청나라 때 대형 목재의 사용은 명확한 차이를 보인다."
>
> 뤄저원(羅哲文, 1924-2012) 주편, 『중국고대건축中國古代建築』, 상하이고적출판사, 1990년

목재의 밀도에 따른 활용

청나라 때 이두李斗, 1749-1817는 저서인 《공단영조록工段營造錄》에서 무게에 따른 목재의 등급을 제시했는데, 한 변의 길이가 한 자인 정육면체를 기준으로 무거울수록 더욱 고급으로 쳤습니다. 철력목이나 자단 등 진귀한 목재는 조직이 치밀하고 견고하여 금속처럼 매끈하고, 물에 넣으면 가라앉을 만큼 무거운데다 충해를 입지 않기 때문에 그 값이 황금에 비견될 정도였습니다.

치자나무(梔木)	20근
피나무(椴木)	20근
버드나무(楊柳)	25근
후박나무(楠木)	28근
송돈(松墩)	30근
남백나무(楠柏)	34근
회화나무(槐)	36근 8량
북백나무(北柏)	36근 8량
단목(檀木)	45근
황양나무(黃楊)	56근
화리나무(花梨)	59근
철리나무(鐵梨)	70근
자단(紫檀)	70근

목재의 장점

1. 비중比重을 고려하면 종종 금속 성분을 포함한 동일 질량의 물질보다 견고하다.
2. 가공이 쉽고 물에 뜨기 때문에 운송에 유리하다.
3. 단열 성능이 우수하여 더위와 추위를 막는 데 유리하다. 겨울에는 따뜻하고 여름에는 시원해서 기후가 추운 지역에서는 목조건축이 가장 따뜻하다.
4. 가공성이 높아서 유행에 따라 다양한 형태를 제작할 수 있다.
5. 비용이 저렴하다. 각양각색으로 변형할 수 있고 재사용이 가능하다. 숲을 합리적으로만 관리한다면 공급 불안정의 우려가 적다.
6. 작은 목재는 연결하여 큰 자재로 만들 수 있다.
7. 방화 처리를 거치면 내화성을 갖는다. 공장 건물에도 대형 목조구조가 많이 쓰이는데, 화재보험 수가가 강구조鋼構造 건축물에 비해 저렴하다.
8. 주의해서 사용하고, 주기적으로 보호 조치를 취하면 성능이 떨어지지 않는다.
9. 쉽게 처분할 수 있어 환금성이 높다.

『전미백과사전*Encyclopedia America*』

제6장

구조를 짜 맞추다

벽과 지붕이 하나로 이어진 움집에서, 중국인들은 지붕만 따로 들어 올렸습니다. 목조건축에는 몇 가지 중요한 형식이 있고, 목구조와 관련해 의미 깊은 중요한 용어들도 있습니다. 나무 부재들은 맞추어지고 이어집니다. 대들보를 올리면서 목수는 자신의 바람도 함께 올립니다.

원시적인 벽과 덮개

중국인들은 겸손을 중시합니다. 그래서 남에게 자신의 집을 소개할 때도 '누추한 집窩居: 움집 와, 거할 거'이라고 말하죠. 이 말은 '원시적이며 몹시 초라하니 널리 양해를 바란다'는 뜻입니다. 물론 중국 이외의 곳에서도 집은 모두 원시적이며 매우 초라한 형태에서 출발했습니다. '움집' 말입니다.

움집 생활을 시작한 이후, 서양인은 벽을 강화하는 데 온 힘을 기울였습니다.

그리고 중국인은 지붕 덮개를 만들려고 힘껏 노력했습니다.

벽을 궁리한 끝에, 서양에서는 마침내 위대하고 화려한 석조 벽이 탄생했습니다. 벽체는 보호와 지지의 기능을 했습니다. 방의 부피와 크기도 갈수록 커졌고, 벽체도 갈수록 두텁고 무거워졌습니다. 벽은 그렇게 지탱과 보호의 역할을 담당하며 화려한 '입면立面, façade'을 드러내기에 이르렀습니다.

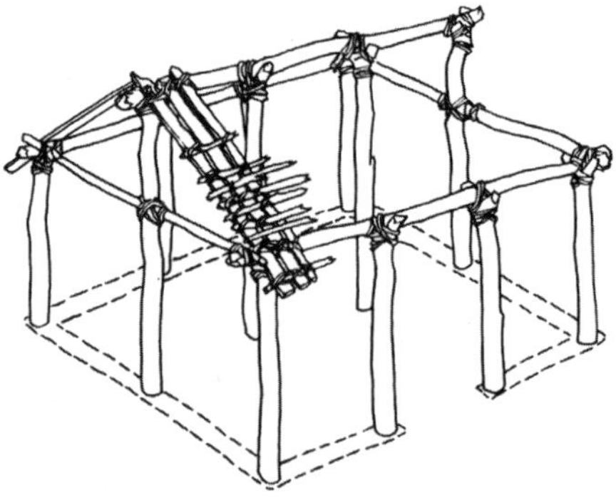

초창기 서양인의 집으로 움집 형태이다. 지붕이 곧 벽이고 집의 몸체가 지붕과 연결된 형태다.

약 7천 년 전에 있었던 반파문화(半坡文化) 유적 복원도. 반파문화는 지금의 산시성(陝西省) 시안(西安)에서 일어났다.

지붕 덮개는 여전하지만, 시간이 지나면서 벽체 위쪽으로 올라가 벽과 완전히 분리되었다.

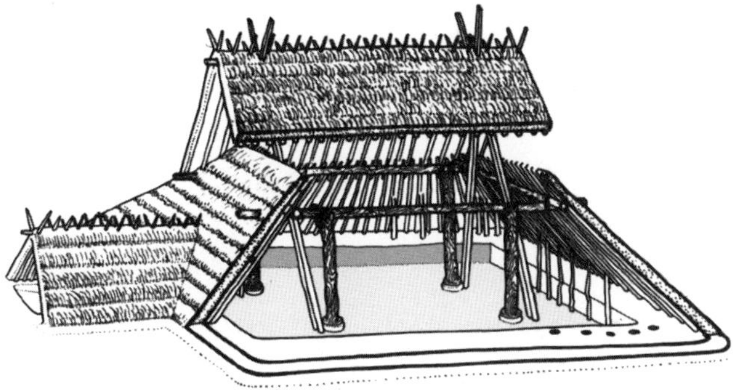

수직 기둥을 사용해서 지붕을 떠받쳤다.

돌덩이를 겹겹이 쌓아 만든 두터운 벽식 건축은 전형적인 '셸 구조shell structure'에 해당합니다. 철근 콘크리트가 출현하기 전, 돌덩이는 중력을 견디는 최고의 재료였습니다. 이로써 건물을 좀 더 높이 지을 수 있었고, 벽체도 더 두껍고 무겁게 쌓을 수 있었죠. 덕분에 건축물 외관이 육중하고 힘 있어졌으며, 튼튼한 벽체로 내부 공간을 둘러싸서 외부와 차단할 수 있었습니다.

가장 유명한 예로는 고대 이집트의 피라미드를 들 수 있습니다. 하나의 무게만 2톤에서 30톤에 이르는 대략 30여만 개의 돌덩이들을 쌓

진나라 와당에 보이는 구조. 지붕을 최대한 보존하면서 지지 기술을 발전시켜 지붕 부분이 점차 들어 올려지게 되었다.

아올려 147미터 높이의 거대한 구조물을 만들어냈으니까요. 돌의 압축력은 이렇게나 놀랍습니다. 피라미드가 무덤(능묘)이기에 망정이지(능묘 내부의 활동 공간도 고려해야 했겠죠), 이런 체적과 높이의 건축물로 일반 생활 공간을 만들려면 매우 어려운 기술적인 문제들에 직면할 것입니다.

지붕의 옛이야기는 이러합니다. 지붕을 기묘하게 지탱하는 기술이 날로 발전했고, 조심스레 지붕을 위로 들어 올리게 되었습니다. 전통의 중국 목조건축은 기둥과 보를 이용한 골격 구조skeleton structure를 통해 거대한 지붕을 떠받칩니다.

골격 구조의 목조건축에서는 벽이 보호 기능을 행합니다. 벽은 때로 지붕이 없는 채로 건축군락 마당의 가장 바깥쪽을 둘러쌉니다. 한 채의 건축물에서는 벽의 모양은 있되 막힘이 없는, 일종의 투명 벽체로 변합니다. 건축물의 내부와 외부가 엄격히 구별되지 않고 서로 통하니까요.

건축 공간을 둘러싸거나 그로부터 떨어져 있는 벽의 이 두 경향에 따라, 건축의 역사에서도 두 계통을 나눌 수 있습니다. 한 가지 재미난 사실이 있지요. 석벽의 하중력에 따라 이루어진 건물에서 가장 무거운 요소는 벽이 아니라 지붕이란 점 말입니다. 그리고 목조 틀을 지지하는 기술이 건축물을 완성해냅니다. 가장 주목할 요소는 집의 구조틀이 아니라 휘황찬란한 지붕입니다.

중국 목조건축을 두고 "벽이 무너져도 집은 무너지지 않는다"라고 하죠. 하지만 지붕을 지지하는 것은 벽이 아닙니다. 기둥열과 대들보, 방枋의 조직으로 이루어진 목조 구조틀이 그 역할을 행합니다. 사실 목조건축 몸체의 벽체는 매우 가벼워서 설치하거나 제거하기가 수월합니다. 그러니 벽이 무너지는 바람에 '집이 무너지는 일도 없답니다.'

> "누가 참새가 입이 없다 했느냐? 어찌하여 우리 집을 쪼아 먹느냐? …
> 누가 쥐가 이빨이 없다 했느냐? 어떻게 우리 집의 벽이 뚫려 있느냐?"
>
> 《시경詩經》 국풍國風 편, 행로行露

벽이 가볍고 얇지 않다면, 훨훨 나는 제비가 어찌 뚫고 들어올 수 있으리오!

목조건축의 짜임새

간단한 원리

목구조의 원리와 나무로 틀을 쌓아 올리는 것은 비슷합니다. 네 개의 기둥을 세우고 그 위에 덮개를 더하는 것입니다. 바로 집 한 칸이 뚝딱 지어졌네요. 나무를 쌓는 것은 놀이이지만 집을 짓는 것은 공사라는 점이 다를 뿐이죠.

거주하는 공간은 당연히 소홀히 할 수 없고, 여러모로 경제적일수록 더 좋습니다. 하지만 신분과 위엄도 감안해야 합니다.

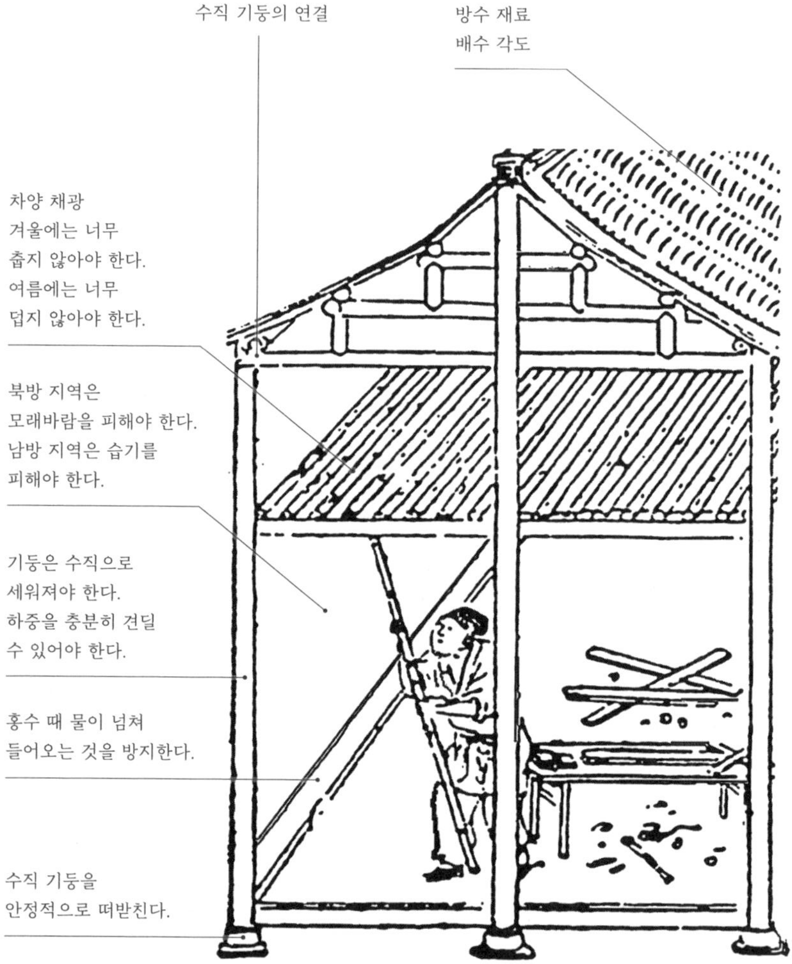

한눈에 보인다는 것

중국에서는 기원전 2세기 한나라 때에 고대 목구조에 관한 제도가 출현하여 2천 년 넘게 이어져왔다. 이런 건축 구조를 두고서 "완고한 타성에 지나지 않는다"라고 평하는 건 경솔한 말이다.

멋진 자동차를 감상하는 일과 자동차 보닛을 열고 엔진을 켜서 연구하는 일은 당연히 다릅니다.

하지만 중국 목조건축에서는 예외랍니다. 이 '엔진'이 겉으로 드러나 있거든요. 목조건축의 구조는 통풍과 목재 교체의 편리성에 따라 정교하고 아름답게 짜였습니다. 영롱하고 투명해서 한눈에 볼 수 있고 집중도도 매우 높습니다.

많은 현대 건축물들도 의도적으로 구조를 밖으로 보이는데, 그 이유는 구조적인 완성도를 자랑하기 위함입니다.

원시적 덮개는 마침내 화려한 지붕으로 발전했다.
9세기 당나라 불광사 동대전(東大殿)의 구조투시도

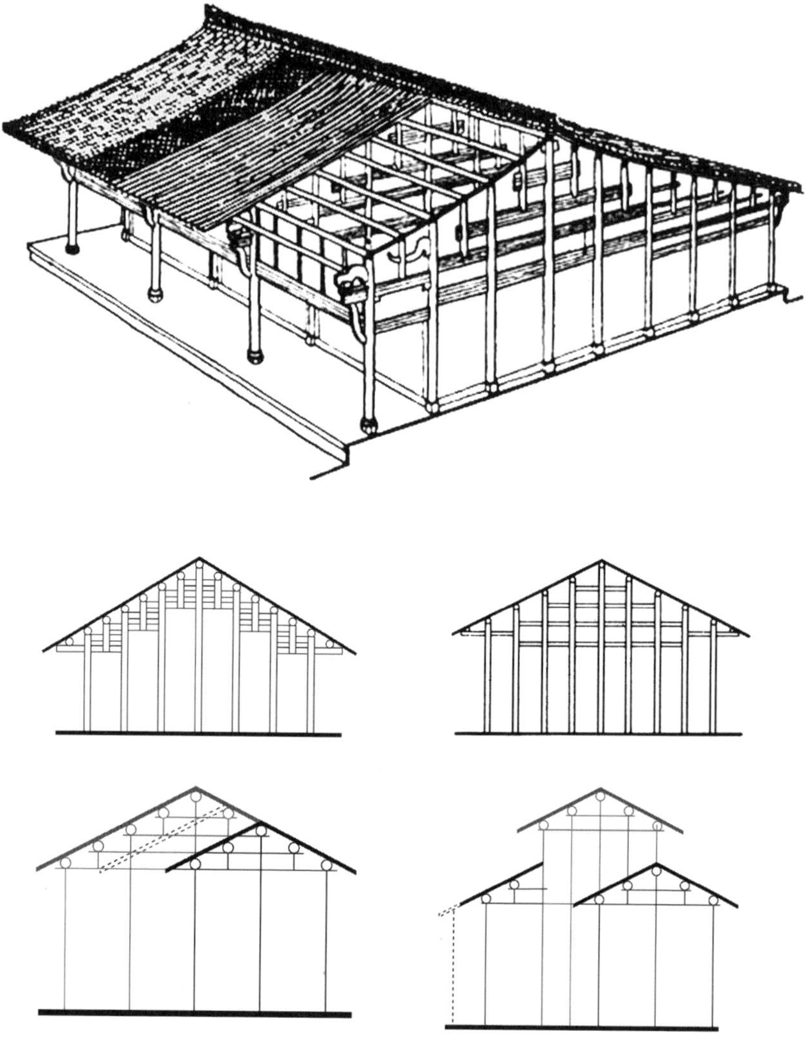

천두식 구조. 목재의 길이와 역학에 따라 집 면적을 결정해야 하는 제약을 해결하려고, 삽금량(揷金梁) 혹은 구연탑(勾連搭, 두 개의 지붕을 서로 연결) 구조로 대규모의 건축 공간을 만들었다.

한편 목재를 처리하는 방식은 지역과 기후에 따라 차이가 납니다. 중국에는 56개의 크고 작은 민족들이 있고, 그들 각각의 생활 습관은 서로 다른 공간 구조를 낳게 마련입니다. 여기서는 몇 가지 주요한 유형을 간략히 소개하겠습니다.

주요 구조 유형刑制

천두식穿枓式 구조

지면에 직접 접하는 나무기둥으로 지붕의 무게를 떠받칩니다. 기둥의 지름은 작고 기둥 간 거리는 촘촘합니다. 천두식 구조의 집에서는 정면으로 문과 창문을 내는 데 제약이 있지만, 집의 양쪽 부분을 만들고 측면에 벽체를 만들어 바람에 대한 저항력을 키울 수 있습니다. 게다가 건축의 원재료가 자라는 시간이 짧아서 재료 수급이 비교적 수월하죠. 계절풍이 많은 남방의 민가에서 대개 천두식 구조를 많이 씁니다. 수직 구조여서 짓기 쉽고 편리하기 때문에, 대나무 집도 이 구조로 세웁니다.

대량식擡梁式 구조

실내의 수직 기둥을 줄이는 한 가지 방안으로 천두식 구조에서 발전한 듯합니다. 기와는 서까래 위에 깔며, 서까래는 도리 위에 걸칩니다. 도리 밑에는 대들보가 있고, 대들보가 전체 지붕의 무게를 받쳐 다시 나무기둥으로 전달합니다. 대량식 구조의 장점은 실내 공간에 기둥을 적게 쓰고(심지어 기둥이 없는 경우도 있습니다), 천두식 구조보다 안정감이 있으며, 지붕의 무게가 도리와 보의 의해 지탱된 다음, 주요 기둥을 거쳐 다시 지상으로 전달된다는 점입니다. 이 구조는 기둥이 적어 실내 공간의 수용 능력이 크기 때문에 천두식 구조보다 오히려 더 많은 재료를 필요로 합니다. 북방 지역에서 유행했고, 큰 저택이나 궁궐을 지을 때 대부분 이 구조를 썼습니다. 천두식과 대량식은 동시에 적용되기도 합니다.

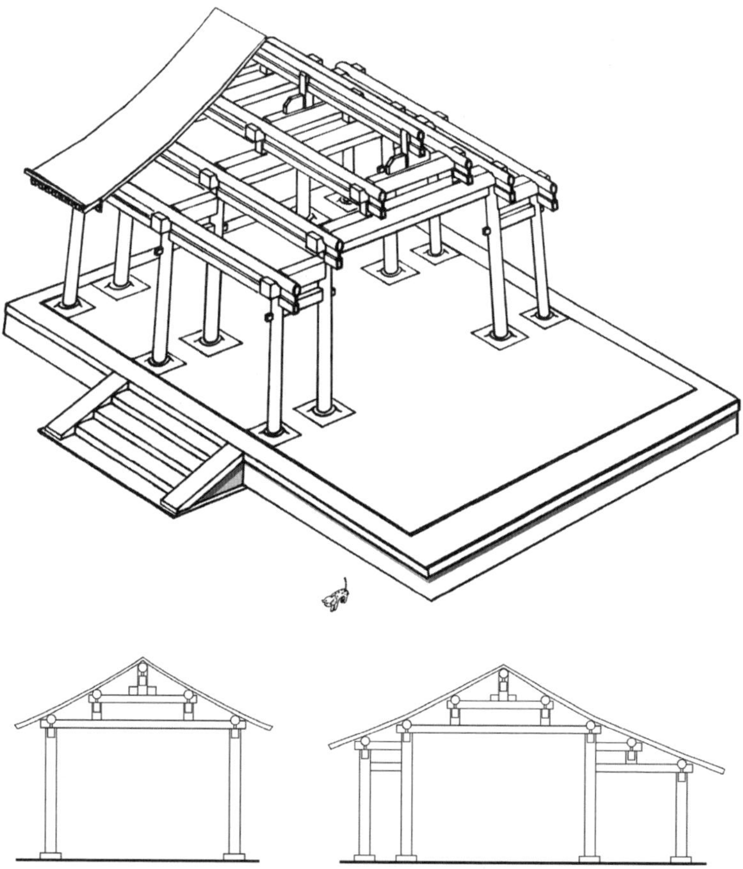

대량식 구조

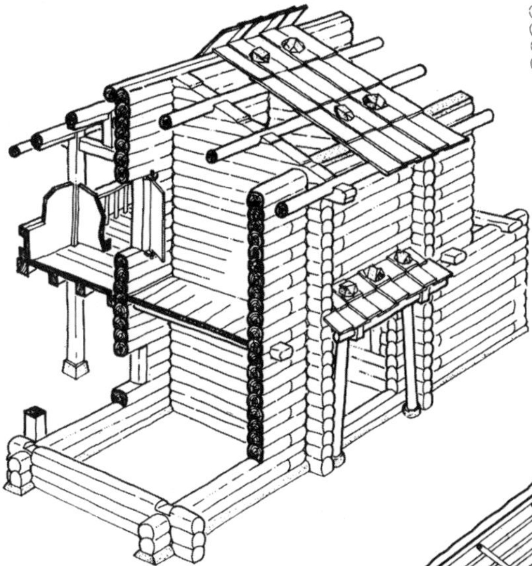

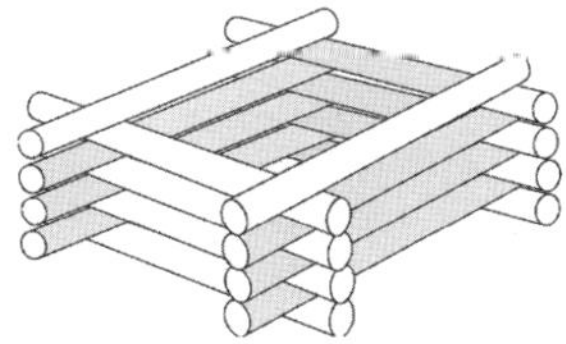

정간식 구조

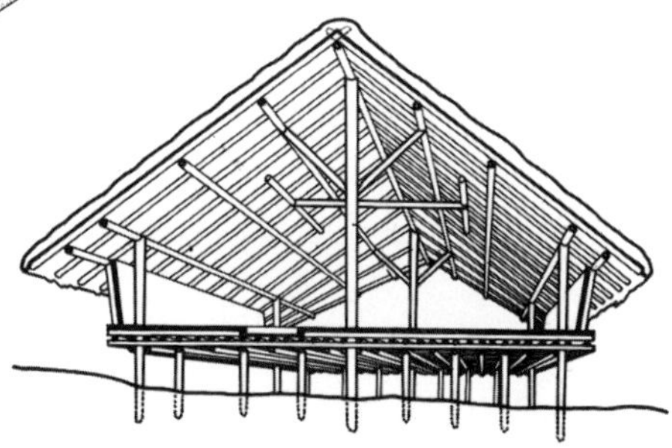

간란식 구조

이 밖에도 주류는 아니지만 정간식井干式이 있습니다. 겹겹이 쌓은 하중벽 형태로, 재료가 많이 들고 공간의 제약이 매우 크며 불에 취약하기도 합니다. 숲이 무성한 지역을 제외하면 그리 흔치 않은 구조입니다. 전문가들은 전통 건축의 보개천장이 정간식 구조를 모방해서 만들어졌다고 말합니다.

건조한 땅 위에 지어진 간란식杆欄式 건축의 받침기둥은 나무로 된 기단의 원시 형태라고 할 수 있습니다. 물속에서 솟아난 간란식 구조의 집은 습기가 많고 물과 가까운 저지대에서 쉽게 볼 수 있으며 원시 주

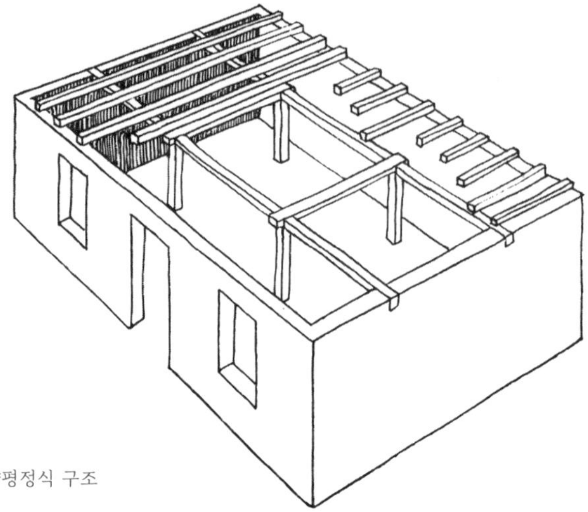

밀량평정식 구조

거 형식인 소거巢居의 느낌을 가지고 있습니다. 일본 영화에서 자주 보았을 텐데, 닌자들이 마루 밑 공간을 은밀하게 누비고 다닌 것도 습기 많은 곳에 지어진 집의 구조 때문이었습니다.

수평으로 촘촘하게 나무를 눕혀 만든 밀량평정식密梁平頂式은 처마가 없기 때문에 빛이 오래 드는 장점이 있습니다. 비가 적게 오는 시장西藏이나 신장新疆 지역 등에서 유행했습니다.

틀구조식 건축은 석구조보다 하중을 견디는 능력이 낮아서 위로 너무 높이 올리면 좋지 않습니다.◇ 대들보와 기둥이 지붕을 지탱하고 벽이 그리 두껍지 않다는 장점도 있으며 또 다른 장점은 이렇습니다.

◇ 믿거나 말거나,《낙양가람기洛陽伽藍記》에는 북위 효명제(孝明帝) 희평 원년(516) 영녕사(永寧寺) 내에 높이 136.7미터에 달하는 전대미문의 9층 목탑이 있었다는 기록이 있다. 현재 세계에서 가장 높은 목조건축물인 산시성(山西城) 잉셴(應縣) 목탑(혹은 석가탑, 요대 1056년, 높이 67.31미터)보다도 2배 이상 높다.

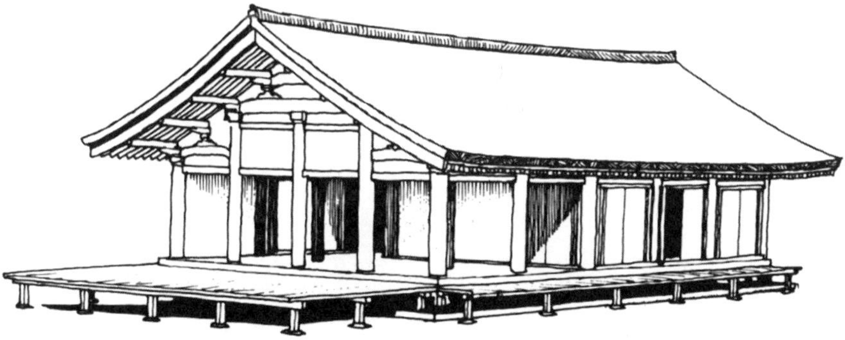

"중국의 틀구조와 거의 같은 것이 일본 초기 건축에서도 출현했다."
카즈오 니시 & 카즈오 호즈미(Kazuo Nishi & Kasuo Hozumi),
『일본 건축*Japanese Architecture: A Survey of Traditional Japanese Architecture*』

1. 목재로 건축 계획을 세울 수 있다.
2. 벌목과 재배, 재료의 저장 등이 편리하다.
3. 목재가 가볍고, 운송이 간편하다.
4. 지진에 대비하는 방진 작용이 석구조보다 강하다.
5. 나무기둥은 서로 다른 수평 지반에 적응한다.
6. 필요한 경우 확장하기도 쉽다.

용어를 해석하다

주柱, 동棟, 양梁, 방枋, 행桁, 연椽은 구조間架를 이루고 적槁, 면櫋, 담橝, 려梠, 미楣, 우宇는 처마를 이룹니다.•

고양이가

적槁 위에 한 마리, 면櫋에 한 마리

담橝 사이에 한 마리, 려梠 앞에 한 마리

• 송대에 편찬된 《영조법식》 제작이명(諸作異名)에는 여러 가지 명칭에 대한 글이 들어 있다. 고금의 명칭을 다룬 이 글에서는 재(材), 공(栱), 비앙(飛昂) 등 서로 다르게 불리지만 같은 뜻으로 쓰인 말들을 묶어두었다. 중국의 광활한 영토에 흩어져 살았던 여러 민족들은 그 풍속이 다른 만큼 쓰는 명칭도 서로 달랐다. 본문과 관련하여 《영조법식》의 한 구절을 인용하면 다음과 같다. "첨(檐, 처마)은 그 이름이 열 넷이니 첫 번째는 우(宇), 두 번째는 첨(檐), 세 번째는 적(槁), 네 번째는 미(楣), 다섯 번째는 옥수(屋垂), 여섯 번째는 려(梠), 일곱 번째는 영(檽), 여덟 번째는 연면(聯櫋), 아홉 번째는 담(橝), 열 번째는 아(庌), 열한 번째는 무(廡), 열두 번째는 만(槾), 열세 번째는 첨비(檐, 비), 열네 번째는 유(庮)이다."

땅덩어리가 크고 역사가 길어서 자연히 이름도 많다. 건축 부재들은 《이아爾雅》나 《설문해자說文解字》와 같은 옛 사전들에서 갖가지 이름으로 불린다. 이렇게 다양한 명칭은 지역, 시대 그리고 관습의 차이에서 비롯해서 흥미롭지만 번거롭기 그지없는데, 한편으로는 세밀하게 구분되어 있다.

사실 고양이는 한 마리뿐이랍니다.

적樀, 면櫋, 담橝, 옥屋, 려梠는 모두 처마를 가리키는 글자이거든요.

미楣는 가운데 창방 앞을 가리키고, 우宇는 처마 끝을 가리킵니다.

면櫋은 서까래 끝을 이은 장식입니다.

담橝은 기와등 끝이고, 적樀은 물방울이 떨어지는 곳을 의미합니다.

이들은 모두 첨檐 즉 처마를 가리키는 셈이죠.

일일이 구분하자면 혼란스럽기만 합니다. 자, 여기 가장 중요한 몇몇 부재들을 살펴봅시다.

간가間架

기둥을 중심으로 한 주위 환경과의 관계. 중국 전통 건축에서는 이 관계의 공간을 단위로 삼아서 건축의 규모를 헤아립니다. 정면 너비 단위는 '간間'이라 하고, 측면 깊이 단위는 '가架'라 하며, 통상 이 둘을 합쳐 '간가間架'라 합니다(가架는 단면 구조에서 도리 혹은 서까래의 수로 헤아립니다). '간가'는 전체 건물의 크기에 직접적으로 영향을 줍니다.

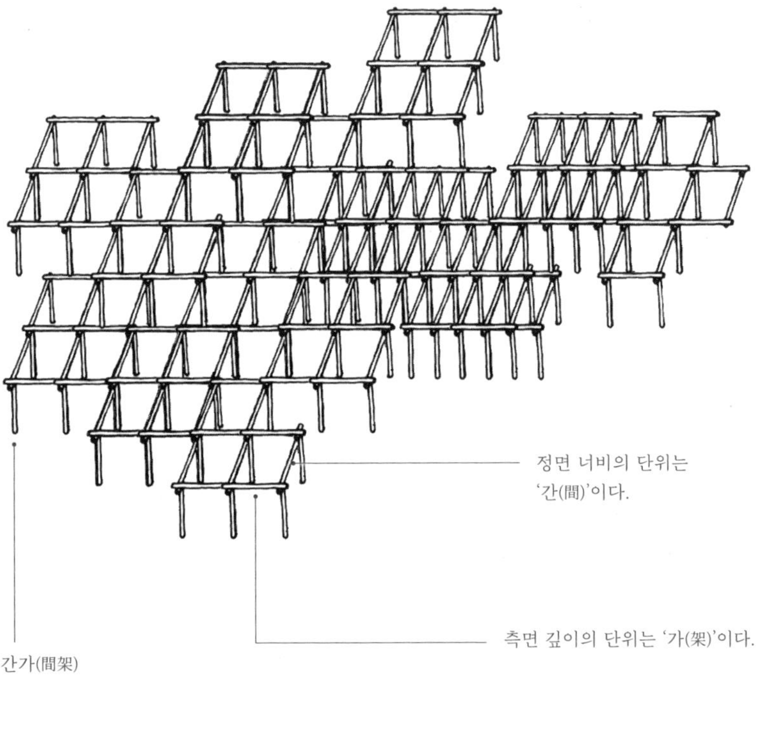

두 기둥은 경계로서 사이의 공간을 만들어내고,
네 기둥은 주변으로부터 독립된 공간을 만들어낸다.

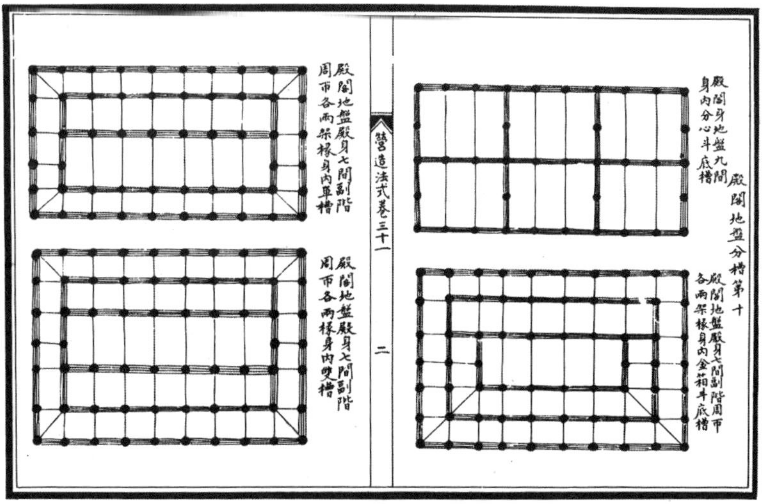

송대《영조법식》에 실린 기둥의 배열
오른쪽 위: 정면 9칸, 중앙에 기둥열을 한 줄 세워 앞뒤 대칭으로 나눈 전각 평면
오른쪽 아래: 정면 7칸, 3량가 깊이의 처마를 두르고 내부에 내진을 구성한 전각 평면
왼쪽 위: 정면 7칸, 3량가 깊이의 처마를 두르고 내부를 기둥열 한 줄로 나눈 전각 평면
왼쪽 아래: 정면 7칸, 3량가 깊이의 처마를 두르고 내부를 기둥열 두 줄로 나눈 전각 평면

정면 칸 수는 반드시 홀수로 계획하여, 출입구로 쓰이는 가운데 간間이 기둥으로 막히지 않게 한다.

《이아爾雅》,《영조법식 주석·권상營造法式注釋·卷上》,
《설문해자주說文解字注》,《설문해자의증說文解字意義証》,《류준類雋》 참고

옛 장인들은 목조 공사를 크게 대목작大木作과 소목작小木作의 두 계열로 나누었다. 전자는 중요한 하중 지지 구조를, 후자는 하중을 지지하지 않는 장식 요소를 가리킨다. 전체 전각의 부재 명칭은 당연히 훨씬 많다.

양梁, 들보

옛 사전인 《설문해자說文解字》에 들보梁는 다리橋라고 설명되어 있습니다. 물길 위에 놓이는 다리가 사람 머리 위에 놓이면 들보梁가 되는 것입니다. 들보는 기둥머리 위에서 건물 깊이 방향으로 수평으로 얹혀 지붕부 전체의 무게를 떠받칩니다. 들보는 위의 것보다 아래의 것이 더 길며, 층층이 쌓여 지붕 구조를 이룹니다. 맨 아래의 들보는 기둥머리에 놓이거나 포작鋪作, 공포과 결합합니다. 들보는 길이에 따라 이름이 지어지는데, 가공하거나 자연적으로 굽은 목재를 이용해 만든 것은 월량月梁이라 부릅니다. 명청 시대에는 들보 밑에 방枋이 붙어 있었는데, 이것은 수량방隨梁枋이라고 불렀습니다.

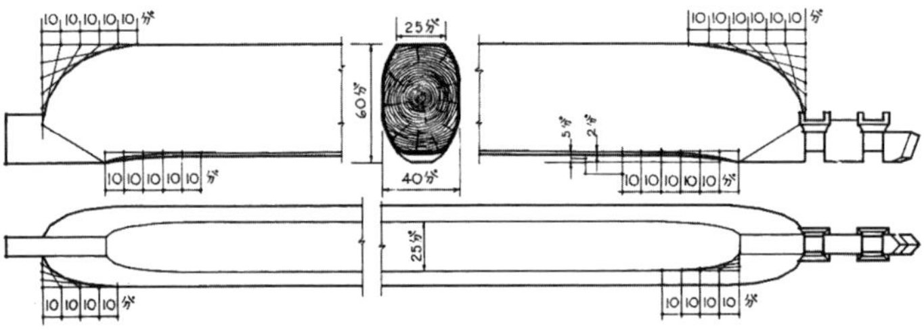

송대 《영조법식》에 실린 월량 제작법

연椽, 서까래

도리 위에 수직으로 놓여 기와가 얹힌 지붕면의 하중을 직접 받아냅니다. 비첨연飛檐椽, 송대 명칭은 비자飛子, 부연, 첨연檐椽, 처마 서까래, 화가연花架椽, 중도리에 거는 서까래, 뇌연腦椽, 종도리에 거는 서까래, 정연頂椽, 모임 지붕의 중심부에 거는 서까래 등으로 나뉩니다. 단면 모양에 따라서는 방형, 원형, 하포형荷包形, 쌈지 모양이 있습니다.

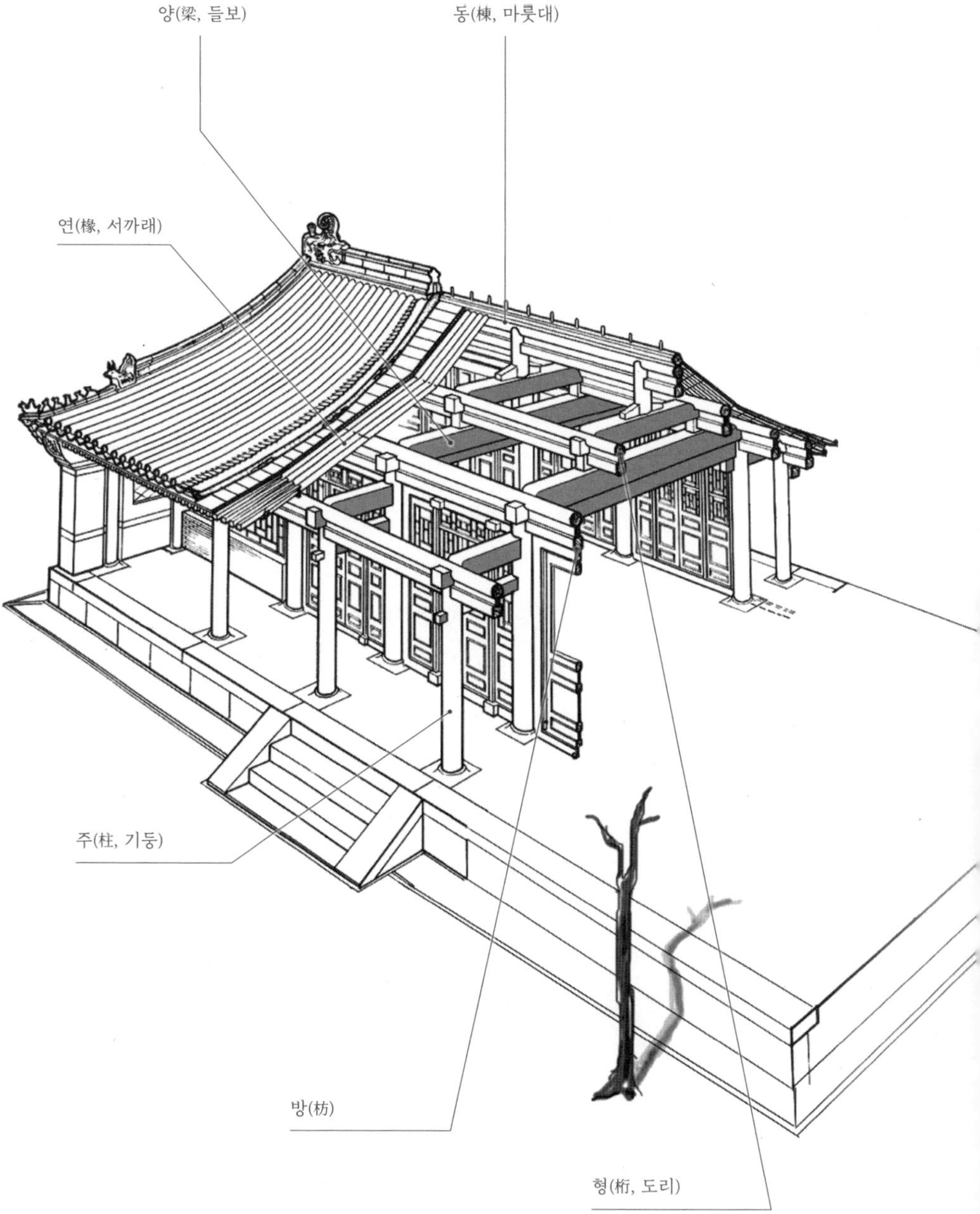
양(梁, 들보)
동(棟, 마룻대)
연(椽, 서까래)
주(柱, 기둥)
방(枋)
형(桁, 도리)

주柱, 기둥

수직으로 서서 건축물 상부의 무게를 견디는 부재입니다. 집주인은 사람이 아니라 바로 기둥입니다. '주'라는 발음처럼 말이지요. 기둥은 영楹이라고도 부릅니다. 의지함 없이 홀로 꼿꼿이 서 있으면서도 능히 감당할 수 있다는 것, 기둥으로 불리기란 실로 간단치 않죠. 《회남자淮南子》에는 "이런 까닭으로 열 아름드리의 나무가 만근 무게의 집을 지지하니"라 했습니다. 그러니까 기둥이 공간을 방해한다는 건 실제로는 주객이 전도된 말이지요.

기둥은 모양에 따라 직선으로 곧게 뻗은 직주直柱와 상단에 곡선 흘림을 준 사주梭柱로 나뉩니다. 대다수는 원형의 단면을 가집니다. 위치별로도 다르게 부르는데, 건물 외곽에 있는 기둥은 외첨주外檐柱, 외첨주 안쪽에 있는 기둥은 금주金柱나 옥내주屋內柱, 모서리에 있는 기둥은 각주角柱라고 합니다. 기둥은 안쏠림側脚이 있어 중심을 향해 기울어져 있습니다. 귀솟음生起도 있어 중심에서 모서리로 갈수록 점점 높아지죠. 벽에 붙은 기둥은 박欂이라고 합니다. 서로 다른 형식의 기둥들은 공간이 구분됨을 암시하기도 합니다.

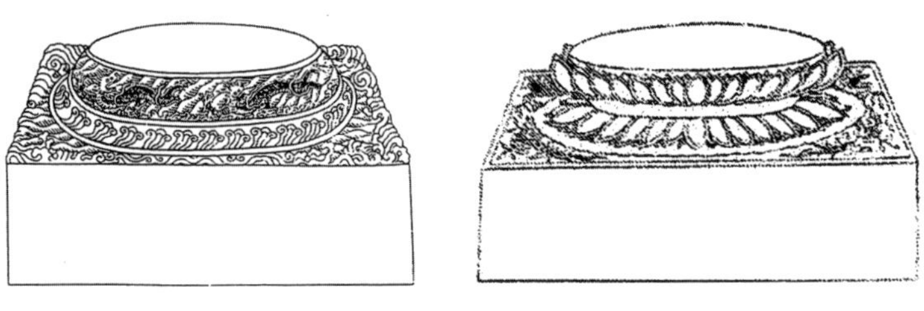

기둥의 표면은 매끄럽고 꾸밈이 없다. 장식은 주로 주초(초석)에 집중된다.

동棟, 마룻대

기둥이 아니라 지붕 가장 높은 곳에 위치한 마룻대를 가리킵니다. 다른 이름으로 부桴, 은檼, 분棼, 맹甍, 극極, 름檁, 면櫋 등이 있지요. 《설문해자》에는 "동棟은 극極이다"라고 기록되었고, 단옥재段玉裁, 1735-1815는 여기에 "지붕의 가장 높은 곳이다"라고 주석을 달았습니다. 《계사繫辭》에서는 "위는 동棟이고 아래는 우宇라는 말이 있다. 5량가 지붕 가운데를 동棟이라 한다"라 했지요. 중국인들은 '동량棟梁'이라는 단어로 인재가 가정이나 국가에서 담당하는 역할을 표현하기도 하는데, 이것만 봐도 동량이 얼마나 중요한지 가늠할 수 있습니다.

방枋

네모난 모양方에서 비롯되었습니다. 단면은 직사각형이며 도리와 평행하게 놓입니다. 보와 기둥 사이를 잡아 잇는 부재입니다. 사이를 잇는 역할을 하는 사람에 대해 우리는 바르고 굽히지 않는 덕목을 기대합니다. 마찬가지로 방枋 역시 모양부터 발음까지 방정하고 곧으며 굽힘이 없습니다.

형桁, 도리

름檁이라고도 합니다. 단면은 원형입니다. 형桁과 방枋은 모두 건축물의 정면과 평행하게 놓이는 수평 부재입니다. 보통 '름 한 세트에 부재는 세 개'라고 하는데, 이 말은 름 즉 도리와 하점판下墊板, 도리와 방 사이의 판, 방枋을 가리킵니다. 정면 기둥머리를 잇는 방枋은 액방額枋, 송대 명칭은 난액闌額, 창방이라 하고, 기둥 맨 아래를 잇는 방枋은 지복地栿, 지방이라 부릅니다.

송대《영조법식》대목작 부재의 명칭. 전당의 경우

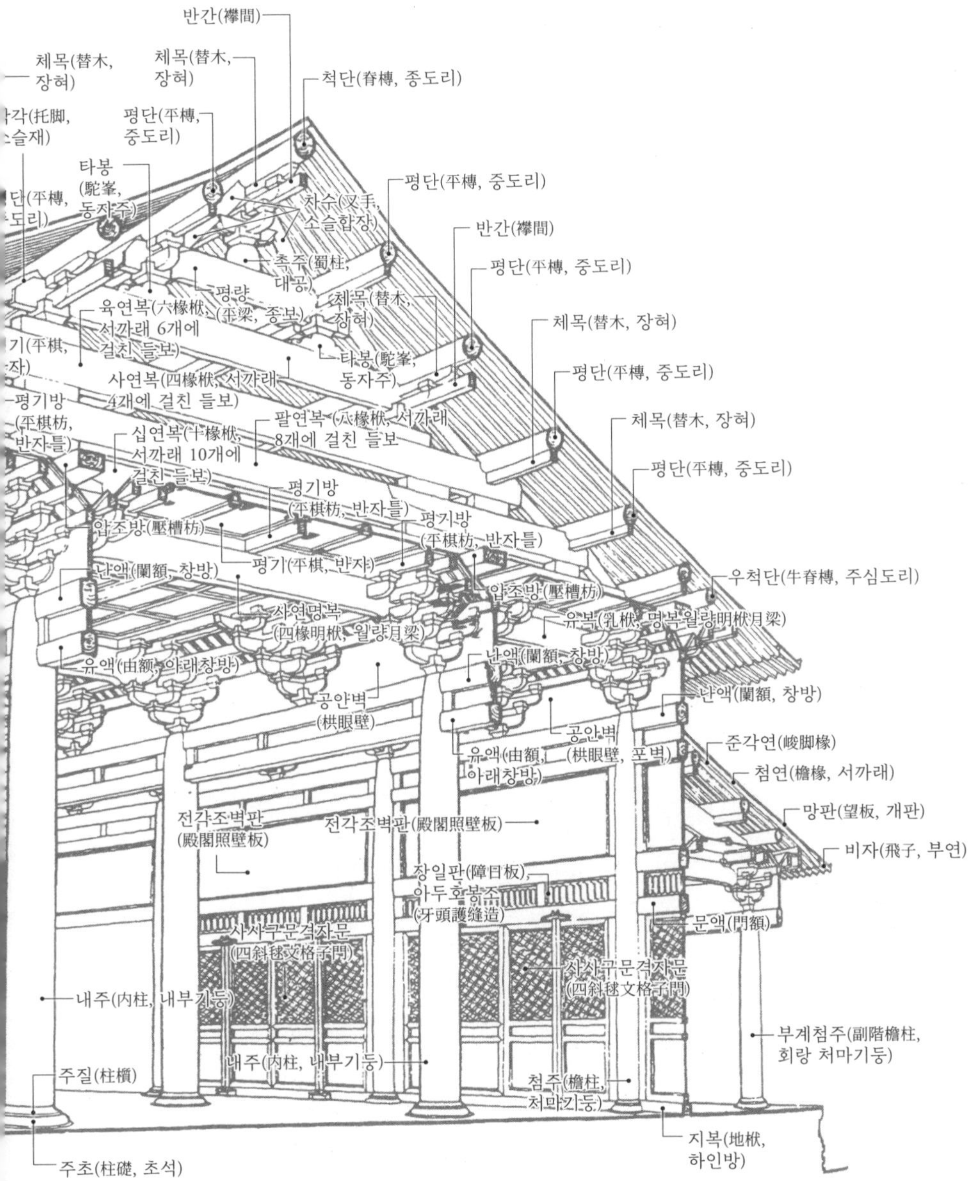
반간(欅間)
체목(替木, 장혀)
체목(替木, 장혀)
척단(脊槫, 종도리)
평단(平槫, 중도리)
타봉(駝峯, 동자주)
차수(叉手, 소슬합장)
평단(平槫, 중도리)
촉주(蜀柱, 대공)
반간(欅間)
평단(平槫, 중도리)
평량(平梁, 종보)
체목(替木, 장혀)
육연복(六椽栿, 서까래 6개에 걸친 들보)
타봉(駝峯, 동자주)
체목(替木, 장혀)
사연복(四椽栿, 서까래 4개에 걸친 들보)
평단(平槫, 중도리)
평기방(平棊枋, 반자틀)
팔연복(八椽栿, 서까래 8개에 걸친 들보)
체목(替木, 장혀)
십연복(十椽栿, 서까래 10개에 걸친 들보)
평단(平槫, 중도리)
평기방(平棊枋, 반자틀)
평기방(平棊枋, 반자틀)
압조방(壓槽枋)
평기(平棊, 반자)
난액(闌額, 창방)
우척단(牛脊槫, 주심도리)
압조방(壓槽枋)
사연명복(四椽明栿, 월량月梁)
유복(乳栿, 명복월량明栿月梁)
유액(由額, 아래창방)
난액(闌額, 창방)
공안벽(栱眼壁)
난액(闌額, 창방)
공안벽(栱眼壁, 포벽)
준각연(峻脚椽)
유액(由額, 아래창방)
첨연(檐椽, 서까래)
망판(望板, 개판)
전각조벽판(殿閣照壁板)
전각조벽판(殿閣照壁板)
비자(飛子, 부연)
장일판(障日板), 아두호봉조(牙頭護縫造)
문액(門額)
사사구문격자문(四斜毬文格子門)
사사구문격자문(四斜毬文格子門)
내주(內柱, 내부기둥)
부계첨주(副階檐柱, 회랑 처마기둥)
주질(柱櫍)
내주(內柱, 내부기둥)
첨주(檐柱, 처마기둥)
지복(地栿, 하인방)
주초(柱礎, 초석)

꼭 잡고 떨어지지 않는 맞춤과 이음

"봉상불사鳳翔佛寺에 곽거郭璩라는 지객승持客僧이 있었는데, 한번은 나무를 여러 번 톱질했지만 톱날이 들어가지 않았다. 곽거 스님은 나무 안에 매우 단단한 돌이 있다고 의심하여 톱을 새로 갈아끼우고 향을 피워 기원한 후에 비로소 나무를 자르는 데 성공했다. 나무가 갈라졌을 때, 놀랍게도 안쪽 나무결이 말 두 마리의 형상을 띤 것을 발견했다. 하나는 붉고 하나는 검은 것이 서로 마주하고 있었으며 입과 코, 갈기, 발굽과 근육이 모두 살아 있는 듯했다."

송대《태평광기太平廣記》

"미켈란젤로Michelangelo Buonarroti, 1475-1564는 자신의 손에 있는 조각 도구가 거친 돌 표면 아래, 그 안에 이미 존재하고 있던 생명을 일깨운다는 것을 계속 느꼈다. … 우리가 발견한 모든 것은 이미 거기에 있던 것들이다. 조각된 이미지와 자연 법칙 두 가지 모두가 재료 속에 내재해 있다. 그러니 어떤 사람이 발명했다는 것은 사실 그가 발견한 것이다. "

제이콥 브로노우스키(Jacob Bronowski, 1908-1974),

『인간 등정의 발자취 *The Ascent of Man*』, 제3장 「돌의 결」

《태평광기》에 담긴 대부분의 이야기는 민간에서 전해져 내려오는 기이한 소문과 일화들로 미신에 가깝습니다. 반면에 제이콥 브로노우스키는 수학자였고, 미켈란젤로는 불후의 예술가였지요. 그럼에도 이들

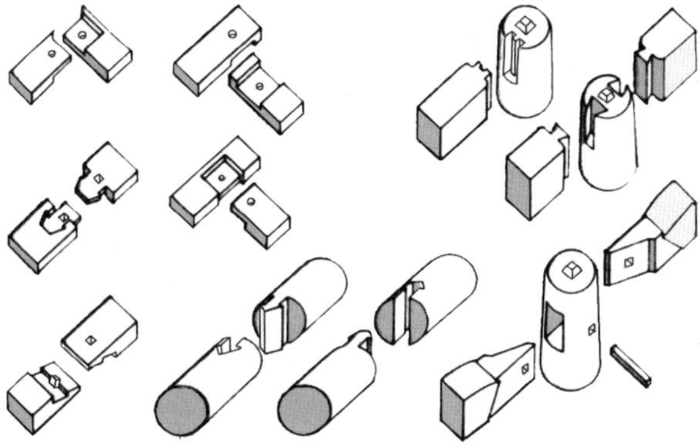

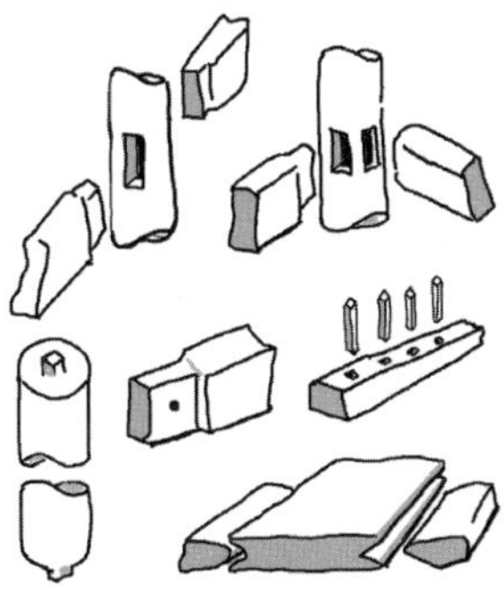

맞춤과 이음은 밧줄로 묶기보다 훨씬 직접적이고도 높은 수준의 연결 기술로, 기원전 5천 년경 하모도문화(河姆渡文化, 중국의 신석기 문화)에서 이미 나타났다. 그로부터 어느새 6,7천 년이 지났다.

볼록 튀어나온 것(凸)을
장부라 한다.

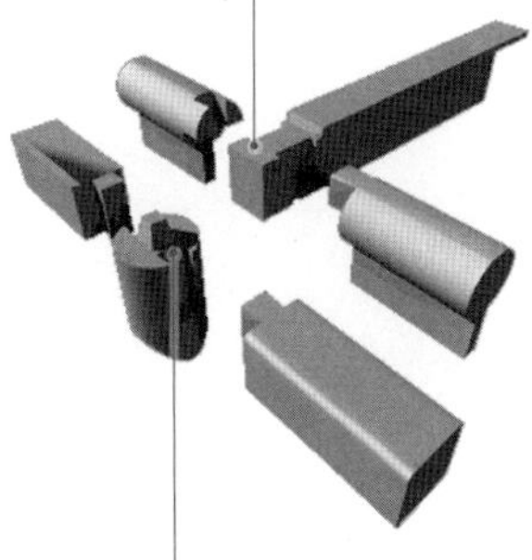

오목하게 들어간 것(凹)을
장부구멍이라 한다.

이 둘을 끼워 맞추면 맞춤과 이음이 된다.

모두가 재료에 숨겨진 생동감을 약속이나 한 듯이 기다렸습니다.

맞춤과 이음은 미켈란젤로의 유명한 조각론을 떠올리게 합니다.

서양미술사의 위대한 이 조각가는 손대지 않은 원재료를 '욕조'에 비유하여, 모든 돌 안에 생명이 깊이 잠들어 있다고 믿었습니다. 미켈란젤로는 조각가로서 자신의 일이란 이 생명을 끌어내고 나머지 부분을 조각하는 데 불과하다고 말했습니다.

맞춤과 이음은 마치 두 개의 나무 조각에 숨겨진 영혼의 속성 같습니다. 고대 장인들이 여분을 깎아내자 이 두 나무 조각은 서로를 꼭 잡고서 더 이상 떨어지지 않았습니다.

이론상으로 한 방향의 맞춤과 이음 조합은 잡고 물리는 부분에 아무런 방해가 없어도 10년(어쩌면 15년) 정도 시간이 지나면 자기장의 끌림에 의해 자연스럽게 느슨해져서 이탈하게 마련입니다. 이는 목재가 함유하고 있는 수분이 인장력의 영향을 받은 결과이지요. 아침저녁 밀물과 썰물의 이치와 같습니다. 그러나 맞춤과 이음 조합이 서로 다른 방향으로 여럿 형성되면 팽팽함과 느슨함의 작용력이 상쇄됩니다. 무수한 맞춤과 이음 조합들이 한곳에 모이면 매우 복잡하고 미묘한 균형이 나타납니다.

맞춤과 이음 기술은 송나라 때 최고조에 이르렀습니다. 이 기술로써 거대한 궁전의 수만 가지 부재를 단 하나의 못조차 사용하지 않고 서로 떨어지지 않게 할 수 있다니, 정말 대단하죠. 맞춤과 이음에 사용되는 부재는 압력을 받을 때마다 더욱 견고해집니다. 옛 목조건축물이 여러 차례 지진을 겪고도 무사할 수 있었던 것은, 목재 자체의 신축성이 우수한 것 외에 맞춤과 이음으로 서로 꽉 물려 있었기 때문입니다.

1937년, 중국 전통 건축 연구의 선구자인 량쓰청梁思成, 1901-1972 교수는 천신만고 끝에 산시성山西省 오대산에서 간결하고 고졸한 절을 찾았

오대산 불광사 동대전, 앞쪽 처마 아래 공포

습니다. 당나라 대중 11년(857)에 새로 지은 불광사佛光寺는 산과 숲에 둘러싸인 채 천여 년을 기다렸지요. 기둥과 보 사이의 맞춤과 이음 구조는 창건 당시와 다름없이 서로 견고하게 맞물려 있었습니다.

만약 '멸법'과 같은 인위적인 파괴가 없었다면, 또 량쓰청 교수가 탐사대의 운명을 걸고서 불광사를 향하여 험한 길을 걷지 않았다면, 이 진귀한 당나라 건축은 또 다시 천 년을 지내야 했을 것입니다. 그리고 우리가 운 좋게 대전 앞에 이르러 보 위에 "몇 촌 두께로 쌓인 솜 같은 먼지를 밟고"『량쓰청문집』, 「오대산 불광사 건축의 기록」 올라가 기묘하고 신기에 가까운 건축 기술에 경탄할 때까지 기다려야 했을 것입니다.

일본 오사카에는 30여 년간 목공에 몸담아온 형제가 있습니다. 뜻

오대산 불광사. 북위 효문제(孝文帝, 471-499) 때 창건되었다. 당나라 회창 5년(845) 불교를 멸하는 '멸법(滅法)' 조치에 따라 파괴되었다가 당나라 중기 '복법(復法)' 조치로 속속 재건되었다. 현존하는 가장 오래된 건축물의 하나로 당나라 대중 11년(857)에 다시 지어졌다. 『중국대백과전서』

일본 도쇼다이지. 일본 나라에 있는 유명한 고대 사찰이다. 당나라 승려인 감진대사(鑒眞大師, 688-763)가 일본으로 불법을 전했다. 천평보우 3년(759)에 새로 불사를 지었는데, 사찰에 중국 당대 건축의 기술과 스타일이 반영되어 있다.

을 세워 일본 국내의 고건축 보존을 이어가고 있지요. 이들은 오래된 목조 건축물을 1/10 비율로 축소해서 각 대학과 미술관을 순회하며 과거의 건축예술을 모든 세대가 볼 수 있도록 했습니다. 이 뜻있는 형제는 가장 이름 높은 절인 도쇼다이지唐招提寺 모형을 완성했는데, 그제야 고대의 대가들이 어떻게 처리해서 각각의 목재가 그 기나긴 세월 동안 서로 다른 기온과 습도의 조건에서 당시의 견고함을 유지할 수 있었는지를 파악할 수 있었답니다.

중국인들은 건축을 예술의 범주에 두지 않았습니다. 하지만 옛 장인들은 나무 하나하나가 서로 스며들게 했지요. 고대의 대가들은 심혈을 기울여 나무를 맞추고 또 이어가며 정감과 생명이 깃든 것으로 만들었고, 목재 섬유가 머금은 수분은 마치 혈관을 타고 피가 흐르듯이 맞추고 이은 곳을 오가며 균형을 이루었습니다. 이런 순환은 해가 빛나고 달이 뜰 때까지, 조수가 몰려왔다 밀려날 때까지, 동에서 서에 이르기까지 매 순간 쉼 없이 이어지고 있습니다.

프랑스의 한 방송국에서 에펠탑 특집 프로그램을 제작했습니다. 내용 중에는 철탑 안의 거대한 수레바퀴 같은 강철 너트를 주기적으로 다시 조여야 하는데, 그러지 않으면 일교차로 인해 자동적으로 너트가 풀려 연결이 느슨해진다는 이야기가 담겨 있었죠. 만약 볼트를 버리고 용접으로 바꾸면 에펠탑의 선반 전체가 금속의 불규칙한 팽창 때문에 뒤틀려 무너질 것입니다. 기계 공학의 성취를 상징하는 '강철 구조물'도 고민이 있게 마련입니다.

바다 건너 이쪽에선 수많은 풍상을 겪은 후에도 집 안의 나무 한 그루 한 그루, 가구 한 점 한 점의 맞춤과 이음이 아직도 속삭거리는 듯한데 말이죠.

완전무결하고 한계가 전혀 없는 재료와 구조란 없습니다. 공포栱包의 단점은 헐거워진다는 것인데, 이런 단점이 높은 내진성이라는 장점으로 변했습니다. 보통의 지진에 돌집과 벽돌집들이 힘없이 무너질 때도 목재는 특유의 유연성과 신축성, 맞춤과 이음 기술에 의지하여 지진의 파동이 이어지는 것을 막아 해소시켜줍니다. 파동이 지나가면 원래의 상태로 돌아오지요.

오랫동안 목재의 성질을 경험하고 철저히 파악하자 맞춤과 이음은 원래 목조건축의 일부분인 것처럼 당연하게 생각되었습니다. 목재를 사용해서 한 채의 집, 하나의 문과 창, 혹은 가구 한 점을 만들 때마다 맞춤과 이음을 자연스레 활용합니다. 개념적으로 목조건축물은 하나의 거대한 가구이고, 가구 하나는 정교하게 지은 자그만 건축물입니다.

장부가 장부 구멍에게
"나의 손의 잡으시오"라고 하니,
장부 구멍이 장부에게
"당신과 해로하겠소"라고 답한다.
영원히 변치 않기를 서로
약속하는 듯하다.

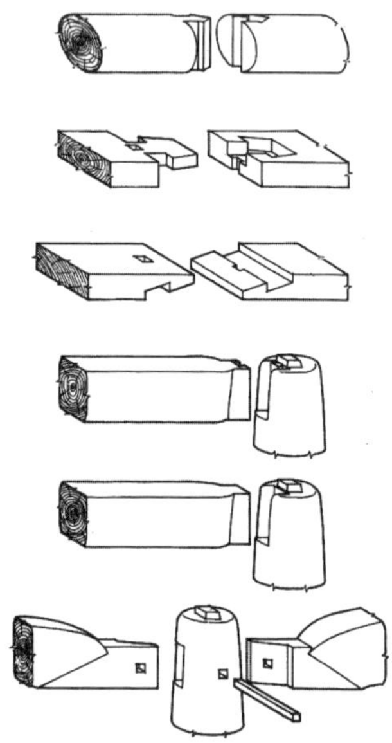

목재의 맞춤과 이음 기술

돌로 지은 건축물에서도 목조건축의 맞춤과 이음 기술을 응용해서 구조를 짜 맞춥니다. 목조 기술의 강점을 뚜렷이 나타낼 뿐 아니라, 어째서 나사를 늦게 쓰기 시작했는지도 가늠하게 하는 부분이지요.

목수의 말

이보쇼, 어느 직업이 고생스럽지 않겠냐마는 몇 년 몇 개월을 끌날 갈고 잡일 하면서 욕이나 먹었지 무슨 규율이란 말이오? 배우기를 끝내고 십 년이나 사부를 따라다녔건만 아직 수화문垂花門 하나 맛깔스럽게 처리하지 못하는데 무슨 제자를 거둔단 말이오?

그러나 이 정도 솜씨라면 먹고 살 걱정은 없더이다. 사부와 전국을 돌며 지은 게 모두 고관대작들의 저택이었지요. 집주인은 집 지을 때 사사건건 길함을 추구하기 마련이어서 손을 크게 쓰는 법이라오. 대목, 소목, 와공은 하루 다섯 끼 배부르게 먹을 수 있고 찻물도 충분하게 제공받는데, 이게 다 우리가 자칫 복을 망쳐버릴까作損◇ 걱정해서 그러는 것이라오. 내가 보기에 간혹 양심 없는 작자들이 재료를 빼돌리거나 품을 덜 들이는 경우는 봤어도, 집 짓는 게 무슨 모산파茅山派• 도술도 아니고 복을 어떻게 망친단 말이오? 그러나 기왕 꼼꼼하게 챙겨주는데 우리가 어찌 공밥만 먹고 있겠소이까? 아마 대부분 모를 텐데, 우리가 대신해서 집을 짓는 건 맞지만 그전에 다른 사람이

◇ 작손(作損): 예로부터 민간에서는 집을 지을 때 장인이 저주를 행하면 주인의 집이 훗날 불행해진다고 믿었다.

• 3세기 말에서 4세기에 성립된 도교의 일파로 주문과 부적 등 방술에 능하다고 알려진 무림 분파이다.

우리의 거할 집을 먼저 짓는다오. 큰 집은 공정이 복잡해서 몇 개월로는 완공할 수 없는 법이니, 그 복스런 터 옆에 우리가 머물 숙소를 먼저 짓는 것이지요.

벽돌 공사, 기와 공사, 흙 공사, 돌 공사 모두 대목장이 지휘하는데, 우리 사부가 바로 대목장이었단 말이오. 집주인이나 풍수사가 뭐라 하든, 우리 사부 어르신께서 고개를 끄덕여야 비로소 공사가 시작되었다오.

먼저 날을 골라 초석을 놓는데落硆定磉◇, 석공들이 일을 벌리기도 전에 사부는 이미 큰 자를 들고 각 공정별로 작은 사부들과 형제들을 투입하여 부재를 만들기 시작하죠. 우리 사부의 큰 자丈量尺◇◇를 무시하지 말구려! 온갖 수치가 빼곡하게 새겨져 있는데 복잡한 가구架構, 공포, 도리의 치수가 모두 티끌만큼의 오차도 없이 그 위에 새겨져 있다오. 말마따나 한 줄 끊김이 없는 완벽한 도안이라오.

기단과 초석이 완공되면 우리 목공들이 나서서 본격적으로 집의 구조를 세우기 시작하는데 높낮이를 맞추고, 관례에 따라 왼쪽부터

◇ 낙령정상(落硆定磉): 터를 다지고 초석을 놓는 것

◇◇ 장량척(丈量尺): 집의 각종 치수가 새겨진 나무 장대

세워 나간다오. 구조가 세워지면 날을 정해 상량上梁을 하는데, 이러면 집이 얼추 완성된 셈이오. 다음으로 기와를 깔고 유칠을 한 후에 단청장이 단청을 그려 넣지요. 이쯤 되면 집주인이 현장을 지키지 않아도 되니, 나가서 유명한 선비에게 청해 현판을 써 온다오. 당연히 집 안에 경사가 가득하기를 기원하며 잔치도 크게 벌이지요.

사부께서 말씀하시길 사부의 사부께서 한번은 다른 사부와 현장 대결對場作◇을 벌인 적이 있다 하더군요. 양쪽 모두 패거리를 몽땅 끌어모아 누구 실력이 더 좋은지 뽐냈는데, 한 편이 패왕권霸王拳, 창방의 끝부분을 조각한 문양을 조각하면 다른 편은 산화山花, 합각를 조각하니, 낙성하는 날 백 리 밖에서 사람들이 몰려와 이 멋진 광경을 보면서 안목을 높

◇ 대장작(對場作): 두 무리의 장인이 경쟁하며 각자 솜씨를 발휘하는 것

혔다 하더구려.

그러나 부는 바람에도 끝은 있는 법, 우리 대에 들어서는 경기가 예전만 같지 못하다오. 사람은 많은데 우물은 작으니, 집 짓기보다 돼지우리 만드는 일이 많다오. 하지만 실력이 진짜라면 언젠가는 발휘해서 보여야 하는 법. 내가 가구도 좀 만들 줄 아는데, 우리 딸이 시집갈 때 예물로 가져간 반들반들한 그릇 세트뿐 아니라 옷장, 의자, 변기통까지 모두 내가 직접 만든 것이라오. 만류귀종萬流歸宗이라는 말대로, 집이건 가구이건 손 솜씨만 좋으면 둘 다 모두 잘 만들 수 있고 솜씨가 나쁘면 둘 다 모두 형편 없을 수밖에 없는 법이지요. 《노반경魯班經》◇에 문 낼 때 쓰는 자의 치수에 대해 "문은 2척 8촌으로 내야 산 자와 죽은 자 모두 지날 수 있다開門二尺八, 死活一齊搭◇◇"라는 구절이 있다오. 각종 구결口訣에 능숙하니, 무엇을 만들던지 실력이 보장되는 것 아니겠소?

나무 일로 나를 찾는다면 틀림없다오.

◇ 춘추 시대의 전설적 목수인 노반의 이름을 붙여 명대에 출판된 민간 건축 기술서

◇◇ 《노반경》에 나오는 구절로, 2척 8촌의 너비를 가지는 문을 의미하며, 관(棺)이나 꽃가마가 모두 통과할 수 있다.

가결•, 나무를 논하다

“楠木山桃弁木荷 嚴柏椐木香樟栗 남목산도병목하 엄백거목향장률
性硬直秀用放心 照前还可減加半 성경직수용방심 조전환가감가반
惟有杉木弁松树 血柏烏柏及梓树 유유삼목병송수 혈백오구급재수
树性松嫩照加用 还有留心節斑痈 수성송눈조가용 환유류심절반옹
節爤斑雀痈入心 疤空頭破槽是爤 절란반작옹입심 파공두파조시란
爤深开間横吃重 務將木病細交論 진심개간횡흘중 무장목병세교론”

《영조법원營造法原》, 민간 목수들의 가결 기록

“남목, 산도, 목하, 엄백, 거목, 향장, 률 나무는
단단하고 곧고 빼어나 안심하고 쓸 수 있네.
표준 치수에 다시 반을 감하거나 더해도 되니

• 가결(歌訣)이란 공사 내용을 기억하기 쉽게 노래 형식으로 만든 것이다.

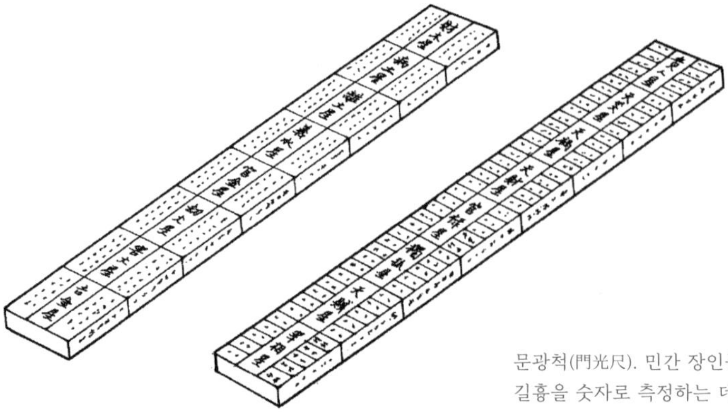

문광척(門光尺). 민간 장인들이 집의 길흉을 숫자로 측정하는 데 썼던 자

삼나무, 소나무, 혈백, 오구, 재수나무는
성글고 물러서 표준 치수보다 더 크게 쓰고
마디나 얼룩, 병이 있는지 주의해야 하네.
마디가 무르고 얼룩져 있으면 병이 중심까지 파고든 것이고
흠이 비어 있고 끝이 망가져 패였으면 썩은 것이라네.
깊이 방향과 너비 방향의 수평 부재는 하중을 많이 받으니
반드시 나무에 병이 있는지 자세히 살펴야 한다네."

복잡한 부재는 다양한 맞춤과 이음 기술로 연결됩니다. 실로 인류가 심혈을 기울여 탄생시킨 기술이자 하늘의 은총이지요. 집이 완공되면 옛사람들은 관례대로 정중히 축복의 의식을 거행했습니다. 그들은 이 '이정표' 아래에서 간절히 기원했죠. "내가 나가건 들어오건 모두 복과 수명을 더해주소서." 소동파蘇東坡, 1037-1101, 《백학신거 상량문白鶴新居上梁文》

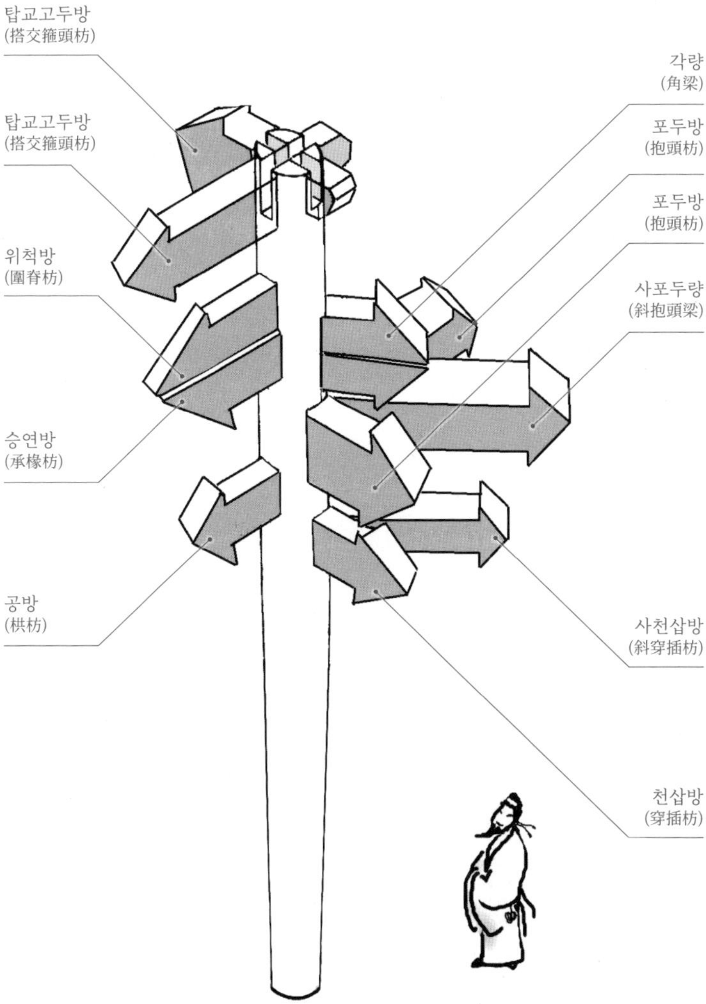

나라에 유보(維輔, 중심 제도와 보조 제도)가 있듯이, 집에는 동량(棟梁)이 있다. 기둥은 우뚝 서 있고, 방(枋)은 굽힘 없이 바르게 당겨 잇는다.

"헤라클레스가 여기 있다"

헤라클레스(Hercules)는 그리스 신화에 나오는 영웅으로, 고대 그리스 장인은 그의 이름을 신전 돌기둥에 새겼다. 이로써 방대한 건축 공사는 신의 힘을 빌려야 완수된다는 것을 알리고, 장인의 손놀림에 신의 힘이 깃들어 있다는 것을 보이려 했다.

"여인들이 여기 있다"

영웅뿐 아니라 여인들을 청하여 '지붕의 절반을 받치다.'
- 기원전 430년경 완성된 아테네 아크로폴리스의 여인상 주랑

"역대 성인이 여기 있다"

- 프랑스 샤르트르 대성당(Cathédrale Notre-Dame de Chartres) 외벽에 있는 사람 모양의 기둥, 약 1150년
이집트에는 파피루스와 연꽃 문양의 돌기둥이 있고, 페르시아에는 사람 모양의 돌기둥이 있다. 기독교 건축물에서는 역대 성인들이 교회를 수호하면서 한편으로는 포교를 하고, 한편으로는 어깨에 짐을 메고 있었다. 예전에는 건축에서 역학 계산 이외에 정신적으로도 안전 계수가 있다고 믿었다.

제7장

두공을 배치하다

처음에는 두枓와 공栱이라는 두 가지의 나무 부재를 이야기하다가 점차 복잡한 방향으로 나아갑니다. 두공의 기원과 발전 과정 그리고 형식을 살펴봅니다.

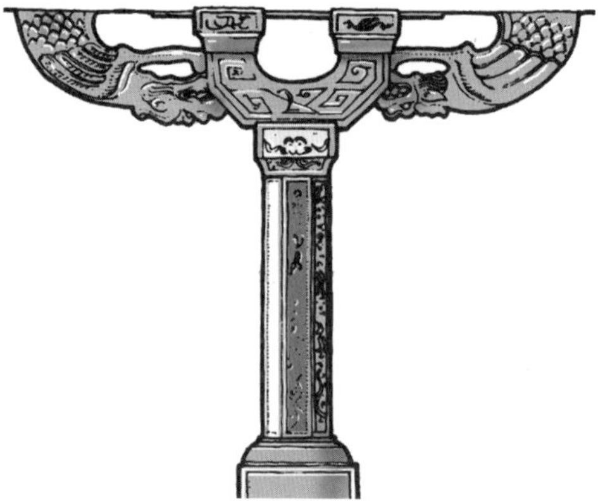

고대 중국에도 힘센 장사가 지붕을 떠받치는 형상(한나라 때의 화상전畫像磚[•]이나 화려한 상단부 장식(처마장식) 등을 써서 지붕이 너무 무거워 보이지 않게 꾸몄습니다. 흥미로운 것은 이 낭만어린 소망을 두 개의 작디작은 나무조각에 의지하여 펼쳤다는 점입니다.

두공枓栱, 공포은 기둥열과 지붕 사이에 놓이며, 수직 부재인 기둥과 수평 부재인 지붕 사이에서 하중을 전달합니다. 작은 규모의 건축에는 굳이 쓸 필요가 없었고, 특별할 것 없는 건축에는 사용이 허가되지 않았죠.

• 그림이나 문양을 새긴 벽돌

기원

두공의 기원은 지극히 오래되어, 그 형태가 서주西周 시대 청동기에서 이미 보입니다. 건축물에 사용되기 시작한 연대는 명확하게 밝혀지지 않았습니다. 학계에서는 지붕 부재의 수직 하중을 해결하고, 그다음 단계에서 지붕을 바깥 방향으로 내밀기 시작하면서 두공이 발생했다고 봅니다.

공자가 이르기를, "장문중이 큰 거북을 기르고, 산처럼 두공을 쌓아 올려 화려한 문양으로 짧은 기둥들을 장식하였으니 어찌 현명하다 하겠는가?"라고 했다지요.

《논어論語》에 실린 이 글에서 공자는 노나라 대부 장문중臧文仲이 거대한 애완용 거북이를 기르고, 우뚝 솟은 산처럼 켜켜이 쌓은 두공에 정교한 수초 문양을 그려 넣은 짧은 기둥으로 저택을 꾸몄다고 비판합

한 조각 굽은 활대
처럼 생긴 공
(栱, 살미, 첨자)

한 조각 쌀되처럼
생긴 두
(枓, 소로)

두공

니다. 장문중의 저택은 정말 사치스럽기 그지없었나 봅니다.

그래도 그의 사치가 전혀 쓸모없는 것은 아니었네요. 덕분에 오늘날 우리는 두공이 춘추 시대에 이미 매우 완숙하게 발전했고, 공자께서 그냥 보아 넘기지 못할 정도로 화려한 수준에 도달했음을 알게 되었으니까요.

가설

『중국대백과전서』 건축 편에는 두공의 기원에 관한 몇 가지 가설이 소개되어 있습니다.

하나, 나무를 옆으로 포개어 쌓는 귀틀식 구조의 경험이 누적되면서 출현했다.

둘, 기둥머리 밖으로 뻗어 나가 처마를 지지하는 보가 변화해서 만들어졌다.

셋, 건축 바깥 둘레를 따라 처마를 받치는 활주가 대각선 방향 지지재로 변했고, 마지막으로 두공의 형식을 이루었다.

두공의 구조는 간단합니다. 두소로 위에 공살미, 첨차을 놓고, 공 위에 다시 두를 놓으며, 그 두 위에 다시 공을 놓습니다. 이렇게 반복해 쌓으면 천편일률적일 듯하지만, 실제로는 그 변화가 무궁무진합니다.

청나라 공부工部에서 편찬한 《공정주법칙례工程做法則例》•는 무려 13권에 걸쳐서 30여 가지의 두공 형식을 열거해두었습니다. 이 정도로 심오한 구조이지만 그 변화는 더욱 다채롭죠. 두공 그 자체는 하나의 '방법'이어서 '공식'으로 정형화되기 전에 갖가지 다양한 방식으로 조합되어 왔기 때문이죠.

• 청나라 조정의 건설토목공사 주무 부서인 공부(工部)에서 제작하여 1734년에 반포한 건축 전문 서적으로 총 74권으로 구성되었다.

중국 건축의 두공은 지붕에도 속하지 않고 기둥에도 속하지 않는 독립된 부재입니다. 두공이 고대 그리스 건축의 '주두柱頭'에 해당한다고 설명하기도 하지만, 위치상 반드시 기둥柱 위에 출현하는 것도 아닐 뿐더러 기능 면에서도 일반의 주두와는 상당히 차이가 납니다.

"중국의 두공은 그 종류가 너무도 다양해서 완벽하게 조사하기가 불가능할 정도이다. 일본의 두공은 앞뒤와 좌우 두 방향으로만 발전했는데, 중국의 두공은 사선 방향의 45도 각도를 이루며 전후, 좌우 방향과 조합해 발전해왔다."

일본의 건축사가 이토 추타(伊東忠太, 1867-1954)가 쓴 『중국건축사中國建築史』

시안(西安) 대안탑(大雁塔) 문미(門楣, 문이나 창문 위에 가로 댄 나무로, 윗부분 벽의 무게를 떠받침)에 새겨진 당나라 때 불전의 그림에는 '人'자 모양의 공이 있는데, 이것은 앞에서 언급한 범주에 속하지 않는다. 두공의 기원과 발전을 설명하려면 더 깊이 상상해야 하겠다.

가장 간단한 두공 조합

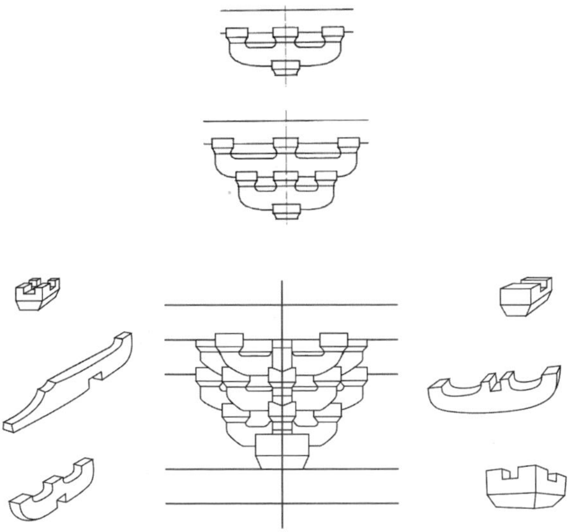

이렇게 복잡해질 수도 있다.

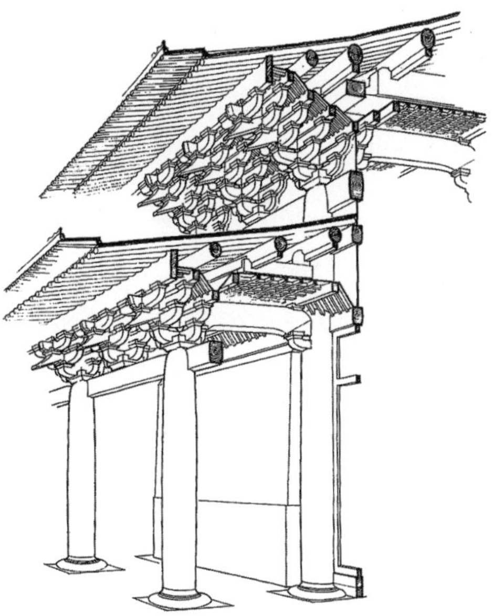

지붕의 무게는 보에 전달되었다가 두공으로 전해지고, 다시 기둥으로 전달되며 마지막으로 지면에 이른다.

기능

하나, 위로는 지붕의 하중을 지탱합니다.

둘, 아래로는 하중을 수직 기둥 혹은 가로 방향의 창방 위로 전달합니다.

셋, 좌우 양방향으로 늘어나면서 창방 위로 전달되는 압력을 감소시켜 칸의 너비를 더욱 넓혀줍니다.

넷, 안을 향해 모여서 천장판과 보개천장을 지지합니다.

다섯, 지붕 처마가 밖으로 최대한 멀리 뻗도록 하여 건축물의 몸체를 보호합니다.

"두공은 건축에서 가장 많이 사용되는 부재로, 예로부터 자재나 공사 규모 산출의 근거였다. 송나라 때는 정식으로 건축의 기본 모수module가 되었는데, 이로써 중국은 세계에서 유일하게 진정으로 건축 모듈화를 실현한 국가가 되었다."

량쓰청(梁思成), 『중국건축사中國建築史』

두공은 우리에게 이 건축은 예사로운 경우가 아니라고 이야기해줍니다. 두공은 다른 부재처럼 필요에 따라 교체할 수 있습니다.

두공을 영어로는 'Bracket System' 즉 돌출 지지구조 체계로 번역하는데, 이 말은 두공의 핵심 기능을 정확히 담아냅니다. 예로부터 천재적 건축가들은 외부 처마 공간의 완전성을 유지하는 동시에 처마를 최대한 바깥쪽으로 뻗을 수 있게 하는 이 인상적인 캔틸레버 구조로 외부 기둥을 발전시켜왔습니다.

목재의 유연성을 충분히 이해해야 두공의 원리를 발전시킬 수 있습니다. 장부와 장부 구멍의 응용 방식을 깊이 이해해야 이토록 복잡한 구조를 창안해낼 수 있습니다.

'모수'를 이용한 건축 계획의 이점

- 건축 계획이 간단해진다.
- 재료 계산과 부재의 사전제작이 편리하다.
- 다수의 건축을 동시에 시공할 수 있다.
- 부재가 표준화되어 교체와 재제작이 용이하다.

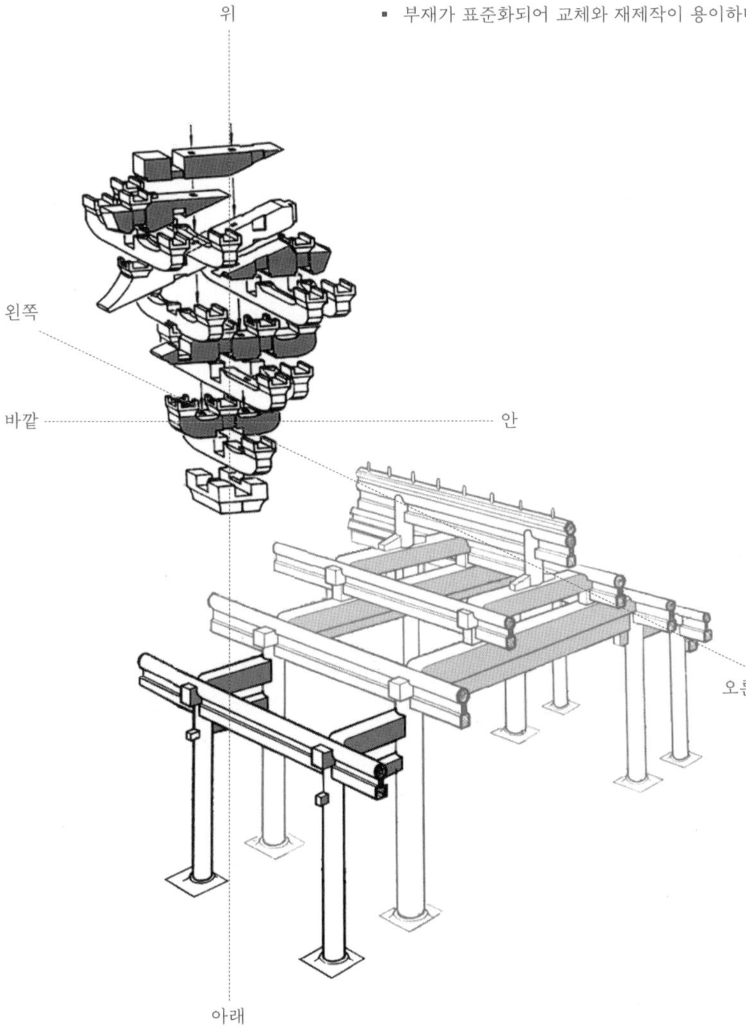

두공은 마치 스프링처럼 작용해서 건축물의 하중을 지지해준다. 지진으로 진동이 발생하면 목재와 맞춤 부분에 가해지는 힘은 감쇄시키고, 지붕 전체의 부재 간 연결 강도는 증가시킨다.

형식

지지력비支持力比, Bearing ratio는 기둥보 구조와 관련해서 가장 중요한 명제였습니다. 이를 위해 고대 중국과 서양의 장인들은 약속이라도 한 듯 모두 굽은 형태를 채택했는데, 한쪽은 위를 향해 굽은 형태였던 반면 다른 한쪽은 아래를 향해 굽은 형태였지요. 중국 건축에서 위를 향해 굽은 공栱은 기둥보 구조의 지지 한계를 극복해냈습니다. 반면 그리스 건축에서 아래를 향해 굽은 이오니아식 주두는 우아한 장식 조형이 되었죠. 후일 로마인들이 아치와 돔을 고안해내지 않았더라면, 서양의 건축예술은 오랜 기간 오더의 구조적 한계로 인해 기둥 간격을 넓힐 수 없다는 곤혹스러운 상황을 벗어나지 못했을 것입니다. 기둥보 구조에선 기둥 간격이 일정 비율을 초과하면 들보가 휘어 부러질 수밖에 없기 때문입니다.

멀리서 바라보면, 나란히 늘어선 두공들은 층층의 파도가 몰아치는 거대한 지붕을 지탱하면서 유유히 항해하는 선박과도 같습니다. 두공은 고급 건축인 '대식大式 건축'•을 구성하는 부재니까 평범한 배가 아니

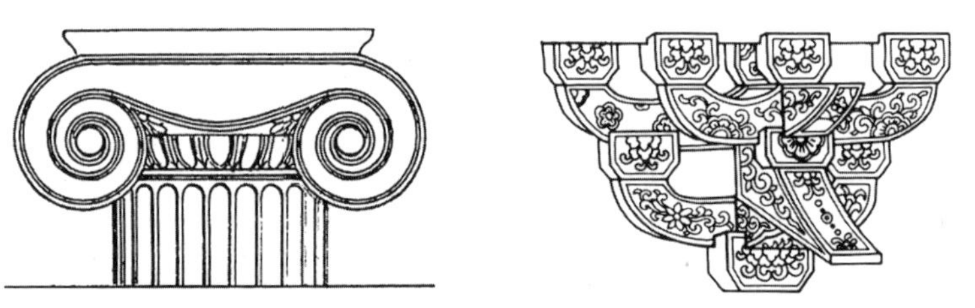

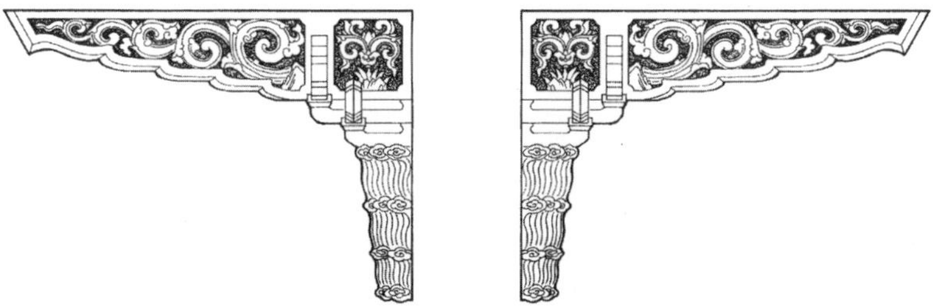

작체(雀替)란 중국 건축의 주두 부분에 달린 중요한 부재로,
한 쌍의 우아한 날개를 펼친 듯한 모습이다.••

• 청나라 공부(工部)의 《공정주법칙례工程做法則例》에서는 고급 건축을 '대식(大式) 건축'이라 하고 일반 건축을 '소식(小式) 건축'이라 한다.

•• 작체는 기둥과 창방 사이에 설치하는 낄목으로, 보통 화려하게 장식한다.

라 유리처럼 반짝반짝 빛나는 화려한 선박이라고 할 수 있겠지요(고급 건축의 지붕에는 채색 도료를 발라 구워서 만든 광택 도는 유리와琉璃瓦를 올리니까요.) 두공은 그 자체로 화려한 색채의 물결을 이루기도 합니다.

모더니즘 건축의 초창기에는 "형식은 기능을 따른다Form follow Function"는 구호가 울려 퍼졌습니다. 그리고 이전 세대에서 이를 데 없이 난해하며 스타일의 타락에까지 이르렀던 장식을 향한 맹목적 추구는 한순간 "장식은 범죄다"아돌프 로스 Adolf Loos, 1870-1933라는 극단적 관점으로 급변했습니다.

'어떤 장식이건 모두 더한다'에서 '어떤 장식이건 일절 더하지 않는다'로 바뀌면서, 오늘날 포스트모더니즘 건축은 여전히 하나의 정육면체 혹은 직육면체라는 모더니즘의 그림자에서 완전히 벗어나지 못한 상태입니다. 하지만 기능과 장식을 함께 갖춘 경우가 영 없는 것은 아니죠. 두공이야말로 기능과 장식을 함께 갖춘 가장 좋은 사례입니다.

목구조의 기능성에 두공의 교묘한 구조가 더해지면 마치 스프링을 덧댄 듯한 효과가 나타납니다. 수차례의 지진에 석조건축들은 줄줄이 붕괴되는데, 두공으로 거대한 지붕을 떠받친 목조건축은 조금도 훼손되지 않으니 실로 위대한 성취가 아닐 수 없습니다. 이리하여 두공은 중국 목조건축에서 높은 수준의 창의성을 드러내는 대표 요소가 되었습니다.

변화

한나라의 시詩 가운데 "주柱, 계枅, 박欂, 노櫨가 서로 지지하네"《고문원·백량시古文苑·柏梁詩》라는 구절이 있습니다. 여기서 '주柱'는 수직 하중을 독립적으로 부담하는 기둥이고 '계枅'는 기둥 위의 네모난 목재이며 '박欂'은 보 위의 작은 기둥이고 '노櫨' 역시 기둥 위의 네모난 목재입니다.

이 옛 시의 난해한 문장이 가리키는 것이 바로 두공입니다. 노櫨는 기둥머리 위에 관처럼 끼워지고, 계枅는 위로 도리에 연결됩니다. 문맥을 통해 뜻을 짐작하자면 '서로 지지하네'란 두공과 전체 구조가 서로 긴밀하게 연결되어 있다는 뜻입니다. 이러한 관계를 근거로 삼아서 우리는 건축의 연대를 감별합니다.

당나라에서 원나라 때까지 두공은 전체 목구조에 관입하고 연결되어 지붕의 각 수평 교차점을 보강해주는 전체 지붕 구조인 '포작층鋪作層'•의 한 부분이었습니다. 당시 두공의 크기는 매우 커서 기둥 높이의 절반가량이나 되었답니다. 그래서 두공은 구조의 중요성과 웅장한 기세를 충분히 보여줄 수 있었죠.

그러던 두공이 송대 이후로 급격히 섬세해졌습니다. 건축물의 기둥열 위치에 따라 서로 다른 높이를 필요로 하게 되면서 두공과 전체 지붕 '포작층'의 유기적 관계가 신속히 약화되었죠. 명나라와 청나라 때에는 두공 중간에 끼워져 있던 보의 위치가 두공 위로 올라가게 됩니다.

• 하나씩 쌓아 올린 층이라는 뜻으로, 송대 《영조법식》에서는 두공을 포작이라고 부른다.

당나라 때는 두공이 지붕 내부에서 기울어져 내려온 하앙(下昂)을 지지해주었다.

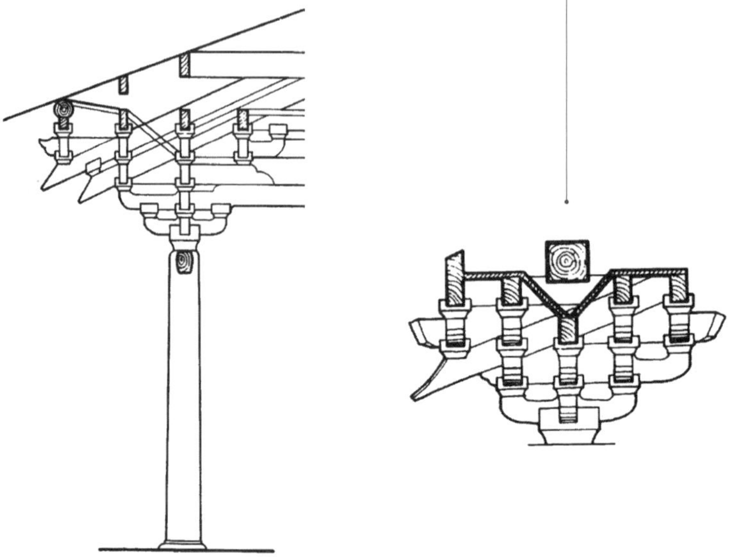

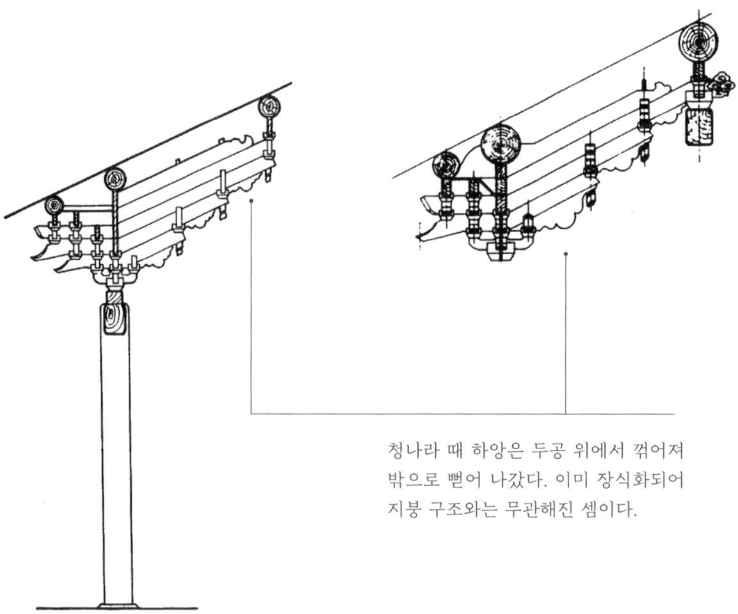

청나라 때 하앙은 두공 위에서 꺾어져 밖으로 뻗어 나갔다. 이미 장식화되어 지붕 구조와는 무관해진 셈이다.

송나라 때의 두공 부재
(두 번째는 청나라 때의 명칭)

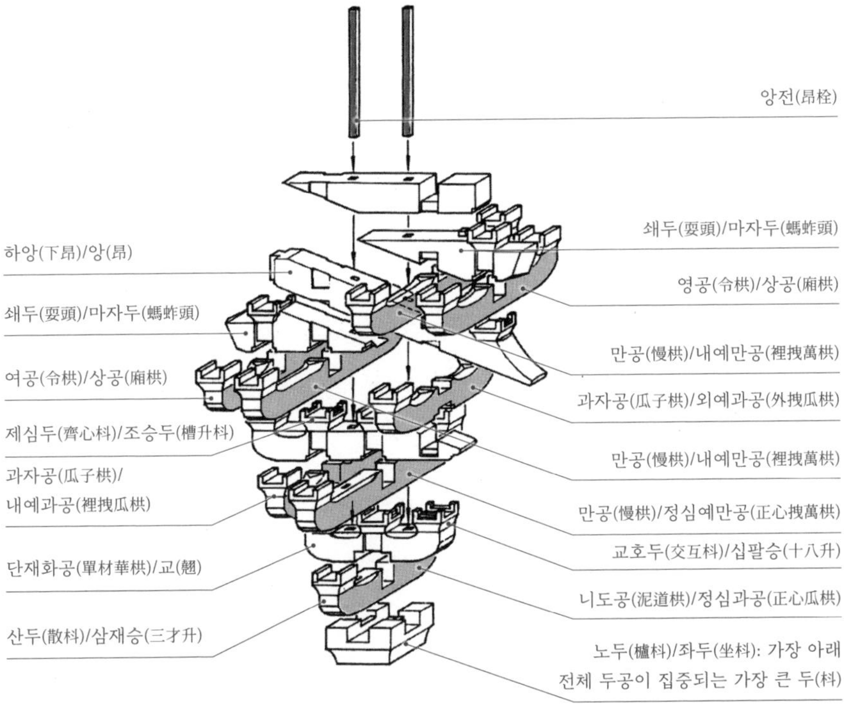

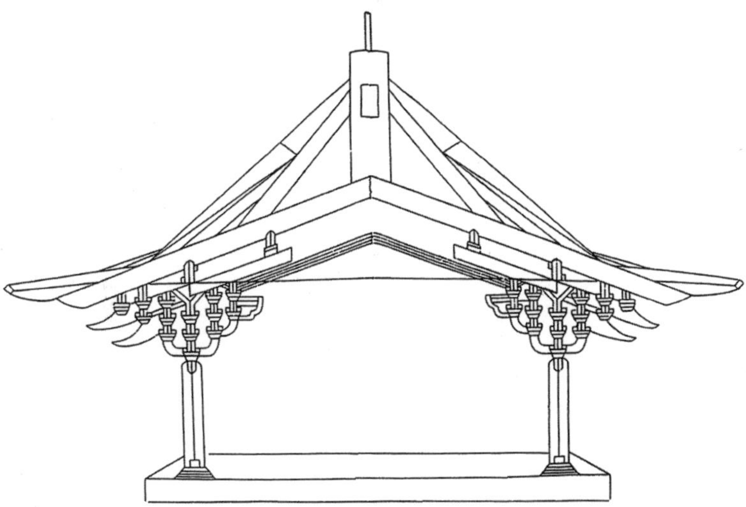

'서로 지지하던' 상황이 이 시기에 이르러 이미 '서로 간섭하지 않는' 상황으로 바뀌었고, 원래 지렛대 기능을 하던 구조 체계는 단순한 처마밑 장식으로 몰락했습니다.

조형 예술에서는 종종 유쾌하지 않은 발전 과정이 출현하죠. 간명함에서 시작해 결국 번잡함으로 결말을 맺는 경우 말이지요. 두공 역시 원래는 구조의 일부였다가 마지막에는 쓸모없는 외형의 헛된 장식으로 변했습니다.

그럼에도 두공은 여전히 중국 건축을 대표하는 요소입니다. 그 자체의 역사에서는 어쩔 수 없이 막다른 길에 들어섰지만요.

입면 삼분법

처음으로 한 채의 건물을 세 부분으로 나눈 사람은 송나라 때 민간에서 이름을 날렸던 건축 명장(당시에는 '도료장都料匠'이라 불렸지요) 유호喻皓, ?-989였습니다. 위는 지붕, 가운데는 몸채, 아래는 기단에 해당합니다. 이러한 구분은 매우 과학적이어서 오늘날에도 고대 건축 연구에서 계속 사용하고 있습니다. 삼단 구성이라고도 하죠.

중국의 궁전

- 지붕은 전체 목구조를 보호한다.
- 몸채 구조는 가급적 개방되게 만들어서 통풍이나 부재 교체 등에 유리하다.
- 기단은 집 전체를 지탱하고 물로 인한 침습을 방지하며 수직 기둥을 지지한다.

서양의 고대 신전

- 지붕은 문미 뒤쪽에 숨어 있는데, 실제로는 벽체를 연장한 셈이다.
- 몸채는 벽체로 하중을 지지한다. 돌기둥은 구조적 필요성 때문에 출현했지만, 점차 입면 장식으로 변화했다.
- 기단의 비례는 엄격하지 않다. 기단은 점차 사라져가는 경향을 보이면서 아래 방향으로 발전하여 마침내 지하감옥이 되었다.

"유호(喻皓, ?-989)는 오대십국 시대 말기, 오늘날 항저우에 해당하는 오월국 서부西府 지역 출신이다. 저서로는 3권으로 된 《목경木經》이 있는데, 이 책은 송나라 때 《영조법식》이 선보이기 전까지 가장 중요한 목조건축 관련 서적이었지만 지금은 전해지지 않는다. 유호는 송나라 초기 수도인 변량지금의 카이펑의 개보사開寶寺 목탑 공사를 담당했는데, 탑은 높이가 36장에 이르렀고 공사 기간은 8년에 달했다. 유호는 변량이 평원에 위치하고 북서풍이 강해서 탑을 미세하게 북서향으로 기울게 건설하여 풍력에 대응했다고 전해진다."

『건축대백과전서』 건축 편

'고전Classic'은 'First Class'에서 유래했다. 처음에는 르네상스 사람들이 고대 그리스의 문화와 예술을 찬미하면서 '경전', '역사적 정서와 격조를 지닌 것'이라는 의미로 사용했는데 이는 곧 정통, 지혜, 권위를 상징했다. 오랫동안 고대 신전의 형식은 물질이나 정신적 권위를 표현하는 건축의 전형으로 여겨졌으며 국회, 은행, 법원, 행정기관 건물, 대학 도서관 , 증권거래소 등에 자주 사용되었다.

'변화가 필요하다' VS '마땅히 보존해야 한다'

서양 건축의 발전 과정을 살펴보면, 각 주요 부분이 기능상의 요구에 따라 더해지거나 줄어들거나 숨겨지거나 혹은 완전히 사라지는 현상을 발견합니다.

한편 중국 건축의 삼단 구성, 그러니까 '삼분법三分法'에 따른 과학적 분류는 단번에 '천하삼분天下三分' 즉 '천天, 지地, 인人'이라는 중국의 독특한 문화 개념을 연상시키죠. 실제로 중국 전통 건축에서는 일찍이 이러한 세 부분과 자체의 문화가치가 융합되었습니다.

서양 건축이 기능에 따라 변화를 겪어가던 그때, 중국 전통 건축은 일종의 문화가치 혹은 이상을 지키려는 목적에 따라 보존되었습니다. 중국 문화가 유구할수록 이 세 부분의 조합도 더욱 유구해져갔지요. 그래서 기본이 되는 이 부분들을 들여다보면 사실상 중국 문화의 전체 모습을 헤아리는 셈이 됩니다.

타이난(臺南)에 위치한 공묘(孔廟). 하나의 건축은 아름답고 웅대한 궁전일 수도, 부유한 저택일 수도 있다. 그 문 앞에 향로와 제사용 탁자를 놓으면 사찰이나 도관이 되고, 깃발을 내걸면 주점이나 식당이 된다. 심신을 수양하는 곳이거나, 밤새 가무가 끊이지 않는 위락의 장소일 수도 있다.

만약 여러분이 옛사람이라면(혹은 전통 건축 분야의 종사자라면) 건축의 각 부분과 부재를 보고서 주인의 사회적 지위와 등급을 가려낼 수 있을 겁니다. 그렇지 않다면 임의로 지은 건축물일 테지요. 하지만 대부분은 그 무엇을 알아보기가 쉽지 않습니다. 중국 전통 건축은 건축군 안으로 들어서야 비로소 눈에 들어오기 때문입니다.

모든 일은 시작이 어려운 법이니 삼분에서는 먼저 기초를 단단히 하고(하분下分), 이어 건축으로 하늘에 대응하게 하고자 지붕을 삼으며(상분上分), 마지막으로 둘 사이에 우리가 생활할 수 있는 몸채를 구성합니다(중분中分). 그러니 다음에는 먼저 기단을 들여다보고, 그다음으로 지붕을 둘러보며, 마지막으로 벽체와 문창을 살피려고 합니다.

제8장

기단을 쌓고,
계단을 놓고,
난간을 세우다

목조건축은 세 부분으로 나뉘는데, 이 구조를 바꾸지 않는 건 유지할 필요가 있기 때문입니다. 인성人性에 있어 기초가 중요하듯, 건축의 기단은 덕행德行을 떠올리게 합니다. 그래서일까요, 집의 등급은 그곳에 사는 사람의 지위와 떼어놓을 수 없습니다. 난간은 기대는 곳일 뿐 아니라 정을 나누는 곳이기도 합니다.

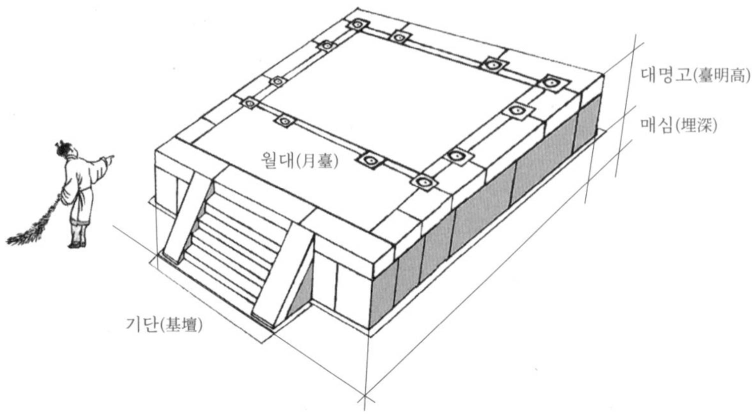

기단에는 땅속에 묻히는 부분과 바닥에 드러나는 부분이 있다. 바닥의 높이는 대명고라고 칭한다. 대명은 대기의 주체이며, 월대는 대기의 연장이다. 월대는 노대(露臺) 혹은 평대(平臺)라고도 하며, 대체로 대명보다 높이가 약간 낮다. 그렇지 않으면 빗물이 실내로 스며들 수 있다.

중국 건축에서 기단을 가리키는 단어에는 대기臺基와 대臺가 있는데, 대는 여러 건축물의 연결된 기좌基座• 이며, 대기는 단독 건축물의 기좌입니다.

옛사람들은 땅 위에서 좌식 생활을 했기에 습기와 통풍이 큰 문제였습니다. 그래서 옛날에는 지금보다 기단의 방습 작용을 중요시했죠. 단단히 다져진 대기는 지하수의 침입을 막는 한편, 바닥에서 빗물이 튀어 집을 침식하는 일이 없도록 했습니다. 고대에는 집 전체를 들어 올리는 '평좌식平坐式' 기단 구조가 유행했습니다(지금도 남방의 일부 저습

• 건축물의 기초가 되는 평면

기단

지 지역 민가에서는 여전히 사용하고 있지요). 이렇게 집의 기단을 한층 들어 올리는 동시에 침대를 두는 형식은 기후가 습윤한 일본에서 좀 더 광범위하게 나타납니다.

집의 기초로서 기단은 통풍을 좋게 하고 기둥이 안정적으로 서 있게 할 뿐 아니라 마치 거대한 받침을 받치듯 집의 기반이 하중 때문에 침하되는 것을 막아줍니다. 만약 강렬한 지진을 만나 땅이 흔들리면, 기단이 뗏목처럼 완충 작용을 해서 건축물의 불규칙한 흔들림을 상쇄해주죠. 무수한 지진을 겪었어도 고대의 건축물들

"주나라 사람의 명당明堂, 제왕 건축의 대기臺基 … 당숭일정堂崇一筵, 9척."

《주례·고공기周禮·考工記》

"공후 이하 3품 이상의 가옥 기단 높이는 2척이요, 4품 이하 서민의 가옥 기단 높이는 1척이다."

《대청회전사례大清會典事例》

"기단을 만들 때 기단의 높이는 재材의 5배로 한다. 만약 전당으로 둘러싸인 중정庭의 폭을 넓히고자 하면, 그 넓히는 크기에 따라 높이도 적당히 올려야 한다. 하지만 그 높이는 재材의 여섯 배를 넘지 못한다."

《영조법식營造法式》

재材의 최대 치수는 9촌이다. 따라서 기단은 9촌에 5를 곱하여 4척尺 5촌寸으로 한다.

이 여태껏 잘 보존된 것은 결코 우연이 아닙니다. 그러니 지진에 제대로 효과를 발휘하는 나무 골격 구조뿐 아니라 기단에도 많은 공을 들여야 합니다.

표준 모수제도하에서 어떤 구조라도 약간의 변동이 있다면 기단을 포함한 모든 부재는 그에 따라서 조정이 됩니다. 전통 건축에서 기단은 법에서 정한 규정을 따르는 것 이외에 정원의 크기 및 건축물의 높이에 따라 조정되고, 그렇게 함으로써 건축물에 특별한 성격을 부여하게 되며 위계와 기백이 드러납니다.

아름다운 덕행

"벽은 기초에서 시작된다."《설문해자說文解字》의 한 구절입니다.

기초는 초석입니다. 옛사람들은 눈에 닿고 손에 잡히는 모든 것을 은유적으로 바라보았고, 문학도 그러했습니다. 건축 역시 '우의寓意'• 로 가득 차 있습니다.

"아홉 층의 대臺는 흙을 쌓는 데서 비롯한다."《노자老子》는 이렇게 말합니다.

782년에 건립된 당나라 남선사(南禪寺) 대전. 현존하는 가장 오래된 목조건축으로 평평한 기단을 사용했다.

• 다른 사물에 빗대어 비유적인 뜻을 나타내거나 풍자함

서양의 고대 건축물에서는 매우 정확한 비례의 조화를 느낄 수 있다.

중국 건축물은 기단과 지붕이라는 서로 다른 두 형태를 통해 대조적인 모습을 드러낸다.

수당 시대에 유목민들에 의해 높은 다리를 지닌 가구가 중국에 전해졌다. 이로 인해 중국 건축의 비율이 달라져서 지붕이 높아졌다. 그러나 높은 다리의 탁자와 의자가 생겼다고 해서 기단이 사라지지는 않았다. 오히려 기단은 더 웅장하고 섬세해졌다.

둔황석굴 내부 벽화. 중국에서 의자에 관해 전하는 가장 이른 시기의 자료이다. 한 스님이 가부좌를 튼 채 참선을 하고 있는데, 몇 단을 깔고 앉았는지는 알 수 없다. 걸상에 앉은 인물은 보살이다.

기단은 묵묵히 건축물 아래에 자리합니다.《노자》의 이 문장은 고결한 도덕의 첫걸음에 관해 말합니다. 실로 도덕이란 기단과 같이 지평선에서 도도히 솟아나서는 숨김없이 투명한 집의 몸채를 지나 치켜올라간 지붕으로 전체의 리듬을 전달합니다. 그렇게 하여 중국 정서가 풍부하게 담긴 '성덕화합成德和合'의 이미지를 만들어내죠. 고급 건축일수록 대비가 심하고, 대비가 매우 클수록 이런 '화합和合'의 형태를 중시하며, 안으로는 사람의 덕을 쌓게 하고 밖으로는 화합을 실천하게 합니다. 군자가 삼가지 않으면 위엄이 없고, 덕이 높으면 기단이 자연히 두터운 법이지요.

불교는 동한 시대에 중국으로 전래되었으며 위진남북조 시대에 번성했다. 불법佛法은 정말이지 끝이 없다. 사바세계에서 가장 크고 높은 산은 '수미루修彌樓, 히말라야의 옛 이름'인데, 중국에서는 수미산須彌山이라 하고 이를 본뜬 기좌 형식은 수미좌須彌座라고 부른다. 고대 인도 건축 문화의 영향을 받은 중국 불교에서 가장 의미 깊은 것은 고승의 사리를 모신 부도浮屠가 아니라 바로 수미좌이다. 수미좌는 건축물의 기단이 발전하는 데에도 영향을 미쳤다. 옛 가구家具와 사물은 기본적으로 화려한 수미좌의 형식을 광범위하게 활용한다.

수천 년이 지나는 동안 기단의 문화적이고 미학적인 가치는 실제의 기능성을 넘어섰고, 이런 상황은 굳이 조정되지 않았습니다. 기단은 비에 젖는 문제가 해결되었다고 해서 낮아지지 않았으며, 서양 건축처럼 땅속으로 집이 꺼지는 일도 없었습니다.

송나라식 수미좌

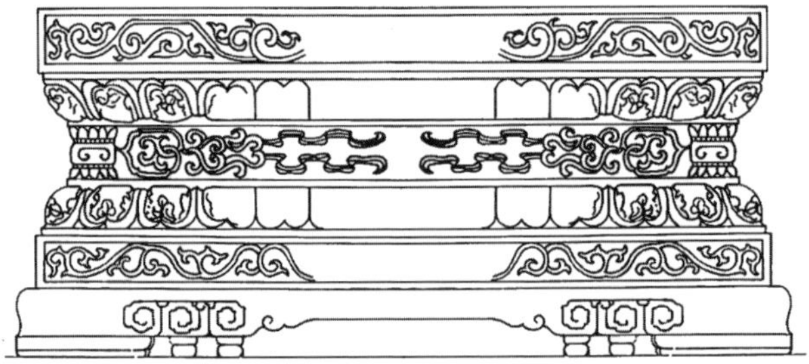

청나라식 수미좌

베이징 고궁의 한백옥(漢白玉)으로 만든 기단. 매우 높고 귀하다.

단壇

단이란 홀로 있는 기단입니다. 푸른 하늘을 커다란 글귀로 보고 그 뜻을 읽으려고 오르는 단이 곧 천문대天文臺입니다. 백성을 내려다보게 만든 곳은 열대閱臺라고 합니다. 이와 달리, 아주 공손히 푸른 하늘을 보는 곳이 단입니다. '건축물' 없는 건축이지요.

> "단壇, altar은 중국 고대에 하늘天과 땅地 그리고 사직社稷 등에 제사를 지내던 곳으로 대臺가 있는 형식의 건축이다. 최초의 제사는 숲속의 하늘을 향해 솟은 흙 언덕 위에서 행해졌으며 점차 흙으로 단을 쌓는 형태가 발전했다. 단은 이른 시기부터 제사에 사용된 것 이외에 동맹, 서사誓師, 봉선封禪, 배상拜相, 배례拜師와 같은 중요한 의식을 거행하는 데에도 쓰였다.• 이후로는 점차 중국 봉건사회의 최고 통치자가 전용하는 제사용 건축이 되었다. 간소한 규모에서 휘황찬란한 건물로 바뀌었고, 형태상으로는 하늘과 땅 등 제사 대상의 특성에 따라 원형圓形과 방형方形이 나타났으며, 재료도 흙에서 전석磚石, 벽돌과 돌으로 변화했다."
>
> 『중국대백과전서』 건축 편

• '서사'는 군대 출정식, '봉선'은 제왕이 태산에 가서 하늘과 땅에 제사를 지내는 것, '배상'은 재상 임명식, '배례'는 장군 임명식을 가리킨다.

기단은 건축물의 위상과 기품까지 나타내며, 건축군에서 공간을 조직하는 기초 규범으로 쓰입니다. 기단은 수평으로 펼쳐지는 중국 건축에서 평면 공간과 직선이 만드는 답답함을 타파하는 적극적인 역할을 합니다. 낮은 평지 하나를 비교적 높은 평지로 바꾸어서 단조로운 수평면에 운율을 불어넣는 셈이지요. 한 평지에서 다른 평지로 가는 과정에서 의존하게 되는 것이 곧 계단입니다.

평지붕 민가에서는 집 전체를 하나의 큰 받침으로 보고, 지붕 부분을 평평한 대(平臺)로 삼아 하늘과 이으려 하는데 이것이 바로 '천대(天臺)'이다.

베이징 천단(天壇)의 면적은 280만 제곱미터로 자금성의 4배에 이른다.

계단

계단은 기단의 위쪽과 아래쪽을 이어주는 일종의 길입니다. 걸어 다녀야 하는 곳이면 어디든 적용할 수 있을 만큼 실용적이죠. 계단은 동한 시대부터 사용되었다고 하니, 건축에 비해서 일찍 출현한 셈입니다. 옛 서적에 따르면 제대로 된 계단은 황제黃帝, BC 28세기-BC 26세기경 시기에 이미 나타났다고 합니다. 《한시외전韓詩外傳》에도 이런 글이 있지요. "봉황은 해를 가리고 왔고, 황제는 동쪽 계단으로 내려갔다."

계단은 동쪽과 서쪽으로 나뉘는데, 분명한 것은 '높이와 신분'의 관계입니다. 중요한 건축물일수록 계단이 길고 웅장한 법이죠. 당나라 때 대명궁大明宮 함원전含元殿은 용수원龍首原에 쌓은 넉 장 높이의 대臺 위에 세워졌는데, 대전 앞에 놓인 70여 미터에 이르는 세 갈래의 용미도龍尾道가 매우 아름답고 웅장했습니다. 덕분에 각국에서 온 사신들이 마지막

황제가 머무는 정전에 난 계단을 폐(陛, 御道, spiritual path)라고 한다. 소맷돌이 있는 계단에는 어도(御道)가 있는 것과 없는 것의 두 종류가 있다. 초당(初唐, 618-712) 시기에 처음 출현했다고 알려져 있다.

계단 형식

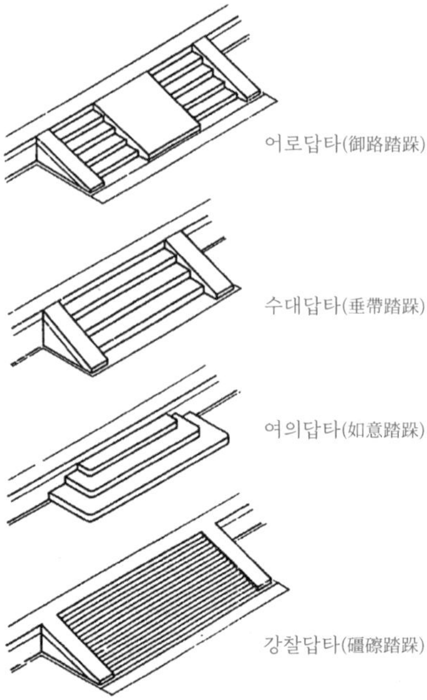

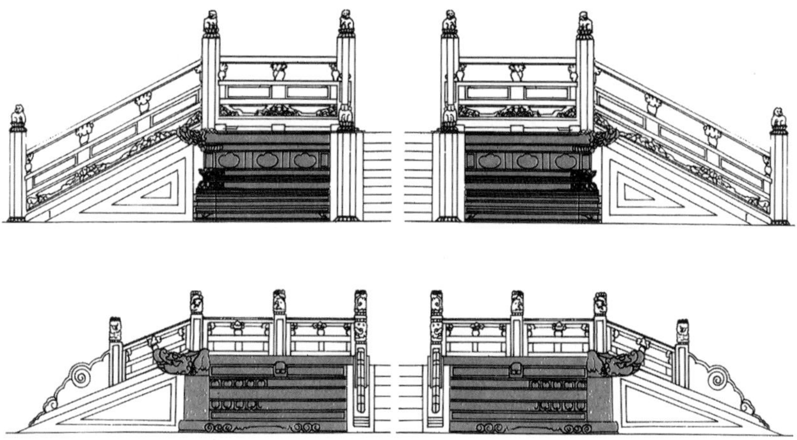

한백옥으로 만든 계단이 설치된 수미좌

계단에서 전전긍긍하다가 마침내 다리가 풀리고 지쳐서 무릎을 꿇었다고 하지요.

계단은 이른 시기에 나타났지만 건축물에서는 가장 마지막에 완성되는 부분입니다. 그 이유는 건축물 자중自重의 분포가 균일하지 않아서 기단과 계단이 분리되는 것을 막기 위해서입니다.

봄가을에 계단 앞에 서니 빈 방을 대하기가 쓸쓸합니다. 시인의 붓끝에 있는 계단은 모두 적막한 분위기를 자아냅니다. 그래서 "하늘 계단의 밤빛은 물처럼 차갑구나" 라거나, "대나무 그림자는 계단의 먼지를 쓸어내고도 움직이지 않는구나" 하고 읊어봅니다. 낮에는 대나무 그림자가 스치고 밤에는 달빛이 스며듭니다. 서리가 진하고 이슬이 심한 이때, 한 계단 한 계단을 오를 때마다 손잡이가 되어 받쳐주는 것이 바로 난간입니다.

> "주인의 출입문은 오른쪽이고 손님의 출입문은 왼쪽이다. 주인은 동쪽 계단을, 손님은 서쪽 계단을 이용한다. 주인과 손님이 서로 양보하면 주인이 먼저 가고 손님이 그를 따른다. 동쪽 계단을 올라가면 오른발을 먼저 내딛고, 서쪽 계단을 올라가면 왼발을 내딛는다. 문에 건주렴 밖에서 서두르지 않으며, 당堂에 올라서도 서두르지 않는다."
>
> 《예기禮記》 전례·상典禮上 편

난간

육상에는 두 종목이 있는데 하나는 허들중국어로는 跨欄, 다른 하나는 장대 높이뛰기입니다. 가로로 된 것은 난欄, 수직으로 된 것은 간杆입니다. 이처럼 가로로 내어 계단과 직교하게 만든 것이 난간입니다.

난간은 건축물의 주요 부분이 아니며, 건축물을 둘러싸서 보호하는 부분입니다. 낮은 곳에 설치한 난간은 외부인을 막아줍니다. '들어오지 마시오.' 높은 곳에 설치한 난간은 사람을 보호합니다. '떨어지지 않도록 주의하세요.'

난간에 기대어 멀리 바라보면 어떤 조망이든 다 그럴듯합니다. 난간은 자연스레 통하는 것이 좋은데, 그렇지 않으면 낮은 담벼락과 다를 바 없습니다. 또 너무 높아서도 안 되는데, 너무 높으면 하나의 울타리

비바람이 거세어 창문을
닫으면 바로 벽이 된다.

로 변해버립니다. 담처럼 두르지만, 난간은 '둘러쌌으나 막힘이 없고 아름답다'는 느낌을 줍니다. 아름다운 난간은 건축물을 더욱 돋보이게 합니다. 그러니 방어와 보호, 아름답게 치장하는 역할을 지닌 난간을 무시하는 일은 삼가해주세요.

송나라 시대에 이르면 전통 난간에 원래의 목적과 다른 용도가 더해집니다. 길가 상점의 처마에 난간을 설치하고는 '하늘을 향한 난간'이라 이름 붙여서 상점을 눈에 띄게 알리고 입면을 장식해 고객을 유치하려 했던 것입니다.

과거의 이동식 난간은 '차자叉子'라고 합니다. '거마차자拒馬叉子'를 보면 함부로 넘어가지 마세요.

회랑에 설치된 난간은 하나하나가 열린 창문입니다. 비바람이 거세어 창문을 닫으면 바로 벽이 되지요.

고대 건축에는 난간이 곳곳에 있습니다. 이백李白, 701-762이 양귀비를 묘사한 "침향정 북쪽 난간에 흐뭇이 기대섰네"라는 구절은 손을 내밀어 난간을 잡는 모습을 담고 있습니다. 수많은 사람을 죽이고 피가 천리에 흘렸어도 끝내 반란에 성공하지 못한 황소黃巢는 "홀로 높은 난간에 기대어 낙조를 바라보네"라고 읊었습니다.◇ 남당南唐의 마지막 군주인 이후주李后主, 937-978는 "조각된 난간과 옥석으로 쌓아 올린 계단은 여전히 있네"라고 했지요. 이처럼 난간을 마주하면 황제조차도 상념에 잠깁니다. "일찍이 봉래궁 안으로 가니, 정이 가장 많이 남은 것은 북헌의

◇ "'30년 초원 위에서 말 달리며, 입었던 갑옷을 승복으로 갈아입었네. 천진(天津)의 다리 위에는 물어볼 사람 하나 없는데, 홀로 높은 난간에 기대어 낙조를 바라보네.' 전하는 바에 의하면 황소(黃巢)가 난(亂)을 일으킨 뒤, 죽지 못하고 불가(佛)에 숨어 들어갔다고 한다." 도곡(陶谷), 《오대난리기五代亂離記》

난간이네." 당나라 시인 두목(杜牧, 803-852)의 〈감로사북헌甘露寺北軒〉

미인고 혹은 고배난간(靠背欄杆)

기단은 중후하고 계단은 차갑습니다. 난간에 기대어 달을 기다리고 구름을 바라보니 오직 난간만이 정겹습니다. 그립고 근심할 때 혹은 게으름을 피울 때 기대는 거위목처럼 생긴 'S'자 형의 난간이 미인고美人靠입니다. 의자이기도 하지요.

원림園林 건축에는 난간이 비교적 많으며, 의자 겸용으로 쓰이는 것은 좌란坐欄이라고 이릅니다. 물가 옆에 설치된, 굴곡 있는 나무의자를 남방에서는 아경등鵝頸凳이라고 일컫습니다. 혹은 비래의飛來椅, 미인고, 오왕고吳王靠라고도 부릅니다.

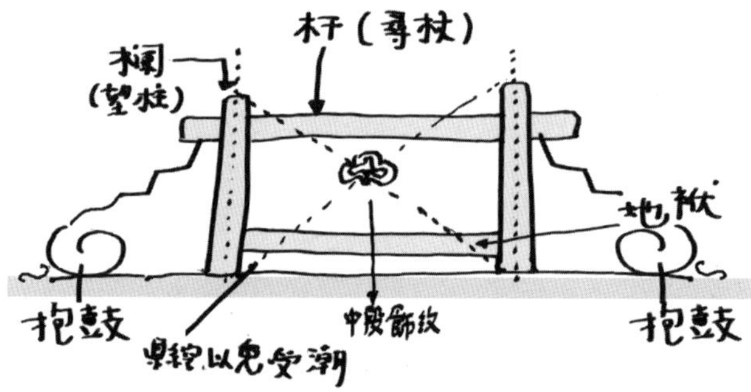

난간과 건축물의 상대적인 치수. 난간은 길고 짧을 수 있으나 자체 비율은 일정하다. 예를 들어 망주(望柱)의 높이가 난판 너비의 1/11이라면 망주머리가 기둥 높이의 4/9를 차지한다.

심장난간(尋杖欄杆)

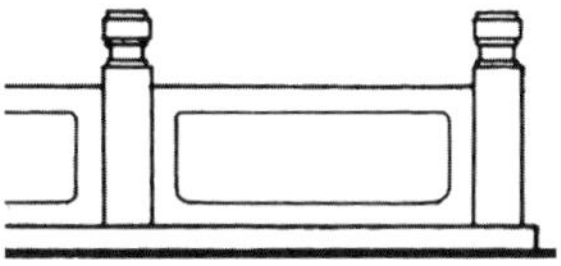

난판식 난간(欄板式欄杆)

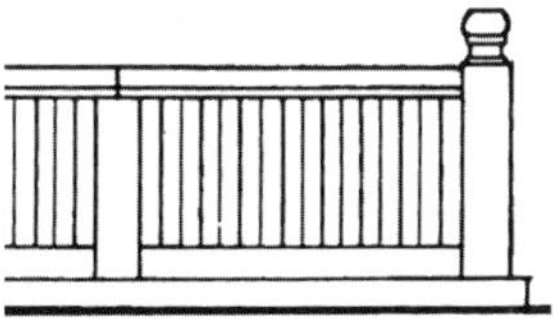

사자식 난간(梭子式欄杆)

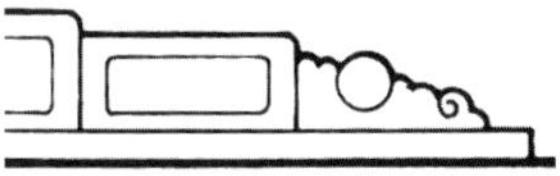

나한난간(羅漢欄杆)

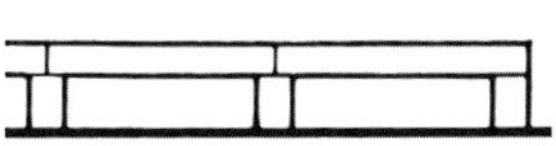

석좌등난간(石坐凳欄杆)

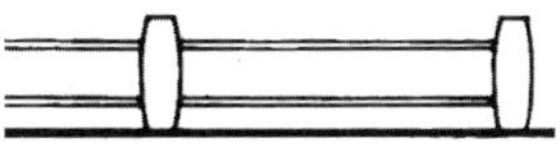

목석난간(木石欄杆)

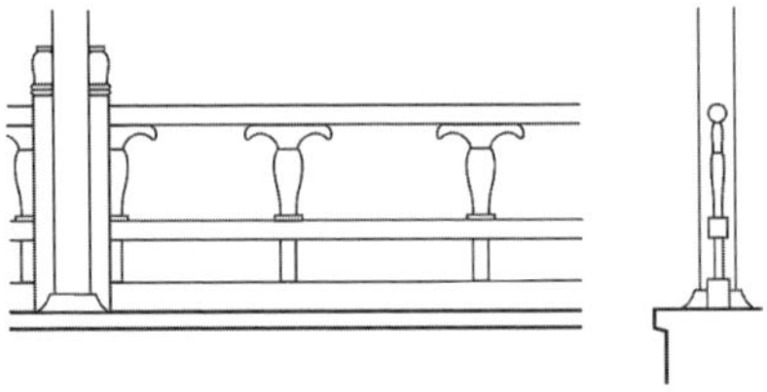

심장난간(尋杖欄杆)

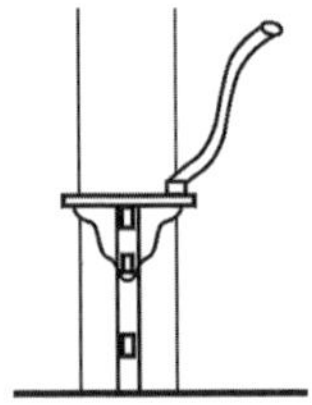

고배난간(靠背欄杆)

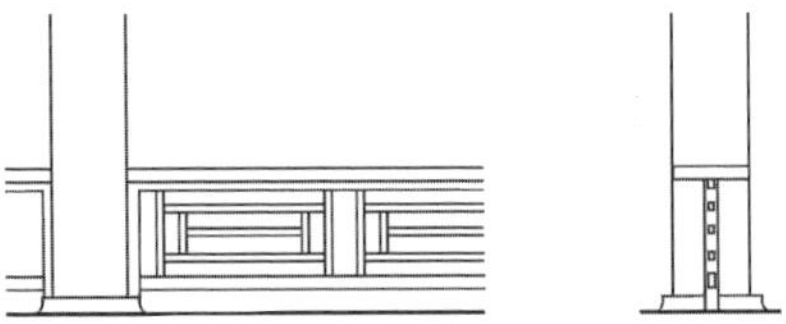

좌등난간(坐凳欄杆)

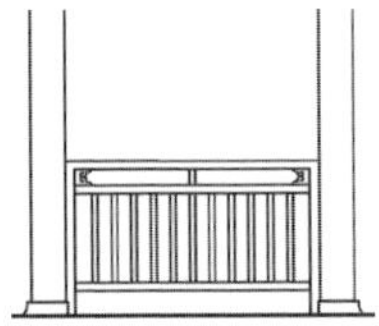

직령난간(直棂欄杆)

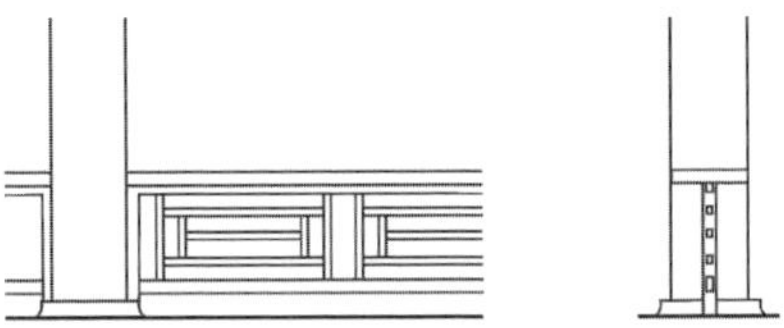

화난간(花欄杆)

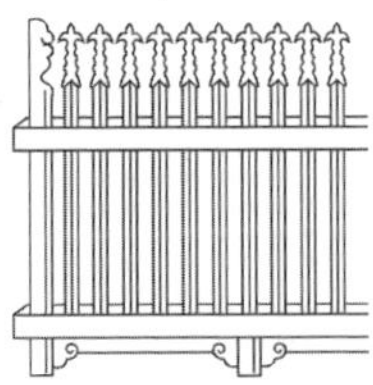

차자(叉子)

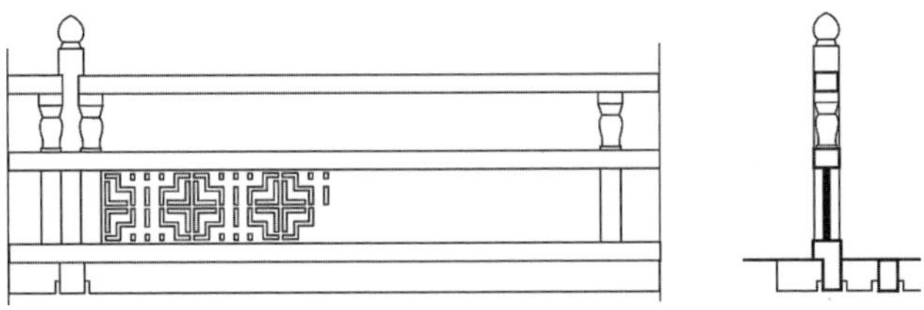

화난간(花欄杆)

명대 말기에 쓴 조원(造園) 기술서인 《원야園冶》에 수록된 난간 그림. 이 책에는 2백여 개의 난간 그림이 들어 있다. 저자는 계성(計成, 1582-1642?)으로 쑤저우(蘇州) 우장(吳江) 출신으로 알려져 있다.

다정하게 하늘을 우러러보다

화표의 망수(望獸)

화표華表는 일종의 기둥으로, 토템과 유사합니다. 고대 제왕이 간언을 받아들이기 위해 세운 비방목誹謗木에서 유래했습니다. 비방誹謗의 본의는 시비를 논하는 것이지만 현재는 도로 표지 모양의 화표로 남아 있습니다. 《회남자淮南子》는 이렇게 기록합니다. "요 황제는 간언을 위한 북을 설치하였고, 순 황제는 비방을 위한 나무를 세웠다."

여기에서 소개할 것은 화표 위에 웅크리고 앉아 있는 무서운 짐승입니다. 그런데도 많은 사람들이 사랑하지요. 몸매가 작고 영롱하며, 머리를 치켜세우고는 하늘을 향해 으르렁대는 모습입니다.

베이징 천안문의 앞쪽과 뒤쪽에는 한 쌍의 화표가 세워져 있지요. 그 위에 웅크리고 앉아 하늘을 향해 으르렁대는 짐승들은 모두 다른 모양새를 하고 있습니다. 문 앞쪽의 짐승은 밖을 향해 앉았고, 문 뒤쪽의 짐승은 안쪽을 향해 앉았습니다.

하늘을 향해 으르렁대는 것 외에 별다른 신묘함이 눈에 띄지는 않지만, 이 작은 짐승 조각에는 뜨거운 감정이 담겨 있습니다. 이 짐승이

포고석(抱鼓石). 난간 양쪽에 북 문양의 돌을 두는 경우가 있다. 최초의 예는 금대(金代)에 만들어진 노구교(盧溝橋)인데, 이 포고석은 난간을 안정적으로 고정시키는 역할을 한다. 포고석의 크기는 일정하지 않으며 난간의 경사도가 얼마가 되든 축에 영향을 주지 않는다. 둥근 북 주변의 문양 장식도 마음대로 늘리거나 뺄 수 있다. 양쪽 끝의 원형은 하나의 괄호와 같아서 난간에 담긴 그리워하는 마음들을 묶어주는 듯하다.

망주 머리 부분의 사자(師子)

궁궐을 바라보면 망군출望君出이라고 합니다. 깊은 궁의 금원에 사는 제왕을 깨우치면서 백성의 어려움을 살피러 나가고, 덕 있는 정치를 펼치며 천하를 이롭게 하라는 뜻을 담고 있지요. 바깥을 향한 것은 망군귀望君歸라고 합니다.

망군귀는 외출한 지 오래된 제왕을 목을 길게 빼고서 기다리는 모습입니다. "황제여, 외출한 지 꽤 오래되었구나! 빨리 돌아와서 국사를 맡아야 하지 않겠느냐!" 이렇게 천 년이 지나도록 지금까지 호령하고 있습니다. 하늘을 향해 으르렁댄다고 해서 이 짐승은 망수望獸라 칭하고, 망수가 웅크리고 앉은 기둥은 망주望柱라고 하지요.

난간 위에 하나하나 있는 기둥이 바로 망주인데, 망주 위에 반드시 망수가 있는 것은 아닙니다. 사람이 난간에 기대어 사방을 둘러볼 수도 있습니다. 신부가 봄날에 치장을 하고 화루에 올라 신랑이 돌아오기를 고대하기도 할 테지요. '망주望柱'라고 이름을 붙인 것은 억지로 말하지 않음을 의미하기도 합니다. 난간을 임의로 길게 한 것은 늘 샤오샹瀟湘•지역의 시정화의詩情畫意에만 기대려고 하기 때문입니다. 향수에 젖어 난간에 애써 의지하는 사람은 또 다른 이야기를 품고 있겠지요.

날개가 부러진 '승리'의 여신은 아크로폴리스에서 몇 번이나 아테네의 패배를 지켜보았다. 중국 궁전 건축 위에는 각종 물고기와 용을 올려 장식했지만 화재가 끊이지 않았고 청대 후기에 들어서야 피뢰침을 쓰기 시작했다. (한 가지 덧붙이자면, 그리스의 승리의 여신은 로마 시대에 '니케Nike'라고 불렸다. 지금은 축구화 브랜드의 이름이 되었지만.)

• 중국 후난성 둥팅호(洞庭湖) 남쪽에 있는 샤오수이강(瀟水江)과 샹장강(湘江江)을 아울러 부르는 말. 부근에 샤오샹 팔경이 있다.

치(鴟)선생

치(鴟)부인

치선생밖에 모르는 치부인

기원전 5세기에 페르시아와 그리스 사이에 전쟁이 일어났습니다. 그리스인들의 용기에 운이 더해져서 강력한 페르시아 군대를 제압할 수 있었고, 곧이어 아크로폴리스Acropolis가 성대하게 세워졌지요.

승리는 품격보다 훨씬 더 실속 있는 법. 아테네 사람들은 '승리의 여신' 조각상에서 한 쌍의 날개를 거침없이 부러뜨려 승리가 아크로폴리스에 머물기를 열망했고, 승전의 기쁨이 영원히 다른 곳으로 날아가지 않도록 했습니다.

인간의 열정에 갇힌 '신의 힘'을 보여주는 것이랄까요. 이런 예는 아테네 신전의 승리의 여신상만이 아닙니다. 중국 건축의 지붕에 있는 '위룡威龍'도 그러하지요.

> "바다에 물고기가 있는데 규룡虬龍•의 꼬리가 마치 치鴟와 같다. 용이 파도를 내뿜으면 비가 내린다. 한나라의 백량대柏梁臺••가 불에 타자 … 건청궁乾淸宮을 세우고는 치의 형상을 옥척용마루에 설치하고 화재를 방지하고자 한 것이 현재의 치문鴟吻, 치미이다."
>
> 《사물기원事物紀原 · 청적잡기靑籍雜記》

치미鴟尾는 전설의 무각룡(혹은 고래)을 본뜬 것으로, 그 치켜 올라간

'꼬리尾'로 물을 뿌려서 불에 잘 타는 목재를 보호해줍니다. 이런 식으로 억제력을 발휘하는 수법을 '염성厭勝, 주술'이라고 합니다. 오행을 비롯하여 각종 자연물의 억제력이 이와 같습니다.

송대 이후, 지붕 위의 치미가 치취鴟嘴, 치의 입로 변했습니다. 용머리의 주둥이는 지붕의 용마루를 꽉 물고 있지요. 명청 시대에는 치취가 용의 아홉 아들 중 하나인 치문鴟吻으로 격상되었는데, 치문은 성격상 '삼키는 것을 좋아한다'고 합니다. 지붕 위로 올라가서 마음껏 삼키고 깨물면서 지붕의 옥척도 잘 물고 있도록, 장인이 솜씨를 발휘해서 지붕에 단단히 박아놓은 것이지요. 번개가 치고 불이 나면 한바탕 물을 뿌립니다.

성격이 운명을 결정했다고 할까요. 그런데 치문이 사람과 만나도 아무런 해를 끼치지 않으니, 이에 대해 사람은 마땅히 처마 밑에 경의를 표해야 합니다. 처마 밑에서 사래의 머리를 장식하는 또 다른 토수인 '치鴟부인'에게 말입니다.

• 이무기에서 갓 뿔이 자란 상태의 용

•• 한나라 무제가 축조했다는 누대

남편이 불행히도 지붕 옥척에 영원히 못 박혔으니, 아내는 처마 밑에 숨어서 바람이 불거나 비가 오거나 묵묵히 기다릴 수밖에 없습니다. 사람들이 모두 집 안에 들었을 때에야 처마 밑에서 뛰어나와 남편이 있는 용마루 위를 헤엄쳐 돌아다닐 뿐이지요. 남편 주위를 맴돌면서 사랑으로 빗물을 닦아주기도 하며, 한편으로는 치선생의 노력 덕분에 처마 밑의 사람들이 그토록 편안히 자고 있다고 위로하기도 할 테지요. 치선생! 아내가 이토록 극진할진대 부부가 무엇을 더 바라겠습니까? 물으나 마나지요.

위대한 아내 '치부인'의 러브스토리가 그다지 낭만적이지는 않지만, 적어도 체면치레는 했습니다. 이에 비하면 '운동화' 이름이 된 니케란 얼마나 쓸쓸한지요. 이런 지붕을 두고서 험담하는 것은 당치 않은 노릇입니다.

제9장

지붕을 씌우다

중국 건축에서 가장 매혹적인 것은 지붕과 치鴟부인입니다. 부드럽게 뻗은 지붕은 사람을 미혹합니다. 사람들은 왜 지붕이 곡선으로 만들어졌는지를 두고 여러 가지로 추측을 합니다. 과연 그 이유는 무엇일까요? 어찌되었든 지붕의 형식에서 가장 조심해야 할 것은 예禮를 잃지 않는 것입니다. 지붕 위는 화려한 전시관이기도 합니다. 그런 지붕이 벽체 없이 홀로 서 있게 되면 익숙하던 건축 풍경에 한바탕 혼란이 옵니다.

한담閑談

"중국 건축에서 예술적 가치는 찾아볼 수 없고, 단지 일종의 기술이 있을 뿐이다. 게다가 그 기술 수준도 매우 낮고 불합리한 것이 마치 아이들의 장난과 같다."

제임스 퍼거슨(James Fergusson, 1808-1886),
『인도와 동방 건축의 역사*History of Indian and Eastern Architecture*』

퍼거슨은 지붕의 곡선이 '불합리'하고, 지붕 위에 줄지어 서 있는 사람과 동물 모양의 잡상은 그저 '장난'이라고 말합니다. 옛사람들이 서정적으로 묘사하던 '처마 끝에서 땡그랑 땡그랑 울리는 철마鐵馬 풍경 소리'가 그에게는 어린아이들이 걸어놓은 장난감마냥 천진난만하기는 하지만 성숙하지 못한 것으로 보였습니다.

중국 건축과 계통을 같이하는 일본 건축에 대한 퍼거슨의 평가는 더 가혹했습니다. "일본의 건축은 저급하고 불합리한 중국 건축의 찌꺼기를 받아들인 것에 불과하기 때문에 더 논할 필요가 없다." 서양인이

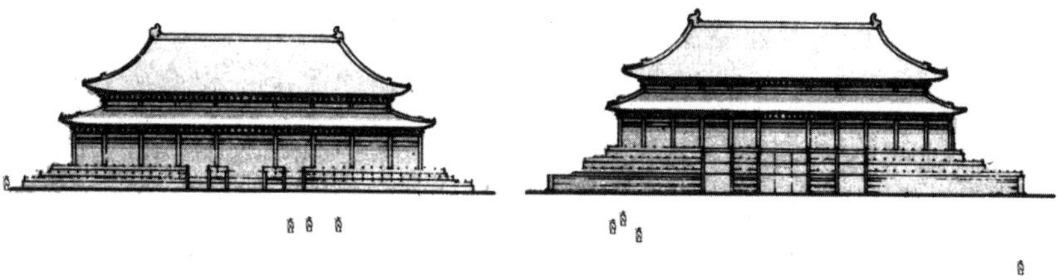

남긴 이런 언짢은 비평은 또 있습니다. 같은 영국인인 바니스터 플래처 Banister Fletcher, 1866-1953는 『건축의 역사*A History of Architecture*』에서 "중국 건축은 천편일률적이고 변화와 발전이 전혀 없다. 그것은 하나의 기술일 뿐 예술로 볼 수 없다. 그나마 탑만이 비교적 흥미로운 건축이다"라고 썼습니다.

독일인인 오스카 뮌스터베르크Oskar Münsterberg, 1865-1920는 중국 건축에 관한 책인 『중국미술사*Chinesische Kunstgeschichte*』에서 다음과 같이 썼습니다. "탑은 중국 고유의 것이 아니고 인도에서 전래된 것이기 때문에 중국의 천편일률적인 건축들과는 달리 변화가 풍부하다. 그래서 중국의 탑과 전각은 서로 조화롭게 서 있을 수 없다. 유럽에서는 고대 교회당과 종탑이 서로 독립되어 있으면서도 하나로 융합되지만 중국의 불당과 불탑은 영원히 융합될 수 없는데, 그 이유가 하나는 중국계이고 다른 하나는 인도계이기 때문이다." 이토 추타伊東忠太, 『중국건축사中國建築史』

매혹적인 지붕

"(일본은) 당나라에서 사용하는 황제의 색을 감히 사용할 수 없었기 때문에 스스로 낮추어 동궁東宮의 색을 사용했다." 이토 추타는 『중국건축사』에서 이렇게 썼습니다. 일본에서 '당식唐式' 건축이라 부른 것은 당나라 건축의 소박한 부분을 따른 경우를 가리킵니다. 그 이유는 19세기 중기 메이지유신 이전에 일본이 그다지 부유하지 않았기 때문이기도 합니다. 당나라 황실에서 사용하던 화려한 색을 피하여 일본이 만들어낸 어슴푸레한 잿빛 지붕의 사찰과 다실 건축들은 이후 상황 변화에 따라 갑자기 화려해지기도 해서 원래의 담박함과는 또 다른 나름의 맛을 지니게 되었지요.

더 이상 '아이들의 장난'으로만 치부할 수 없는 중국의 지붕을 두고서 이제는 찬미의 소리가 들려옵니다.

날개를 펼친 듯한 큰 지붕은 보기에 참으로 아름답습니다. 진정 '아름다운 면류관'입니다. 풍경 소리 역시 땡그랑 땡그랑 참으로 편안하게 울립니다. (오른쪽 그림을 보세요.)

진정 더 중요한 것은 다른 소리들입니다. (중국뿐 아니라 외국의 건축학 논문에서도 매혹적인 중국의 지붕을 다루곤 합니다.)

굽이굽이 파도 치는 지붕

묵은 앙금은 풀기도 힘든 법입니다. 18세기 유럽에서는 중국풍 도자기와 자수가 유행했고 쑤저우蘇州의 원림園林은 영국에서 픽처레스크식 정원pictorial garden 열풍을 일으키기도 했습니다. 19세기의 동양과 서양은 그렇게 정과 원한에 얽히고설키었고, 20세기에 들어서야 다시금 화해했습니다.

시절이 바뀌고 또 바뀌어도 지붕은 옛 모습 그대로 굽이굽이 온 땅에 있습니다.

> "과거에 중국은 건축을 하나의 독립된 학문으로 보지 않았기 때문에, 중국에서 전해 내려오는 고대 문헌이 수없이 많음에도 건축을 주제로 한 전문 서적은 거의 없다. 현존하는 15세기 이전의 건축은 손꼽아 셀 수 있을 정도만 남아 있고, 그중 가장 오래된 목조건축도 불과 당唐 782년에 만들어진 산시성山西省 오대산의 남선사 대전과 857년에 만들어진 불광사 동대전이 있을 뿐이다."
>
> 리윈허(李允鉌, 1930-1989), 『화하의장華夏意匠: 중국 고전건축의 원리』, 제1장 기본문제의 토론

"발돋움하여 날개를 편 듯하고, 활이나 창과도 같으며, 새가 날개를 활짝 편 것과 같고, 훨훨 날아가는 듯하니, 군자가 오를 바로다."《시경詩經》 소아小雅·사간斯干 편 덕 있는 사람은 기거하는 집이 자신과 같이 바르게 서고 화살처럼 곧게 뻗으며, 처마지붕은 마치 새가 날개를 활짝 펴고 훨훨 날아가는 것과 같기를 바랐습니다.

군자인 공자의 집 역시 이런 모습이었을 겁니다. 그렇지 않았다면 《시경》에서 읊은 이 노래는 한때 불리다가 사라진 수많은 다른 노래들처럼 민간에서 사라져버렸을 것이기 때문입니다. 그리고 이 노래가 그렇게 사라져버렸다면 일찍이 지붕이 춘추 시대의 하늘에도 매력적인 곡선을 만들었다는 사실을 오늘날 우리가 알 수 없었겠지요.

물론 추측일 뿐이지만, 학자들은 지붕이 왜 곡선이 되었는지를 다음과 같이 가늠합니다.

★★★★★	철저하게 기능적 측면에서. 고대에는 방수제가 발달하지 못했기 때문에 누수 방지의 필요에 따라 지붕면의 각도가 위로 올라갈수록 커졌다.
★★★★★	물리적으로 볼 때, 직선이 중력을 받아 오목하게 곡선을 이루는 것은 자연스러운 현상이다. 과거에는 대나무를 사용하여 지붕과 서까래를 만들었는데, 오랫동안 중력을 받아 처지면서 곡선이 되었고, 이것이 점차 일종의 독특한 심미적 관념을 이루었다.
★★★★	서로 다른 경사도의 지붕과 서로 다른 등급의 지붕이 합쳐져서 만들어진 결과이다.
★★★	구조의 측면에서. 처마를 더욱 깊게 내기 위해 지붕면의 끝을 지탱하는 곳에 부재들을 중첩시켜 그 높이를 높였고, 그러다 보니 네 모서리가 위로 치켜세워졌다.
★★	원시 시대의 기억이다. 유목생활에서 사용하던 천막의 곡선이 흔적으로 남은 것이다.
★	히말라야 삼나무와 같은 나무의 형태를 모방한 것이다.
★	우연히 선택된 것으로서 단지 아름다움을 위해 그렇게 했다.

(★표는 유행의 정도임)

마침내 근거를 찾다

"위가 높고 아래가 낮으면 물을 빠르고 멀리 뿜어 흘려보낸다."

《주례·고공기周禮·考工記》 윤인輪人 편

덮개의 위쪽 물매가 가파르고 처마 쪽 물매가 완만하면 빗물이 더 빠르게 더 멀리 떨어지도록 할 수 있는데, 이것이 바로 지붕의 모습과 비슷합니다. 그러나 전국 시대에 쓰인 《주례·고공기》에서 이야기하는 것은 마차의 덮개지붕이지 집의 지붕이 아닙니다. 다만 집의 지붕을 직접 언급한 문구가 없기 때문에, 마차 지붕이라 하더라도 그나마 근거를 찾았다 할 수 있겠지요.

역학의 측면에서, 지붕의 오목한 물매는 그 위에 놓이는 기와가 더 착 달라붙게 합니다. 그리고 처마를 깊게 내서 목부재를 보호할 수도 있고, 건물이 놓인 땅이 빗물에 침식되는 것을 막을 수도 있습니다. 하지만 실제로 실험을 해보면 지붕의 오목한 물매가 반드시 빗물을 멀리

떨어지도록 하지는 않습니다. 대단히 많은 비가 오지 않는 이상, '물을 멀리 뿜는다'란 설명은 그다지 믿을 만하지 않지요.

> "건축은 실질적 필요에서 시작되고 자연환경 속에서 물리적 제약을 받는다. 건축은 처음부터 일부러 형식을 고안해내지 않으며 소위 말하는 파派의 구별은 더더욱 없다. 구조의 계통이나 형식의 구별은 그 재료와 환경에 의해 만들어지는 것이다."
>
> 량쓰청(梁思成), 『량쓰청전집梁思成全集』, 제3권 중국건축사

어쩌면 다음과 같은 시각에서 지붕을 볼 수도 있을 것입니다.

그림에 보이듯이 중국의 지붕은 구조를 이루는 부재가 비교적 짧습니다. 그래서 자재 수급이 쉽고 사전에 제작하여 조립하면 신속하게 집을 세울 수 있습니다. 지붕 구조가 벽체 위에 놓이면 벽체를 바깥쪽으로 밀어내는 힘이 생기지요. 그래서 직선으로 이루어진 삼각형의 지붕이 서양 건축에서와 같이 견고한 석조 내력벽 위에 놓이면 문제가 없지만, 수직으로 서 있는 나무기둥 위에 단번에 놓이면 바깥쪽으로 밀어내는 힘을 버티기가 어렵습니다. 또 직선으로 지붕 경사면을 만들면 자재가 과하게 많이 든다는 문제도 발생하고 경사면의 길이도 제한됩니다.

그래서 일반적인 크기를 넘어서는 대형 지붕에서 직선의 지붕면을 고수한다면, 목재의 길이와 중량에서 많은 한계에 부딪히게 됩니다. 안정적으로

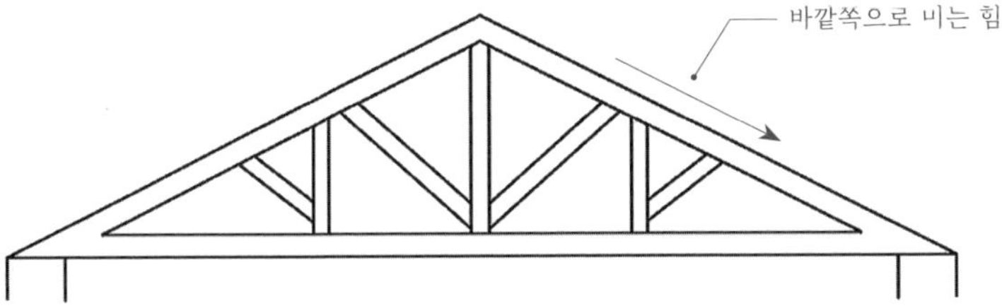

직선으로 이루어진 서양의 삼각지붕 구조

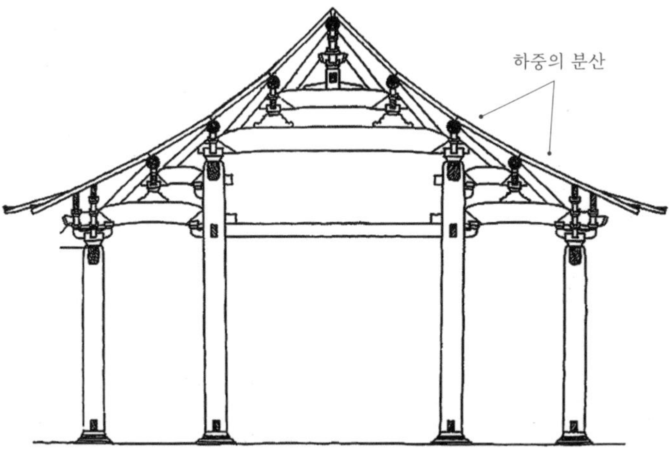

곡선으로 이루어진 중국의 전통 지붕 구조

대형 지붕을 만드는 데는 하중을 분산하면서 한걸음씩 점차 상승하거나 하강하는 구조가 가장 합리적입니다.

그렇게 해서 지붕이 새처럼 날개를 활짝 펼치게 된 것이지요. 그 밖의 원인에 대해서는 앞으로 새로운 발견과 더 풍부한 상상력을 기다리는 수밖에 없겠습니다.

거절擧折과 거가擧架

송나라 때 조정에서 편찬한《영조법식》에서는 지붕의 물매를 한걸음씩 점차 높이는 기법을 '거절'이라 하였고, 청나라 때 공부工部에서 편찬한《영조칙례營造則例》에서는 '거가'라 불렀습니다. 아래 그림은《영조법식》의 예입니다.•

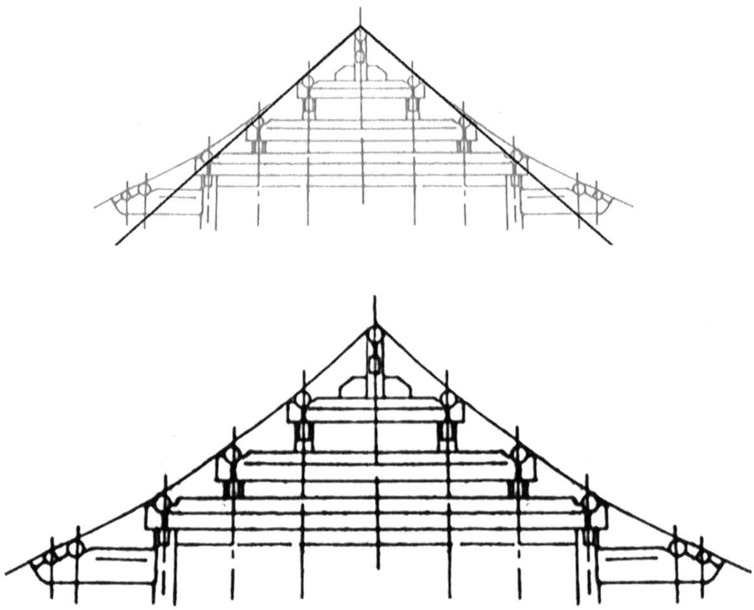

• 원문에서는 '영조칙례'로 적고 있으나 '거가' 기법은 청대 공부에서 편찬한《공정주법칙례工程做法則例》에 나와 있다. 또 원문에서는 위의 도판을 송나라《영조법식》의 예라고 제시했으나 이 도판은 청나라식 기법이다.

추산推山

격이 가장 높은 전각인 우진각 지붕을 만들 때 사용하는 '추산'이라는 기법이 있습니다. 지붕의 용마루가 더 길어지도록 용마루의 양 끝단을 바깥으로 미는 것으로서推, 이렇게 하면 지붕면이 굴곡지고 치켜 올라가게 되어 더욱 멋스러워집니다. 건물의 격이 높다는 건 그만큼 난이도가 높은 기술을 사용하여 아름답게 보이도록 미세하게 조절할 여유가 있다는 뜻입니다.

곡선으로 치켜 올라간 모습은 거대하고 무거운 지붕을 시각적으로 가볍고 경쾌하게 보이게 만듭니다. 그렇게 해서 무거운 지붕으로도 활력 있는 스카이 라인sky line•을 자아내는 것이지요.

• 하늘을 배경으로 지붕선이 만드는 윤곽선

옛 건축에서 보이는 시각 심리와 미적 효과에 대해서는 '장식裝飾' 부분에서 더 자세히 이야기하겠습니다. 커다란 지붕은 예술 작품이 아니지만 유달리 농후한 예술성을 보입니다.

가운데가 오목하게 살짝 들어가고 네 모서리가 치켜 올라간 이런 지붕은 햇빛을 오랫동안 실내로 들어오게 해서 공기가 더 잘 흐르도록 하는 실질적인 역할도 합니다.

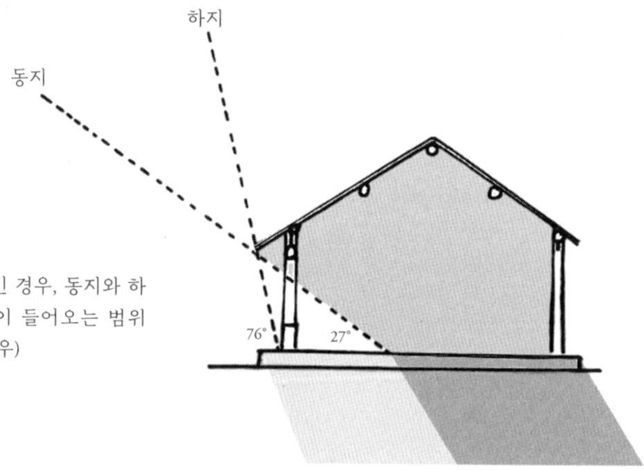

직선 지붕인 경우, 동지와 하지에 햇빛이 들어오는 범위 (북방의 경우)

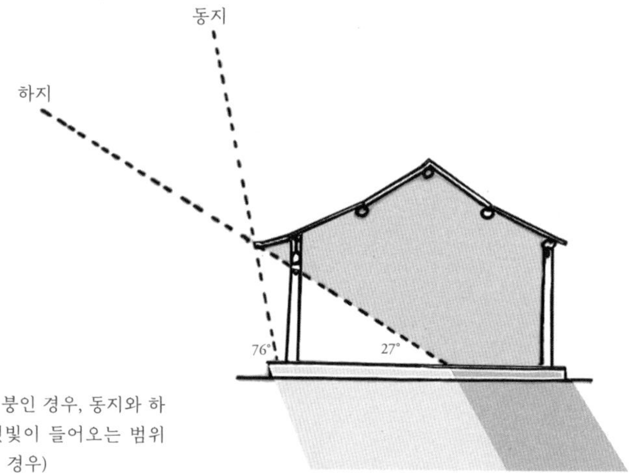

곡선 지붕인 경우, 동지와 하지에 햇빛이 들어오는 범위 (북방의 경우)

가장 두려운 것은 예禮를 잃는 것

지붕은 중국 전통 건축에서 압도적인 위치를 차지합니다. 격이 높은 전각일수록 지붕이 더 크고, 지붕이 클수록 더욱 화려하지요. 아무렇게나 지은 집은 법에도 어긋날 뿐 아니라 대단히 무례한 것이기도 합니다.

예禮는 기원전 10세기 주나라 때에 만들어지기 시작한 제례祭禮와 군신을 위한 의식입니다. 유가儒家의 공자孔子, BC 6세기는 위의 제왕에서부터 아래의 서민에 이르기까지 모든 사람의 신분을 정하고, 각 신분에 따라 정해진 예를 지키며 분수에 넘치는 행동을 하지 않도록 하여 안정적인 예치禮治 사회를 이룰 것을 주장했습니다.

《순자荀子》 수신修身 편에서 "고로 사람이 예가 없으면 산 것이 아니고, 일에 예가 없으면 이루지 못하며, 나라에 예가 없으면 평안하지 못하다"라고 말한 것과 같이, 옛사람들에게 '예'는 절대로 없어서는 안 되는 것이었습니다.

예란 기본적으로 두 사람이 서로를 대하는 태도에서 시작하여 많은 사람들이 공존하는 방법으로 넓어지고, 더 나아가 사람과 대자연으로까지 확대되는 질서관입니다. 윤리적으로는 서로 존중하는 '예의禮儀'에 해당하고, 정치적으로는 신분에 따라 서로 다르게 제정된 규정으로서 매우 강력한 제약과 통치력을 가지지요. 이런 예의 개념은 건축물의 형식에서도 뚜렷이 표현됩니다.

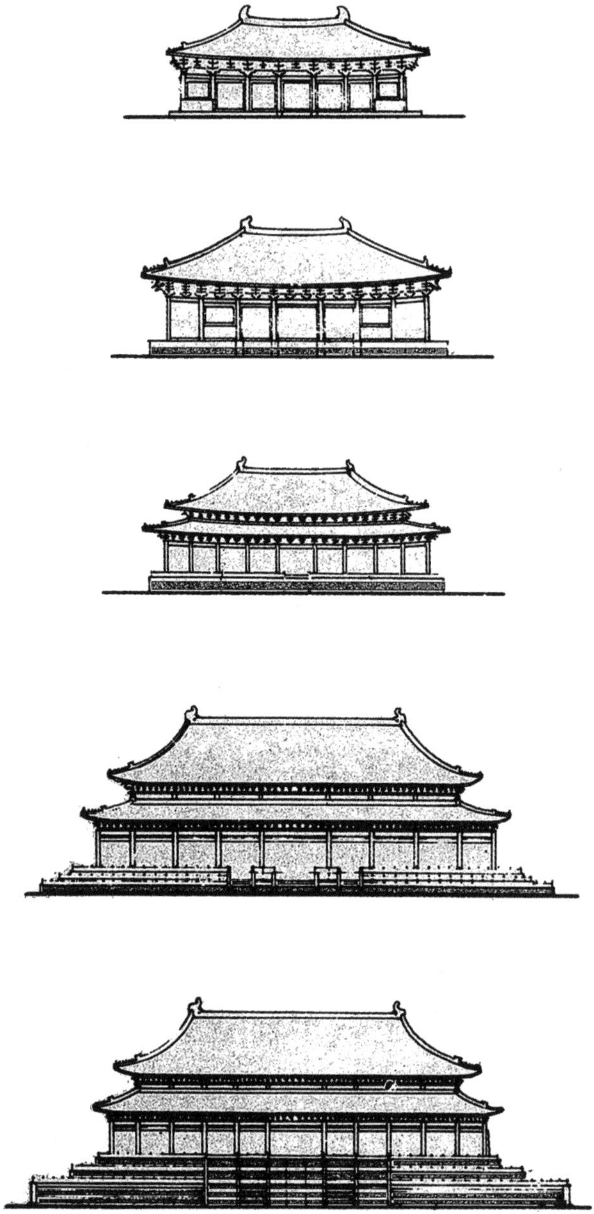

(위에서 아래로) 당, 송, 원, 명, 청의 건축 형식

지붕의 형식

가장 존귀한 우진각 지붕

우진각 지붕은 다섯 개의 지붕마루로 이루어지기 때문에 오척전五脊殿이라고도 합니다. 지붕이 한 층으로 된 단층 처마도 있고 두 층 이상으로 된 중층 처마도 있는데, 우진각 지붕은 궁전과 황실의 능묘 또는 황실의 허락을 받은 곳에서만 사용할 수 있었습니다. 격이 가장 높은 건축에 사용하는 지붕 형식이라고 해서 반드시 그 구조가 가장 복잡한 것은 아닙니다. 궁전에서도 황제가 거하는 중요한 건물에 전문적으로 사용되었습니다. 우진각 지붕은 조형미에 있어 치우치지 않고 올바르며 기개 있어 보이는 것을 중시합니다.

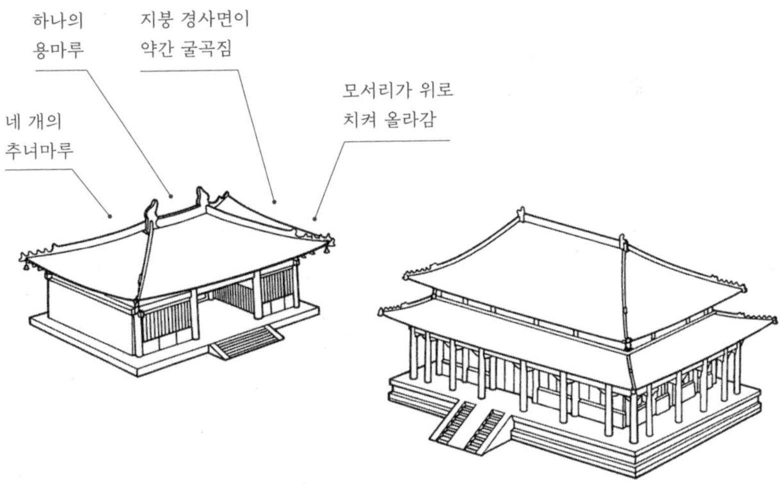

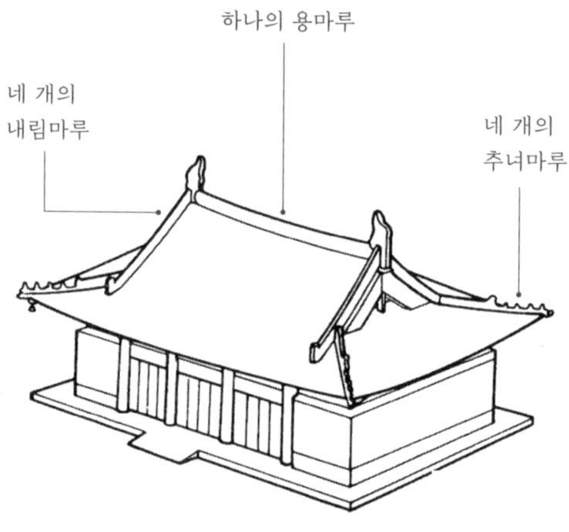

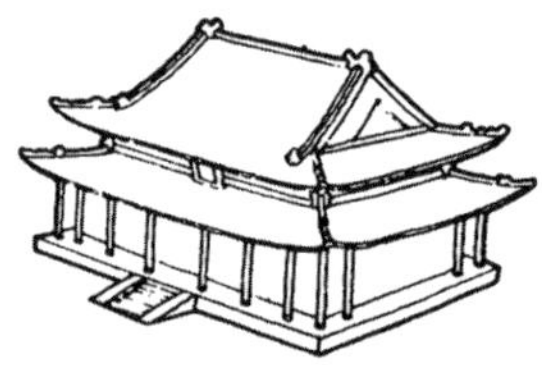

격조 있는 팔작 지붕

팔작 지붕은 아홉 개의 지붕마루로 이루어지기 때문에 구척전九脊殿이라고도 합니다. 고관 귀족의 저택과 중요한 건축물에 많이 사용되었습니다. 팔작 지붕의 구조는 우진각 지붕보다 훨씬 더 복잡하지만 서열은 오히려 우진각보다 낮습니다. 고대 그리스 건축에서 도리아식 기둥이 이오니아식 기둥보다 모양은 단순하지만 기개가 있어 더 중요한 기둥 양식이 된 것과 같은 이치입니다.

민간의 지붕

맞배 지붕

'인人'자 혹은 '금金'자 모양의 지붕으로, 측면에서 지붕면이 기둥의 바깥쪽으로 돌출되어 있습니다. 용마루에 꽃무늬나 잡상으로 장식하기도 합니다. 측면에는 박풍판을 달아서 비바람을 막기도 하고 혹은 현어懸魚 장식을 달아서 층을 더해주기도 합니다.

경산硬山 지붕

일반 백성의 집에서 많이 사용하는 소박한 지붕 형식입니다. 경산 지붕은 14세기 명대 이후에 유행했습니다. 명나라 때 벽돌 제작이 보편화되어 외벽을 벽돌로 쌓게 되자 빗물로부터 목부재를 보호하려고 만들었던 깊은 처마가 점차 필요하지 않게 되었습니다. 경산 지붕은 벽돌벽이 흙벽을 대체하여 지붕 처마의 방수 역할에 큰 변화가 일어나면서 등장한 '대량 생산'된 지붕 형식입니다. 근대의 공공 주택 양식과 비슷한 것으로 외관이 비교적 단순하고 소박합니다.

권붕卷棚 지붕

비교적 자유로운 형식의 지붕이며, 보통 기와로 지붕을 덮습니다.

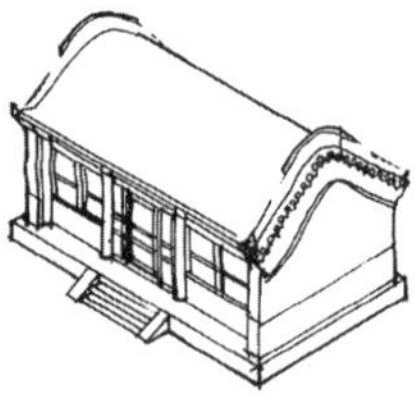

경산식 권붕 지붕

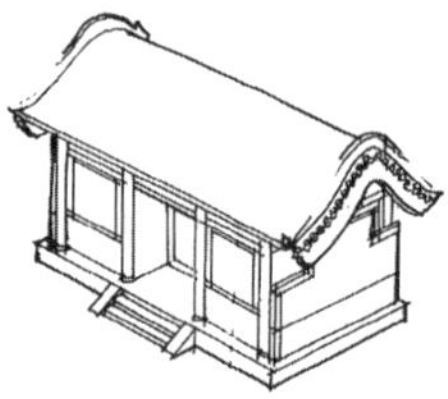

맞배식 권붕 지붕

화원의 풍경을 돋보이게 하는 데 자주 사용되는 권붕 지붕

지붕을 설명하는 데 탑도 빼놓을 수 없겠죠.

우이한 모임 지붕

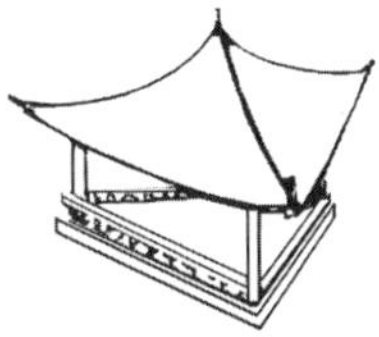

삼각 모임 지붕

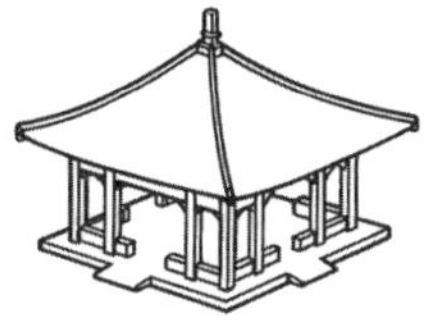

사각 모임 지붕

원형 모임 지붕

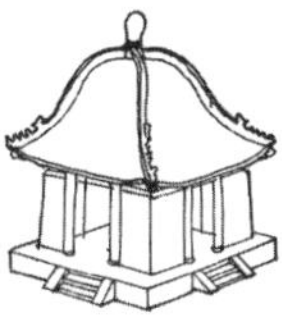

투구형 모임 지붕
(회정盔頂)

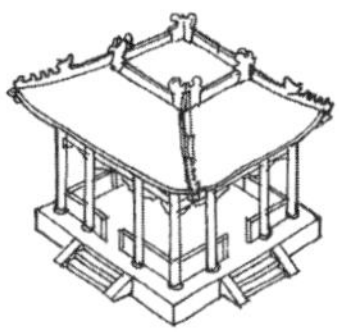

모임 지붕의 꼭대기를
잘라서 만든 지붕
(녹정盝頂)

기타 소수민족의 지붕

초가지붕

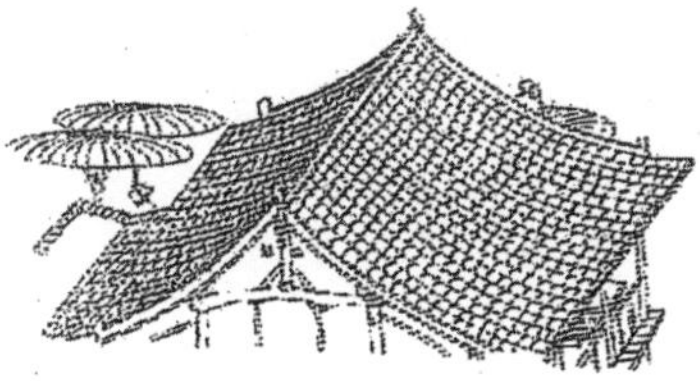

옛 그림 속에 보이는 지붕 형식

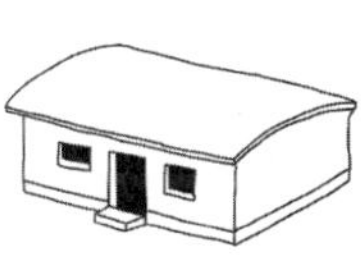

욱은 지붕(돈정囤頂)

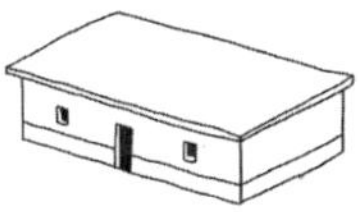

평지붕

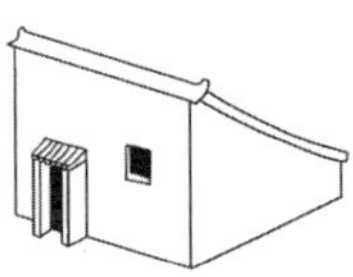

단일 경사 지붕

지붕마루

지붕에서 두 개의 경사면이 만나는 곳은 빗물이 새기 가장 쉬운 부분입니다. 이 부분을 벽돌과 기와로 완전히 밀봉하여 만든 것이 지붕마루입니다. 지붕의 여러 형식은 지붕마루의 처리 방법에 따라 결정됩니다. 현대 건축 설계에서 말하는 "형식은 기능을 따른다Form follows Function" 라는 명제와 완전히 일치하는 것이지요.

우진각 지붕에는 다섯 개의 지붕마루가 있고, 팔작 지붕에는 아홉 개의 지붕마루가 있다.

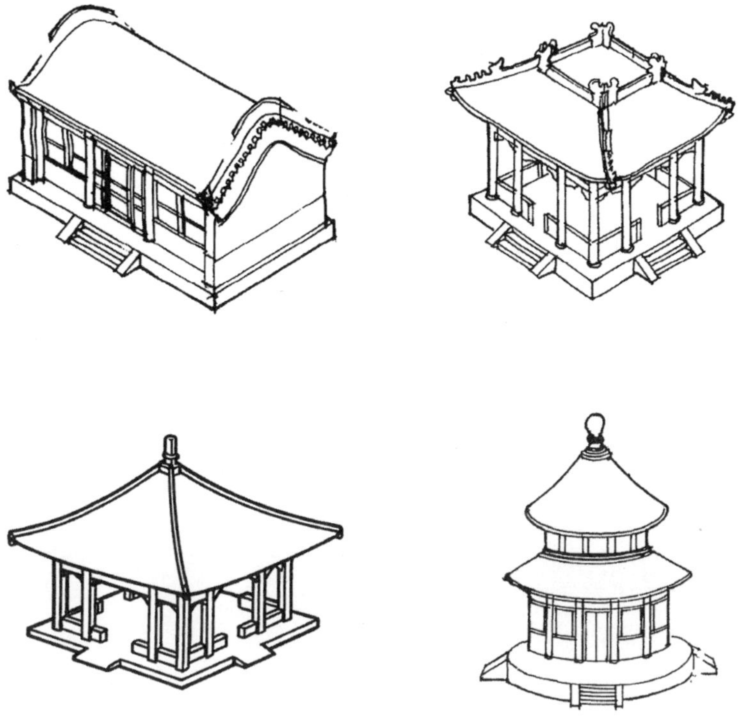

지붕마루를 바깥쪽으로 조금 밀어서 더 길게 하는 것이 독특한 '추산(推山)' 기법이다. 지붕마루를 없애면 '권붕(卷棚) 지붕'이 되며, 지붕마루들을 한점으로 모으면 '원형 모임 지붕'이 된다.

베이징 자금성의 각루(角樓). 두 개의 중첨(重檐) 팔작 지붕을 붙여서 28개의 처마 모서리와 72개의 지붕마루를 만든 복잡한 구조이다. 윈난성(雲南省) 징훙(景洪) 지역에는 소수민족인 태족(泰族)이 만든 불교사원인 경진사(景真寺)가 있다. 이곳에서는 10개의 지붕을 중첩시켜 하나로 만들고 80개의 합각면과 240개의 지붕마루를 갖추었는데, 이로써 단순한 구조물은 예술적 가치가 있는 조형물이 되었다.

지붕 위의 전시

지붕에서 '모임점'은 매우 중요합니다. 거대한 지붕 경사면상에 줄줄이 놓여 있는 수키와는 못으로 단단히 박아서 흘러내리지 않도록 하고, 그 못에는 물이 새지 않도록 모자를 씌웠습니다. 못에 씌웠던 그 모자들이 지붕마루 위에 있는 잡상 장식이 되었습니다.

두 개의 경사면이 서로 만나 이루는 선이 지붕마루다. 지붕마루의 모임점은 지붕 구조상 가장 취약한 부분이어서 보강과 방수 작업이 무엇보다 중요하다. 바로 이 지점을 '취두鷲頭'가 힘껏 물고 있는 것이다. 처마마루를 덮는 수키와가 아래쪽으로 밀려 내려가지 않는 것은 신선과 잡상의 한 무리가 그 위에 든든하게 '앉아 있기' 때문이다.

신선과 잡상

격이 가장 높은 건축의 지붕마루 위에는 아홉 개의 장식을 올립니다. 그것은 용, 봉황, 사자, 해마, 천마, 압어狎魚, 별鱉이라고도 함, 산예狻猊, 피두披頭라고도 함, 해치獬豸 그리고 투우鬥牛입니다. 줄의 맨 앞에는 신선神仙을 두어 무리를 이끌도록 했습니다. 베이징 자금성에서 가장 중요한 건축인 태화전은 그 지위가 매우 특수하기 때문에, 맨 뒤에 열 번째 장식으로 행십行什을 더해서 격이 높은 건축 중에서도 가장 중요한 건축임을 드러냈습니다.

잡상 중에서 '용龍'은 사실 용의 아들 중 하나로 그 이름이 '조풍嘲風'입니다. 조풍은 모험을 즐기는 성격이어서 높은 곳에 우뚝 서서 사방을 둘러보며 바람 맞는 것을 좋아합니다. 조풍은 용마루 양 끝단에 있는 취두인 치鴟선생 그리고 사래의 끝을 덮고 있는 토수인 치鴟부인과 한 가족입니다. 한 집안의 걸출한 세 인물이 지붕의 위아래 각 부분에서 자리를 맡아 지키고 있는 셈이죠. 그리고 수키와를 고정시키는 못에 덧씌운 모자는 신선과 잡상이 되었습니다.

중원문화는 춘추전국 시대 이후부터 남쪽으로 양쯔강을 건너고 종남산終南山을 넘었습니다.

북방의 중후하고 함축성 있는 이런 '고전' 장식이 천자가 있는 북방에서부터 풍경이 아름다운 남방으로 전해지자, 장식은 남방의 선명한 계절 및 식물과 어우러져서 시끌벅적한 리듬을 만들어냈습니다.

벽돌을 조각하는 것은 송대에 시작되었는데, 청대의 장인들은 이를 '흑활黑活'『중국 고대건축 기술발전사』 참조이라 불렀습니다. 이는 신분에 따른 등급제의 제약을 받지 않는 장식이라는 뜻인데, 그렇기에 민간에서 많은

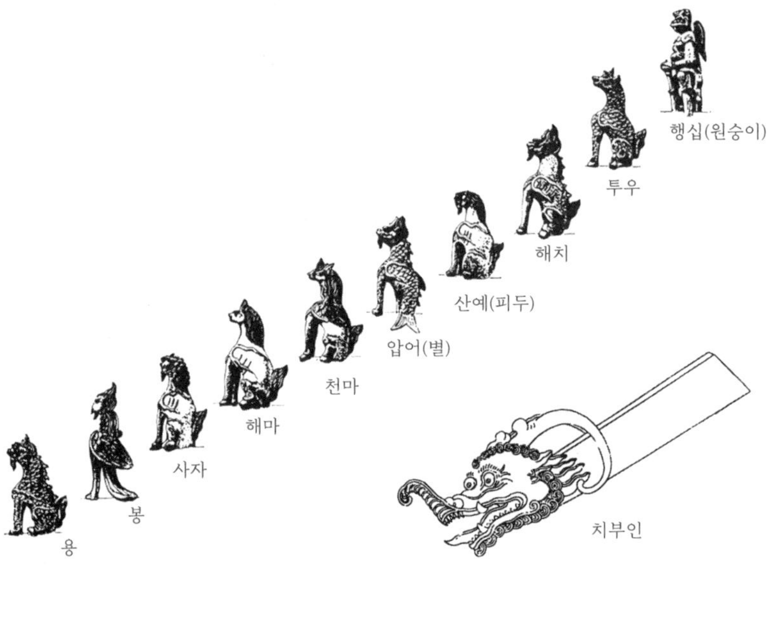

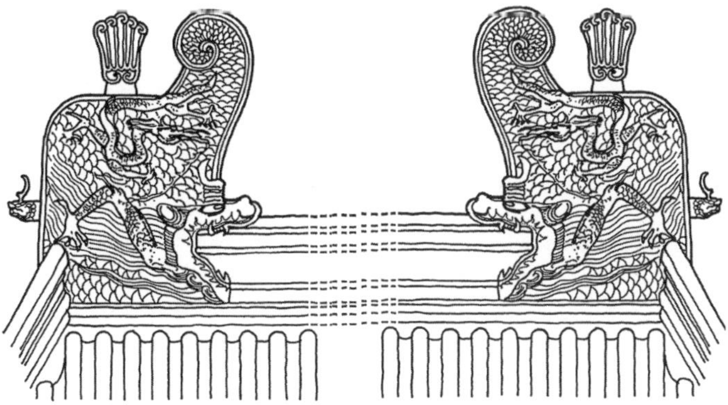

명대 영락 18년(1420)에 창건된 베이징 자금성 태화전의 치문(鴟吻)은
높이 3미터에 무게는 무려 4톤에 이른다.

광저우 진씨 사당의 지붕마루 장식

"푸젠성, 광둥성, 장시성, 구이저우성, 윈난성과 저장성이 있는 중국 남부 지방은 북으로 남령南嶺산맥을 두고 동으로는 바다에 면하여 있다. 이 지역은 자원이 풍부하고 토지가 비옥하며 산에는 울창한 수림이 있고 땅에는 무수한 강과 하천이 흐른다. 남부 지방은 중부 지방과 비교하여 풍속이 쾌활하고 진취적이며, 건축은 진기하고 늠름한 정신이 가득하다."

이토 추타(伊東忠太),
『중국건축사中國建築史』 총론

환영을 받았습니다. 생기발랄한 남방의 풍속은 이러한 장식 벽돌에서 아낌없이 발휘되었습니다.

양쯔강 이남에 사는 사람들은 "황제의 힘이 어찌 나에게까지 미치겠는가"하고 생각했습니다. 그래서인지 강남 건축은 청기와와 흰 벽으로 이루어져 생동하는 듯하며, 지붕 전체를 무대로 삼고 그 위에서 시끌벅적한 희극 한 판을 공연하듯 화려한 조각상을 얹은 모습도 볼 수 있습니다.

거센 바람과 쏟아지는 비를 막기 위해 벽돌을 구워서 벽체를 만들기도 하지만, 남방에서는 열정적으로 무거운 장식 벽돌을 지붕 위에까지 올리곤 했습니다.

광저우廣州에 있는 진씨 사당陳家祠은 진씨 가문을 위한 동향同鄉 회관이기도 한데, 그런 마음이 지붕마루 위에 한껏 표현되었습니다.

기와

기와는 늦어도 기원전 11세기에 생겨난 것으로 생각됩니다. 현존하는 가장 오래된 기와는 기원전 8세기 주나라 때의 와당입니다. "진나라의 벽돌과 한나라의 기와秦磚漢瓦"라는 말이 있듯이, 한나라 때의 와당에는 작은 원형 안에 길상한 문양과 문자가 매우 정교하고 아름답게 새겨져

있습니다. 마치 잘 디자인된 도장 같은 이 와당에는 중국 고대 건축에서 '평면 디자인'을 맡은 부재라는 말을 붙여도 지나치지 않습니다. 한나라의 와당 위에 적힌 문자 중에서 가장 긴 것은 12자나 됩니다"維天降靈延元萬年天下康寧", "天地相方與民世世永安中正". 어떤 기와의 뒷면에는 기와를 훔치는 자는 죽는다는 엄중한 경고가 새겨져 있기도 해서, 당시 기와가 얼마나 진귀한 것이었는지를 가늠하게 합니다.

암키와와 수키와의 다양한 배열은 여러 가지 시각적 인상을 전달합니다. 와당의 꽃무늬와 문자 장식은 도장의 도안과 평면 디자인이 하나로 합쳐진 작품이라고 할 수 있습니다.

〈청명상하도清明上河圖〉에 담긴 송나라 건물의 지붕 경사도를 살펴볼까요. 가장 경사진 것에서 '수직 높이 : 수평 거리'의 비율은 1 : 1.5이고, 가장 완만한 것은 1 : 2 정도입니다. 송나라 이후 도시가 변화하고 건축 기술이 발전하면서 높이 솟은 지붕은 빗물을 방지한다는 원래의 역할을 넘어, 경쟁적으로 크고 화려하게 만들어서 장식하는 부분이 되었습니다. 그리고 송대에는 화려한 유리와琉璃瓦가 대량 생산되었고 지붕면에도 장식성 기와 부재가 나날이 풍부해졌습니다.

지붕 위의 조소상들이 꾸미는 입체적인 전시회 그리고 처마 아래에 들보와 공포에 칠한 단청이 자아내는 화려한 화랑畫廊은 사람들의 눈길을 사로잡는 눈부신 효과를 만들어냈습니다.

독립된 지붕

치켜 올라간 처마 끝에 빗물이 걸려 있고, 제비가 비를 피해 처마 아래로 짝지어 날아듭니다. "주렴 밖의 늦추위도 지겹지 않고, 홍루의 깊은 곳까지 비스듬히 스며드는구나." 이는 중국 건축에서 무척 흔한 서정적인 장면입니다. 중국 건축의 지붕은 진정 아름답습니다. 하도 아름다워서 지붕만 독립적으로 감상할 수도 있는데, 그렇게 독립된 지붕을 '정자亭'라 부릅니다.

위로 날개를 펴고 나는 듯하니, 여기 정자가 있어 날아가는구나!

정亭은 원래 고대에 지방 행정기구의 하나였습니다.

> "대략 10리마다 하나의 정亭을 두고, 정에는 정장亭長을 둔다."
>
> 《한서漢書》 백관공경표百官公卿表 상上

"고조高祖는 사수정泗水亭의 정장이었다."

《사기史記》 고조본기高祖本紀

"이후에 정亭은 길옆이나 정원 혹은 풍경이 아름다운 곳에 세워져 여행객이 휴식을 취하거나 풍경을 감상하는 소형 건축으로 변하였다. 평면은 일반적으로 원형이나 방형 혹은 다각형이고, 대부분 지붕은 있으나 벽이 없다. 난간이 있는 정자형 건축은 '정헌亭軒'이라 한다."

『한어대사전』

기이한 혼란

정자는 경관을 감상하기 위해 설치하기도 하지만, 정자 자체가 경관을 돋보이게 하는 건축이 되기도 합니다. 중국어에서는 늘씬하게 높이 솟은 모습을 정자에 비유하여 '정정하다亭亭-'라고 표현합니다. 문학가가 늘씬하고 아리따운 소녀의 자태를 '정정하고 옥처럼 서 있다亭亭玉立'고 형용하기도 하니, 정자에 감상의 의미가 있음을 알 수 있겠지요.

옛날에는 정자가 이별의 장소로 자주 쓰였는데, 이별이 아쉬워서 10리만큼 긴 정자를 바라던 옛 시에는 감정이 오래 이어지기를 소망하는 마음이 담겼을 것입니다. 실제로 정자를 길게 늘어뜨리면 바로 '랑廊'이 됩니다. 이것은 중국 건축에서 보이는 실로 묘한 공식인데, 그렇게 계산해보면 대부분의 중국 건축이 기이한 혼란에 빠집니다.

잠시 살펴봅시다. 벽체로 막은 몸체 없는 건물을 '정亭'이라 하지만, 몸체가 있다고 해서 정자가 반드시 '집'이 되는 것은 아니며 여전히 '정' 혹은 '정자'라 합니다. 정자는 경관을 감상하고 휴식하기 위한 것이기 때문에 외관상 집처럼 보일지라도 정자라 하는 것입니다. 만약 사색하고 공부하는 곳으로 정자를 사용한다면, 가르침을 받고 책을 읽을 때 풍경에 마음 뺏기는 것을 피할 수 없겠지요. 그런 건축은 헌軒이나 재齋로 만듭니다. 이런 건축이 만약 물가에 있다면 사榭라고 부릅니다. 우물을 감싸고 만들었다면 당연히 '우물 정井'자가 되겠죠. 또 정자 모양의 건축에 창을 뚫어놓은 것은 정헌亭軒이라 합니다. 정자를 높은 곳에 지어서 건축의 기개가 드높다면 아기자기하고 섬세한 맛이 떨어지기 때문에 정자라 하지 않고 '각閣'이라 부릅니다.

이런 기이하고 재미있는 혼란을 통해 고대 중국에서 건축의 이름은 그 기능에 건설자의 의도를 더하여 만든 것임을 알게 됩니다. 이런 상황은 문을 이야기할 때 더 재미있어집니다.

명나라 때 훌륭한 정원 설계사였던 계성計成, 1582-1642?이 쓴《원야園冶》라는 작은 책이 있습니다. 일본에서 『탈천공奪天工』•이라는 이름으로 전수되기도 했지요. 이 책에선 여러 건물 유형의 이름에 대한 해석을 찾아볼 수 있습니다.

> "정亭은 머무름停이니, 여행을 하다가 잠시 머무르며 휴식을 취하는 곳이다."
>
> "사榭는 기댐藉이니, 경관에 기대었을 때 비로소 완성된다. 때로는 물가에 때로는 화단가에 두고, 구조는 정해진 것이 없어 형태에 따라 달라질 수 있다."
>
> "헌軒의 형식은 수레車 위에 얹은 집과 비슷하다. 헌헌軒軒하게 높이 들어 올린다는 뜻을 따라, 높고 트인 곳에 설치하여 전망이 좋도록 하는 것을 칭한다."
>
> "각閣은 우진각 지붕의 사방으로 네 개의 들창을 낸 것이다."
>
> "재齋는 기氣를 거두고 내면을 관조하여 사람으로 하여금 숙연히 삼가고 공경하게 한다는 의미이다. 대개 은밀한 곳에 숨듯이 놓이며 그 형식이 개방적이거나 눈에 띄는 것은 좋지 않다."

• 『탈천공: 중국 원림이론과 예술 및 영조 문집(奪天工: 中國園林理論藝術營造文集)』, 우자오자오(吴肇釗) 중국건축공업출판사, 1992년

《원야》는 작가가 정원을 만들면서 깨달은 것을 적은 글인데 '고상한 정취'가 가득하기 때문에 읽어볼 만합니다. 여러분도 옛 책에서 또 다른 건축의 이름과 그에 대한 해석을 찾아볼 수 있을 것입니다. 길고 긴 역사를 거치면서 같은 구조라 하더라도 시대마다 달리 부르고 다른 해석을 덧붙였기 때문이지요. 심지어 같은 시대에 하나의 구조를 서로 다르게 해석하기도 했습니다. 중국인이 긴 세월을 거치면서 살아왔기 때문에, 같은 사물에 대한 다른 이해 방식이 있는 것도 당연합니다.

문자 자체에서 그 뜻을 유추해볼 수도 있습니다. 정亭, 가家, 당堂을 볼까요. 일반적인 지붕인 경우에는 '亠'을 쓰고, 간단한 지붕은 '宀'으로 표현합니다. 글자에 '⺍'이 들어가 있으면 그 지붕 구조가 화려하여 일반적이지 않다는 의미입니다.

정亭, 가家, 당堂의 지붕이 실제 건물에서는 차이가 별로 없지만, 숨은 뜻에서는 차이가 있답니다.

건물의 몸체

엄밀히 말하면, 중국 건축의 몸체 부분에서 하중을 지탱하는 구조는 나무기둥밖에 없습니다. 그래서 몸체를 이야기하려면 나무기둥을 보아야 합니다. 그저 평범해 보이지만 각각의 기둥은 모두 다르게 가공되어 있습니다.

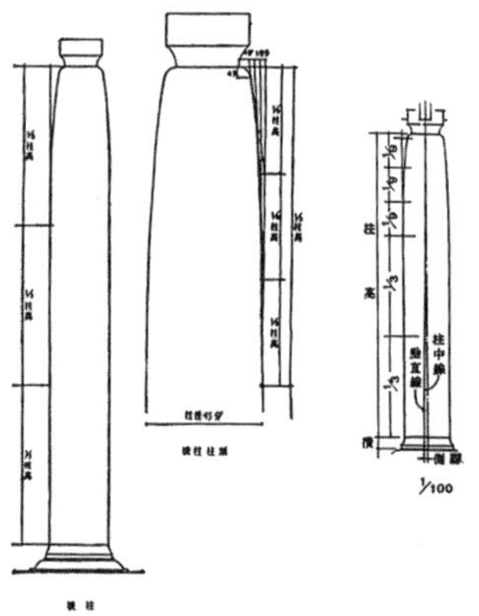

사주(梭柱)는 베틀에서 쓰는 북과 비슷한 보 모양의 기둥이다.

송대《영조법식》에서는 하나의 기둥을 삼등분하고 그중 윗부분에서 기둥 직경을 위로 갈수록 점차 좁게 하여 미묘한 곡선을 자아내라고 적고 있습니다. 이렇게 위를 약간 둥글게 가공하면 완전히 직선으로 된 나무기둥이 주는 경직된 느낌이 줄어들고, 나무가 원래 성장할 때와 비슷하게 안정적인 모습으로 보입니다.

어떤 경우에는 나무기둥에서 삼등분의 아랫부분도 아래로 갈수록 조금씩 기둥 직경을 줄여 가공하는데, 이렇게 하면 방직 베틀에서 날실의 틈으로 왔다 갔다 하면서 씨실을 푸는 기구인 '북'과 비슷한 모양이 됩니다. 이런 정교한 가공 방법을 '권쇄卷殺' 또는 '수분收分'이라고 합니다. 고대 그리스 신전의 돌기둥에서 보이는 엔타시스entasis가 이와 매우 비슷합니다. 이렇게 가공하면 기둥에 탄성이 있어 보이기 때문에, 무거운 하중을 시각적으로 가볍고 부드럽게 지면으로 전달하는 듯합니다.

전체 구조의 안정성을 위한 열주의 조절 기법

기둥과 관련된 건축 기법에는 기둥 자체를 배흘림으로 가공하는 기법 외에도, 기둥머리를 일부러 건물 안쪽 방향으로 조금 경사지게 세우거나(이것을 '안쏠림側脚'이라 합니다), 중간 기둥에서 바깥쪽 기둥으로 갈수록 기둥 높이를 조금씩 올리는 방식이 있습니다(이것은 '귀솟음生起'이라 합니다). 이런 방식은 지진이 오더라도 구조의 중심이 변함없이 내부로 향하여 안정적인 '사다리꼴' 구조가 되도록 합니다. 두 부재가 만나는 곳을 정교하게 끼워 맞추는 '맞춤과 이음' 또한 건축을 더욱 견고하게 만듭니다.

안쏠림

송나라 때는 집을 지을 때 바깥쪽에 둘린 외진기둥들 중에서 정면과 배면의 기둥들은 기둥 높이의 10/1000 길이만큼 기둥머리를 건물 안

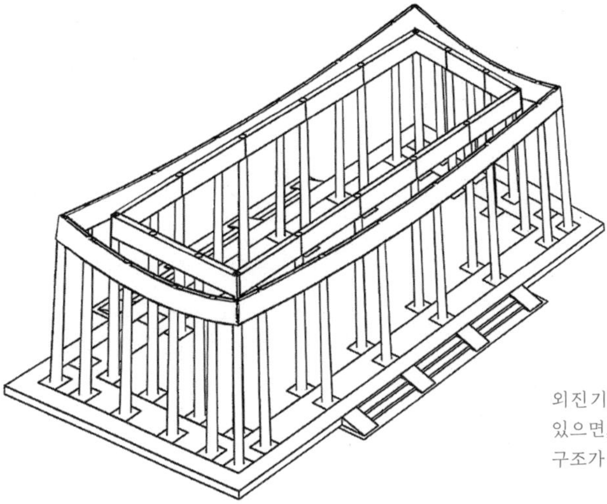

외진기둥이 안으로 경사져 있으면, 안정적인 '사다리꼴' 구조가 만들어진다.

쪽으로 기울어지게 하고, 양 측면의 기둥은 기둥 높이의 8/1000 길이만큼 안쪽으로 기울어지게 세웠습니다. 그리고 네 개의 귓기둥은 두 방향에서 안쪽으로 기울어지게 세웠습니다.

귀솟음

송나라와 요나라 건축의 외진기둥들은 정면에서 볼 때 중앙에 선 두 개의 기둥으로부터 양쪽으로 갈수록 점차 기둥 높이를 2촌寸씩 올리도록 했습니다. 이렇게 하면 양끝으로 갈수록 완만하게 올라가는 곡선이 만들어집니다.

미세하게 시각을 조절하면 기둥이 창이나 문짝들과 더욱 잘 맞물려 보인답니다.

권쇄, 안쏠림, 귀솟음과 같이 정교한 건축 기법들은 명청 시대로 갈수록 점차 사라집니다.

그 원인의 하나는 송나라 때에 이미 시작되었는데, 바로 당시의 '청당廳堂' 구조에서 찾아볼 수 있습니다. 청당 구조에서는 내진기둥과 외진기둥의 높이와 직경을 서로 다르게 했는데, 내외 기둥을 더 긴밀히 연

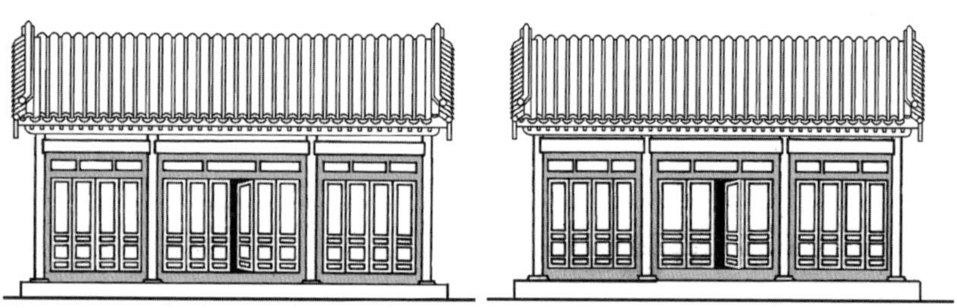

문짝이 6개인 정칸(왼쪽 그림), 문짝이 4개인 정칸(오른쪽 그림). 문짝의 개수는 한 칸의 폭에 따라 정한다. 반복되는 문짝들 사이에서 외진기둥들이 마치 사라진 것처럼 보인다.

고대 그리스 신전도 안쏠림과 배흘림 기법을 사용하여 시각적으로 미세하게 조절되었다(optical refinement). 중국의 경우와 비교해서 가장 크게 다른 점이라면, 중국 건축은 바깥쪽 기둥에 귀솟음을 주어 지붕선이 안쪽으로 오목하게 들어가는 곡선이 되게 한 점을 들 수 있다. 그리스 신전의 열주에선 중앙의 기둥이 바깥쪽 기둥보다 오히려 조금 높게 솟아 있어서 그 위에 올려진 무거운 삼각 벽체가 역학적, 시각적으로 균형을 이룬다.

결하는 방식을 통해 구조적 안정성을 강화하려 했던 것입니다. 그런 방식이 재료 역학이나 공간 처리에 있어서는 하나의 발전임에 틀림없으나, 그 결과 들보와 도리 등으로 이루어진 지붕 구조가 공포와 함께 이루어내던 지렛대 관계도 점차 사라지게 되었습니다.

또 다른 원인은 벽돌벽이 명나라 때에 점차 유행하면서, 목구조가 예전처럼 그렇게 복잡할 필요가 없어졌기 때문입니다. 그래서 구조보다는 장식에 더욱 신경을 쓰게 되었습니다.

건물의 몸체에는 대목大木에서 말하는 기둥 외에 벽체와 문창 그리고 기둥과 기둥 사이의 여러 장식도 포함됩니다. 이를 '소목小木'이라고 합니다.

중국 문화에서 벽과 문과 창은 그저 단순한 벽과 문과 창이 결코 아닙니다.

제10장

몸체를 다지다

성城, 벽墻, 관關, 문門 그리고 창窓을 이야기합니다.

벽墻과 성城

"장障은 막음이다. 벽壁은 피함이다. 원垣은 도움이다. 용墉은 담음이다."

《석명釋名》

"사람은 담을 쌓아서 악을 막는다."

《좌전左傳》

'폐악蔽惡'이란 담장 밖의 '악'이 들어오지 못하게 하고, 담장 안의 '악'이 밖으로 나가지 못하게 한다는 뜻입니다.

옛 문헌에 벽이 '하중을 지탱하는' 역할을 한다고 적은 것은 없습니다. 그 역할은 나무기둥이 하기 때문입니다. 벽체는 그 소재가 흙이건 나무이건 벽돌이건 돌이건 간에 기둥과 기둥이 이루는 나무틀 사이의

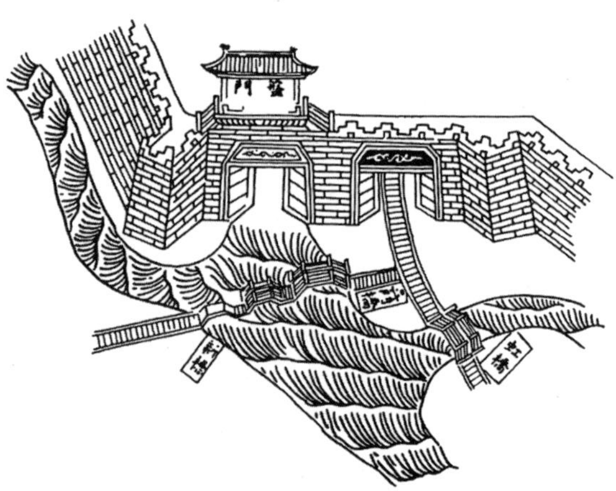

벽을 쌓아 나라를 지킨다.

비어 있는 곳에 옷처럼 입힌 것입니다. 추운 곳에서는 두텁게 입히고, 따뜻한 곳에서는 가볍게 입힙니다. 중국은 땅이 넓기 때문에 형형색색 각기 다른 모양의 크고 작은 벽체가 생겨났습니다.

세계에서 오직 중국인만이 만리장성처럼 나라 전체를 에워싸는 거대한 벽을 쌓고자 시도했을 것입니다. 그리고 각각의 도시에서는 시 전체를 두르는 성벽을 쌓아 올렸지요. 거기서 그치지 않고 도시 안 궁전에는 궁전을 에워싸는 벽을 쌓고, 백성들의 거주 구역인 방리坊里에는 각각의 방리를 두르는 벽을 쌓았으며, 주택에는 마당을 감싸는 벽을 또 쌓았습니다. 실로 문밖에 벽이 있고 문안에도 또 벽이 있습니다.

'성城'을 쌓는 것은 나라를 지키기 위함이고, '곽廓'을 쌓는 것은 백성을 보호하기 위함입니다. 가장 큰 벽은 '성'이라 부르는데, 만리장성이 그러합니다. 진나라의 역사는 짧았지만 진나라가 만든 만리장성은 길고 길었습니다.

중국 전통 건축은 바둑판 위에 놓인 여러 바둑알처럼 여러 채의 건축들이 모여서 서로 호응하며 전체를 만듭니다. 중국어에는 "대국大局을 중시한다"는 말이 있습니다. 건축에서 '대국'은 가장 바깥에 있는 벽으로, 그

벽을 쌓아 집을 지킨다.

로써 판의 범위를 정합니다. "하나의 건축은 벽담으로 둘러싸인 건물들로 구성된다"라는 중국식 개념에서 본다면, 하나의 도시는 당연히 하나의 거대한 건축으로 볼 수 있습니다. 그리고 만리장성이 에워싸는 만리의 산과 물은 또 하나의 엄청나게 큰 집인 것입니다. 명과 청 두 시대에 걸쳐 수도의 인구는 100만에 달했고, 내성과 외성의 성벽으로 둘러싸인 베이징의 총면적은 약 400만 제곱미터였으니 한 사람당 평균 면적은 약 4제곱미터였습니다. 그 속에서 황제부터 백성에 이르기까지 모두가 층층이 둘러싸인 벽 안에서 생활했습니다.

총면적이 960만 제곱킬로미터나 되는 중국은 오랜 풍파를 거치며 의연히 서 있습니다. 중국의 땅을 욕심 낸 민족들이 수없이 있었지만, 그들이 벽을 넘어 들어오는 순간 이 땅에 녹아들기 시작했고, 벽을 하나씩 하나씩 넘어 '집'의 중심에 들어오면 이 집의 한 사람으로 바뀌었습니다. 한때 이 성벽을 부수고자 했던 민족이었지만 성벽 안으로 들어온 후에는 어김없이 모두가 성벽을 더욱 견고하게 건설하는 새 역군이 되었습니다.

홀로 서 있는 벽, 구룡벽(九龍壁). 건축이 있으면 물론 벽을 사용하여 공간을 에워쌀 수 있지만, 건축이 없어도 벽을 이용하여 공간을 나눌 수 있다.

중국어에서 '나라'를 가리키는 단어로 가국家國 혹은 국가國家가 있습니다. 이 단어는 '국國'과 '가家'가 서로 밀접한 관계가 있음을 보여줍니다. 실로 가정과 나라는 그 구조가 비슷하며 한 가족은 모두 한 벽 안에 있지요.

옛 문헌을 보면 문인과 선비가 벽 위에다가 솜씨를 발휘하여 이름을 크게 떨쳤다는 이야기가 많이 전해져옵니다.

하루는 당나라 현종이 당시 가장 유명한 화가였던 이사훈李思訓, 651-716과 오도자吳道子, 685?-758?를 불러서, 대동전大同殿 건물 안에 있는 두 개의 벽면에 자링강嘉陵江 300리의 풍경을 각기 그리도록 했습니다. 이사훈은 한 달을 고심하여 화려하게 푸르른 산수 걸작을 완성했습니다. 그러나 성격이 호탕했던 오도자는 '하룻밤만에 손을 놓아버렸습니다.' 그러고는 마지막 날 밤에 먹물 한 통을 가지고 와서 흰 벽 위에 쓸 듯이 뿌려 안개 자욱한 수면이 끝없이 이어지는 황홀한 풍경을 그렸습니다. 현종은 두 화가의 작품을 보고 크게 기뻐하면서 정적인 고요함과 동적인 움직임이 모두 절묘하다고 칭송했다는군요.

병풍은 일종의 들고 다니는 벽이다. 심지어 화원 안으로 가지고 갈 수도 있다.

벽에는 때로 넋을 잃게 하는 이야기가 깃들어 있답니다.

옛사람들은 파초의 넓은 이파리나 서 있는 벽에다가 큰 붓으로 일필휘지一筆揮之하기도 했습니다. 때로는 시, 때로는 그림이 나타났지요. 흰 벽에 백분을 바르면 또 다시 글을 쓰거나 그림을 그릴 수 있었기에 중국인에게 하나의 벽은 한 장의 종이와 같았고, 거기에는 서화와 시구가 늘 함께했습니다. 정원 가득한 나무의 푸르름은 먹과 같이 짙고, 그 옆에 선 벽에는 햇살과 달그림자가 비치어 시간에 따라 그 색깔이 바뀌었습니다. 그렇게 흰 벽은 움직이기도 하고 자라기도 하는 한 폭의 그림이 되었습니다. 청아한 벽이 있으면 또한 요염한 벽도 있었는데, 선연한 붉은빛의 주사硃砂를 벽에 바른 것은 '홍벽'이라 불렀습니다. 한나라 무제는 계수나무로 기둥을 세우고 산초椒를 섞은 진흙으로 벽을 세워서 온실을 만들었는데, 그 속에는 꽃이 피지 않아도 벽에서 나는 향이 늘 가득했다지요.

당나라 시인인 이백李白, 701-762은 현종과 양귀비를 위해 쓴 시에서 "침향정 북쪽 난간에 흐뭇이 기대섰네"라고 읊었는데, 향기로운 침향沉

香이 있는 정자에 아름다운 양귀비가 서 있다면 더할 나위 없이 그윽하고 아름다울 것입니다. 양귀비의 오빠인 양국충楊國忠은 침향나무를 써서 누각을 세우고 단향檀香나무로 난간을 덧붙였으며 사향麝香 섞은 진흙으로 벽을 만들어 누각 전체가 향기롭기 그지없었다고 합니다.

창을 낸 담장

"석호 황제는 호분과 산초로 벽을 바르고, 산초방이라 불렀다."

《업중기鄴中記》

"한나라 무제가 온실을 만들었는데, 벽을 산초로 바른 뒤 아름답게 수놓은 천으로 덮고 향이 나는 계수나무로 기둥을 만들었다."

《삼보황도三輔黃圖》

"양국충이 처음으로 침향나무로 누각을 만들었는데, 난간은 단향나무로 두르고 사향을 가루로 만들어 곱게 체로 쳐서 진흙과 함께 벽에 발랐다."

《천보유사天寶遺事》

향 섞은 진흙으로 벽을 바르거나, 난초 향 가득한 방에 산초로 벽을 만들었다고 하니 사치스럽다 하지 않을 수 없습니다. 흰 벽은 공허하고 고요하기 때문에 벽을 바라보며 잘못을 되돌아보고 참선할 수도 있습니다.

목조 건축의 벽

중국인은 벽을 무척 중시했지만, 건축 벽면을 적극적으로 막지는 않았습니다. 옛 사전인 《사해辭海》에서 벽에 대한 해석을 찾아보면, 첫 번째로 막아 나누는 것이라는 설명이 있고 두 번째로는 의외로 문짝에 대한 설명이 나옵니다.

문짝이 달린 벽은 뚫려서 투명하고 병풍처럼 얇습니다. 아마도 처음에는 병풍을 건물 외벽 쪽에 설치하고서 이를 그냥 '벽'으로 보았을 것입니다. 송대 《영조법식》의 장식 부분을 보면 이처럼 가볍고 정교한 벽이자 문짝을 '격선槅扇'이라 부릅니다. 격선은 바람과 햇살을 언제든지 받아들이고, 아름답게 꾸민 정원을 감상할 수 있게 합니다. 연회와 유희를 즐길 수도 있고, 때로는 따스한 석양빛 한줄기를 방 안으로 들이기도 하지요. 바깥에서 안까지 융통성 있게 공간을 나눌 수 있기 때문에 격선은 7세기에 한국과 일본에도 소개되었습니다.

중국에서 당나라 이전에는 식탁과 의자 같은 입식 가구가 아직 유행하지 않았습니다. 당시의 실내는 후대에 비해 일반적으로 낮았고, 넓은 처마 아래에 장막이나 발을 걸어서 벽으로 삼기도 했습니다. 시원한 바람에 드리워진 장막이 나풀거리고, 주렁주렁 빗물방울 같은 발이 흔들거리기도 했겠지요. 구슬을 꿴 발을 달면 빗물방울이 실내로 휘감기는 것처럼 보였을 겁니다. 즉 건축 공간과 대자연의 공간이 조금도 분리되어 있지 않았습니다. 20세기의 건축 자재 중 가장 찬양받았던 것이 유리벽이지요. 유리벽이 등장하면서 어둡고 폐쇄적이던 건축 공간이 사라졌습니다.

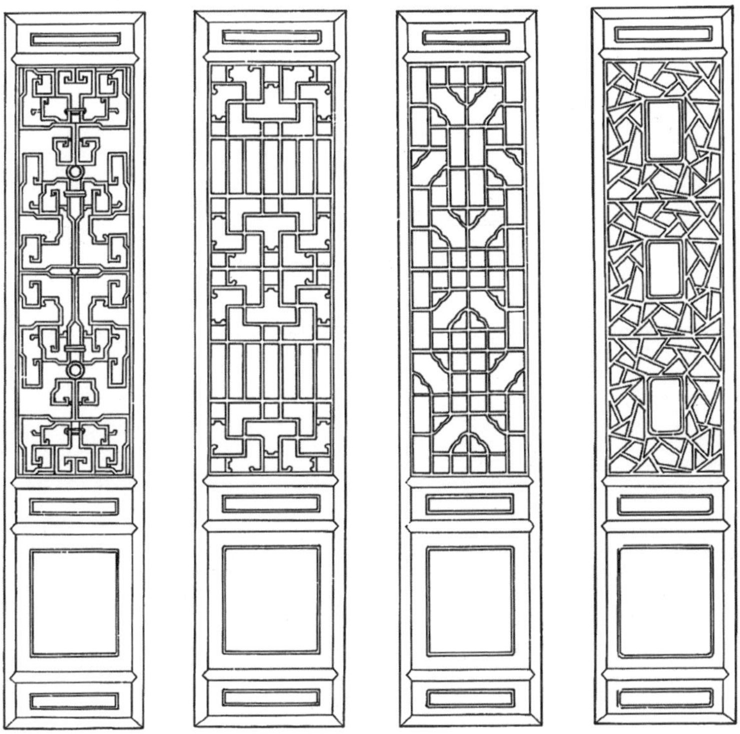

(왼쪽부터) 여의 무늬, 만(卍)자 무늬, 정(井)자 무늬, 얼음무늬 유리

격선槅扇

목조건축에서 벽체는 보통 문과 창으로 구성됩니다. 그렇다고 해서 벽체가 바로 문과 창인 것은 아닙니다. 어떤 건축은 기둥과 기둥 사이에 벽돌이나 돌, 진흙으로 낮은 벽을 쌓아서 구조를 보강하기도 하며, 낮은 벽 위에 다시 목재로 장식을 더하기도 합니다. 특히 명대 이후의 민간 건축에서는 경제적 원인이나 화재 예방을 위해 건물의 양쪽 측면에 벽돌을 쌓아 막기도 했지요. 이렇게 벽돌이나 돌을 주요 재료로 사용한 건축에서도, 가장 중요한 정면에는 여전히 나무를 사용합니다(지붕의 형식 부분을 참고해주세요).

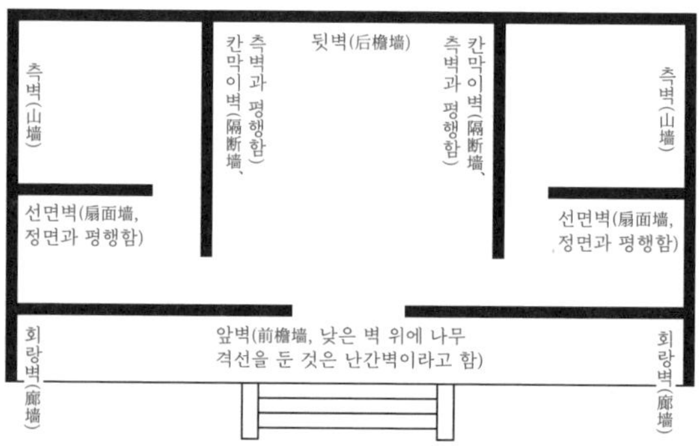

벽체를 투명하게 처리하는 방법
- 창 내기
- 도안화된 구멍 뚫기
- 덩굴로 벽체를 숨기기(수직 녹화)
- 회랑의 열주를 더하기

투명하게 처리된 회랑 벽

문

관關·문門

'문과 당의 제도門堂之制'는 한나라 때 편찬된 《삼례도三禮圖》에서 시작되었습니다. 이 규정에 따라 각 신분 계층의 주택 형식이 정해졌고 또한 '당'을 주요 건축으로 하고 '문'을 얼굴로 하게 되었지요. ○○문을 지나면 곧 ○○당으로 이어지게 되는 것입니다. 겉과 속을 일치시켜야 하고 혼란스럽게 해서는 안 됩니다.

문을 열면 따스한 우리 가정이 기다리고, 문을 열면 우리나라로 돌아오게 됩니다.

집을 보호하고 나라를 지키는 문을 '관'이라 합니다. 한 사람이면 족히 지킬 수 있다고들 하지요. 동쪽으로는 산해관山海關이 있고, 서쪽으론

가욕관嘉峪關이 있으며 이 둘 사이는 6천 리가 넘는 벽으로 이어져 있습니다. 이 벽은 기원전 5세기 춘추전국 시대에 시작되어 중국의 변경과 주요 요새를 튼튼히 지키고 있지요.

"오랑캐 피리소리가 어찌 원한 서린 절양류를 읊조리는가. 봄바람조차도 옥문관을 넘지 못하거늘."왕지환王之渙, 688-742 당나라 시인이 읊은 이 시처럼, 관문 밖의 땅은 창망하기만 하고 봄바람조차 닿지 못했습니다. 상인들이 천신만고 끝에 서역으로부터 보물을 가지고 중원으로 돌아올 때 멀리서 이 관문이 보이면 부모와 가족이 사는 마을의 문이 눈에 선했겠지요.

"권하노니 그대여, 한 잔 더 드시게나. 서쪽 양관을 나서면 정겨운 벗 없으리."왕유王維, 699-759 그러나 마을의 문을 나서는 것과 관을 나서는 것을 똑같이 취급할 수는 없습니다. 관을 나서는 발걸음에는 불확실한 앞으로의 명운에 대한 깊은 상념이 얼마간 담겨 있습니다.

우리는 앞에서 중국인처럼 그렇게 열심히 지붕을 만드는 민족이 없음을 살폈고, 중국인처럼 그렇게 적극적으로 벽을 쌓는 민족이 없음을 알았습니다. 거기에 더해서 이제는 중국인처럼 그렇게 이상할 정도로 문門을 중시하는 민족이 없음을 이야기하겠습니다.

중국 전통 건축에서는 건물이 없는데도 벽이 있을 수 있습니다. 이제 벽이 없어도 문이 있을 수 있음을 이야기하려 합니다. 문은 심지어 지붕과 벽보다도 더 추상적입니다.

궐闕

'궐'자는 '이지러질 결缺'자와 같습니다. 고대에는 가운데 지붕이 없는 문을 궐이라 했습니다. "하늘 위 궁궐에서는 오늘 밤이 어느 해일지 모르겠구나"라고 소동파蘇東坡, 1037-1101는 〈소조가두水調歌頭〉에서 궐을 노래했지요. 그렇지만 수나라와 당나라를 거치면서 왕의 무덤으로 가는 긴 신도神道의 양쪽, 원래 궐이 놓여야 할 자리는 궐 대신 석주神道柱로 대체

창합閶闔: 가장 격이 높은 문

위闈: 궁 안에 있는 문

규閨: 위闈보다 작은 궁 안의 문

각閣: 규閨보다 작은 궁 안의 문

인도闉闍: 성곽의 중문

환闤: 고대 도시의 블록인 방坊을 두른 벽

궤闠: 고대 도시의 블록인 방坊의 출입문

환궤闤闠: 고대 도시의 블록인 방坊의 벽과 출입문

염閹 : 사당의 문

궐闕: 궁문 양옆에 높이 솟은 누대

여閭: 마을 블록인 리里의 출입문

염閻: 마을 블록인 리里 안에 두는 문

한閈, 굉閎: 골목의 문

탑闒: 누각 위의 편문

달闥: 궁 안의 작은 문 혹은 누각의 문

합闔: 문짝, 닫음에 해당함

문聞: 밖에서 안의 소리를 들을 수 있고, 안에서 밖의 소리를 들을 수 있음

문門: 문짝户이 두 개 있는 모양으로, 덕이 들어가는 입구이자 충의의 문

되어버렸고 게다가 화표와도 합쳐졌습니다. 소동파는 송나라 사람이었으니 이런 사실을 전혀 눈치채지 못했을 테지요.

화표華表

화표의 기원은 아직 알려지지 않았지만, 부족국가 시기에 있었던 토템과 유사한 것으로 생각됩니다. 옛 문헌에는 화표가 간언을 받아들이는 인仁을 상징하는 기둥이라고 적혀 있기도 합니다만 화표는 당연히 길을 나타내는 이정표일 것입니다.

나란히 서 있는 두 개의 화표 위에 가로로 나무를 얹으면 뚝딱하고 하나의 문이 생기는데 그것이 바로 패방입니다.

패방牌坊

패방은 참으로 신기한 문입니다. 이 문은 사람들을 역사와 문화로 안내할 수 있고, 다른 성격의 공간으로 들어가도록 열어주기도 합니다.

하나의 패방은 하나의 마을을 향해 열릴 수도 있고, 큰 저택과 사찰이나 도관, 능침, 학교, 주점, 이름난 풍경을 향해 열릴 수도 있으며, 심지어 하나의 산을 향해 열릴 수도 있습니다. 패방은 어떤 인물의 감동적인 이야기나 충의로운 어떤 사건을 위해 세울 수도 있고, 경사스러운 대형 행사를 위해 임시로 세울 수도 있습니다. 명절을 보내기도 하고 환경을 위해, 심지어 건축물에 새 옷을 입히려고 패방을 세우는 경우도 있으며, 오직 한 여인의 정절과 미덕을 떠들썩하게 칭찬하기 위해 세우는 경우도 있습니다.

패방이라는 이 문이 열 수 없는 곳은 없었습니다.

프랑스 파리 서쪽에 있는 라데팡스La Défense에는 현대식 개선문이 있지요. 그 개선문 앞에 "여기에 세계를 위한 하나의 창을 연다"라고 적혀 있습니다. 라데팡스가 세계를 위해 하나의 창을 열어 우주를 엿보려고 할 때, 일찍이 태산泰山 꼭대기의 남천문南天門은 끝없이 넓은 하늘나라를 향해 하나의 문을 열었습니다.

한 철학가는 중국인들이 만사에 통달한 '지혜'를 추구한다고 했습니

사립문을 걸어두면 방문한 벗이 문밖에서 소리를 내어 부른다.

다. 그는 중국인에게 부럽기 그지없는 사유방식이 하나 있다고 말했습니다. 한 길의 끝에 도착하면 언제나 하나의 열린 문과 마주하게 되는데, 이 문은 우리가 걸어온 유한한 길이 끝났지만 무한한 길이 아직 시작되지 않았음을 깨닫게 해준다는 것입니다. 그리고 문 위에는 종종 옛 교훈이 적힌 편액이 걸려 있는데, "고개를 돌리니 이 자리가 피안이다回頭是岸"라거나 혹은 "최고의 경지에 이르렀다止於至善"고 하여 앞으로 나아가지도 뒤로 물러서지도 못한 채 스스로 돌이켜 자성하게 한다는 것이지요.

이런 정취를 대표하는 것이 고대 은사隱士가 초가 앞에 형식적으로 닫아둔 사립문이 아닌가 합니다. 높은 사람이 와서 억지로 돌파하려고 하면 전혀 막아내지 못할 낮은 문이지만, 닫아둔 '문'은 초려를 방문한 군자에게 먼저 두드리라고 청하거나 혹은 방문을 사절하는 마음을 나타냅니다.

문루門樓

중국에서 문은 지붕보다 더 독립적으로 서 있을 수 있습니다. 중요한 문은 보통의 건물보다 더 높거나 화려합니다. 그런 문은 높은 누각으로 볼 수 있기 때문에 '문루門樓'라고 합니다.

"산과 강이 천 리인 나라의 도성과 궁궐에 아홉 겹의 문이 있네. 궁궐의 장엄함을 보지 않고서 어찌 천자의 존엄함을 알리오." 당나라 낙빈왕駱賓王, 640?-684? 한나라 때의 옛 기록에도 황제는 존엄한 인물이지만, 아홉 겹이나 되는 장엄한 문들이 없다면 그 위풍을 드러낼 수 없을 것이라는 문장이 있습니다.

1.관문關門 2.원교문遠郊門
3.근교문近郊門 4.성문城門
5.궁문宮門 6.고문庫門
7.치문雉門 8.응문應門 9.낙문駱門
천자의 아홉 가지 문

자금성의 오문(午門)

존귀하기로 따지자면 명청 두 시대에 걸쳐 수도였던 북경성을 빼놓을 수 없겠죠. 북경성은 남쪽 성문에서 시작하여 북쪽으로 천자를 알현하는 태화전에 이르기까지 하늘 높이 솟은 웅장한 문루를 일곱 동이나 지나야 합니다. 수도의 중심축이 되는 이 길은 황제의 절대적 위엄을 조금씩 열어 보입니다. '문'은 여기서 황제의 친위대 역할을 하기도 하고, 봉건 시대 천자의 위엄을 보이기도 합니다. 문은 문루 위에 높이 앉아 내려다보며 백성을 감시할 수 있게 하고, 공간의 시작점과 끝점을 사람들에게 알려주며, 천자의 발아래 있는 우리가 얼마나 미천한지를 느끼게도 합니다. 큰 길이 하도 넓고 길게 뻗어 있어서 그 길을 들어서는 사람들이 망망하여 어찌할 바를 모를 때, 문은 또한 사람들에게 어느 정도 기댈 수 있게 하기도 합니다.

"'지킬 방防'자에서 따서 속칭 방坊이라 한다."《설문해자說文解字》 이방里坊은 전체 도시 공간에서 작은 거주 공간으로 들어가는 길 사이에 있는 과도적 공간 단위입니다(행정 단위상에서도 과도적 위치에 있지요). 도시에서 이방을 거쳐 개인 주택으로 들어가기 전에는 마지막으로 골목胡同이라는 공간 단위가 있습니다. 이렇게 하나하나 작은 공간으로 들어서는 과정은 개인의 주택에 들어선 다음에 또 다시 시작됩니다.

문루가 앉아 있는 육축陸築 부분은 흙을 한 층씩 다져서 쌓은 것이지만, 그 위의 누각은 나무로 만들었습니다. 패방도 처음에는 목조로 지었기 때문에 이후 돌을 사용하여 만들게 된 때에도 여전히 목조구조물처럼 만들었습니다.

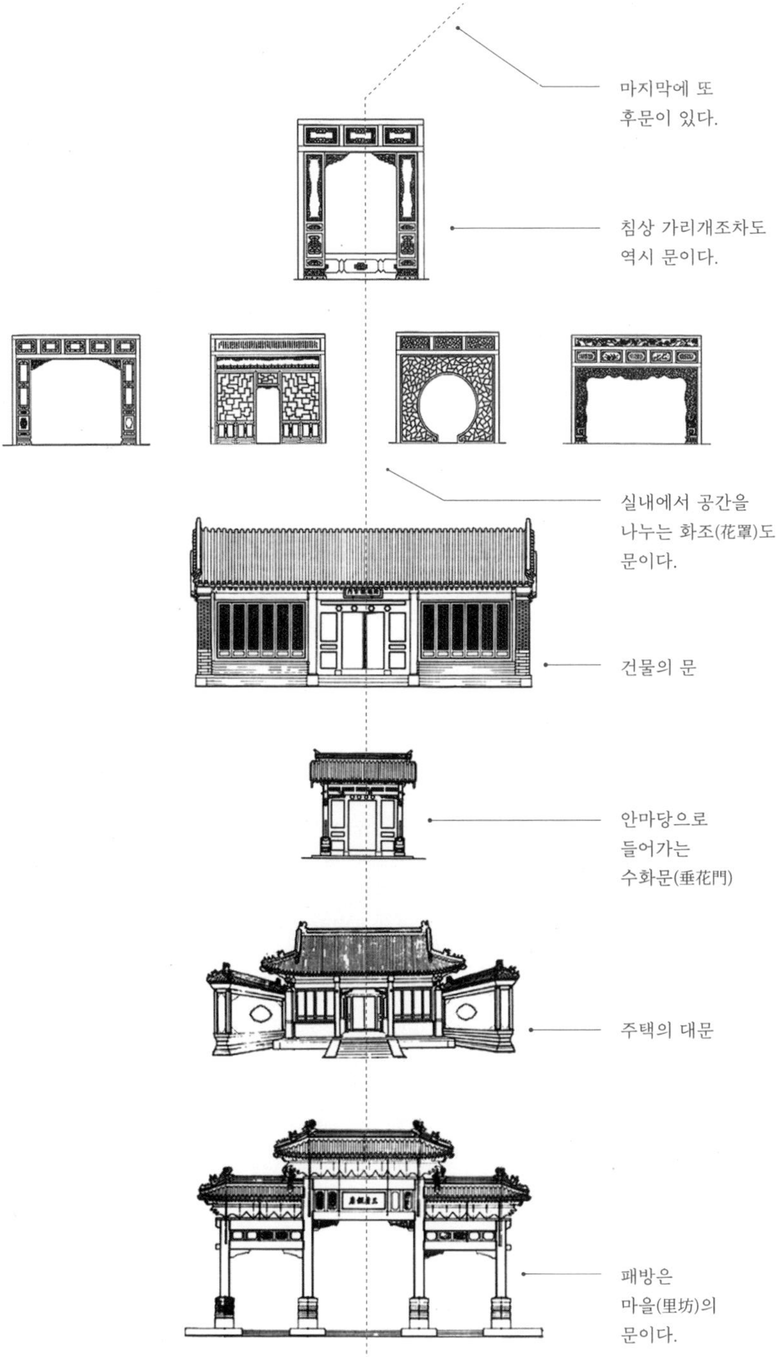
마지막에 또
후문이 있다.
침상 가리개조차도
역시 문이다.
실내에서 공간을
나누는 화조(花罩)도
문이다.
건물의 문
안마당으로
들어가는
수화문(垂花門)
주택의 대문
패방은
마을(里坊)의
문이다.

《영조법식》에 수록된 나무문의 형식

'문(門)'을 부수로 하는 많은 한자들

모두 문이다.

'문門'자 안에 다양한 글자가 들어갈 수 있지만, '뫼 산山'자만은 들어갈 수 없습니다. '개문견산開門見山, 문을 열자마자 바로 산이 있다'이라는 말도 지나치게 직설적이죠. 문을 연다는 건 모든 '공개된 활동'을 시작한다는 의미인데, 만약 공식적이고 과장된 여러 행사를 하지 않는다면 문은 결코 그렇게 커야 할 이유가 없습니다. 문이 작아지면 바로 창窗입니다.

창과 문의 구조는 비슷하기 때문에 '창문두 개의 문짝으로 이루어짐' 혹은 '창호한 개의 문짝으로 이루어짐'라고 부르기도 합니다. 창은 문보다 크기가 작은데, 실로 창을 사이에 두고서는 번거롭고 불필요한 예절이 그다지 필요하지 않습니다.

> "벽에 있으면 유牖라 하고, 건물에 있으면 창이라 한다."
>
> 《설문해자說文解字》 혈부穴部

창

> "창을 뚫고 유牖를 열내어 집을 밝게 한다."
>
> 《논형論衡》 별통別通

사람들이 아침에 일어나 여는 것은 창이 아니라 사실상 '바람구멍window'입니다. 하지만 창은 바람구멍보다 더 많은 뜻을 품고 있지요. '밝을 명明'자의 부수는 '날 일日'자인데, 원래는 '빛날 경囧'자를 부수로 삼았죠. 그런데 이 '빛날 경'자는 '창 창窗'자와 같습니다. 다시 말해 '明'자는 '窗+月'로 이루어지는데, 달빛이 창으로 들어와서 밝아졌음을 뜻하는 것으로 이는 곧 달月을 볼 수 있어야 진정한 창이 된다는 의미입니다.

"백우가 병이 들자 공자가 문병하여 창 너머로 손을 잡았다."《논어論語》 옹야雍也 편 제자 염백우가 병이 들자 애처로운 마음에 점잖은 공자께서 창 너머로 제자의 손을 잡고 안부를 물으셨습니다. 창은 문보다 훨씬 더 깊은 정을 은은히 보여줍니다.

남당南唐의 황제 이후주李后主는 늘 난간에 기대어 깊은 숨을 들이쉬곤 했는데, 역사 속에는 이후주처럼 사색적이고 감상적인 인물이 많습니다. 오직 그만이 사색적이고 감상적인 사람은 아니었습니다. "대나무 그림자가 창에 비쳐 달이 떴음을 알리고, 꽃향기가 창으로 들어와 봄이 왔음을 깨닫게 하는구나."청 세종 윤정清世宗 胤禛, 1678-1735 성품이 강직했던 옹정제조차도 창을 열면 서정적인 마음을 숨길 수 없었습니다. 창 중에서도 미학자들이 가장 추천하는 것은 회랑의 창입니다. 바람서리와 눈비가 와도 열어서 멀리 바라볼 수 있지요.

처음에는 그저 필요를 위해 달았던 볼품없는 널판문板門과 통풍을 위한 구멍이 점차 전문적으로 제작해야 하는 정교한 예술품으로 발전했습니다. 송대 《영조법식》에서는 문창을 외부 장식의 하나로 분류해두었습니다. 문과 창이 장식에서 얼마나 중요한 역할을 하는지 짐작할 수 있겠지요.

이슬람 문화권에는 사막 지역이 많았기 때문에 집을 지을 때 일반적으로 돌판에 장식된 구멍을 뚫어 문과 창, 병풍을 만들었다. 이렇게 하면 채광과 통풍에 좋을 뿐 아니라 아름답고 장엄한 장식 효과를 얻을 수 있다. 현대 건축에서도 비슷한 수법을 사용하여 건축물에 질감을 주고 예술성을 높이는 경우가 적지 않다.

창은 조정에서 정한 '관식管式' 규칙을 따르지 않았습니다. 조정에서 정해둔 창의 종류도 적지 않지만 민간에서 만든 창의 경쾌함과 풍부함에는 전혀 미치지 못했지요. 청대에 부유한 강남 도시인 쑤저우에는 정원의 창에 적용하는 아름다운 도안만도 천 가지가 넘었습니다. 도안을 넣어 조각한 창은 빛에 따라 다양한 정취를 가득 드리웠습니다.

한나라 명기(明器)에 보이는 횡피창(橫披窗)

'창(窗)'은 '빛날 경(囧)'과 같다. '경(囧)'은 창과 유(牖)로 아름다운 집을 밝게 연다는 뜻이다.

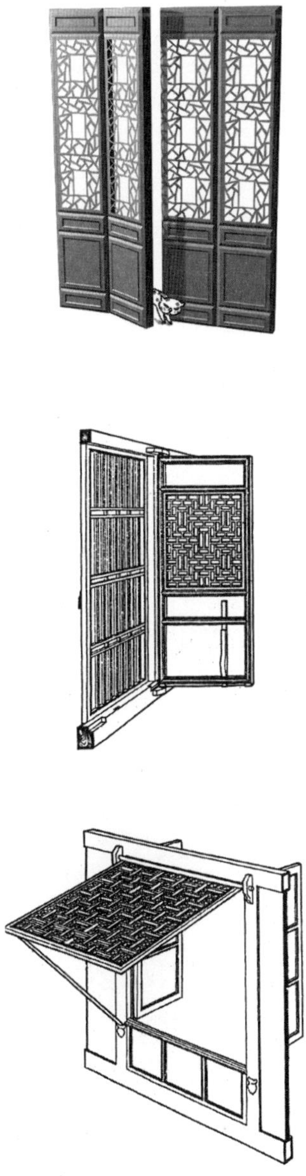

하나의 문, 하나의 창은 하나의 벽이기도 하다.

창의 형식은 셀 수 없을 정도로 많습니다. 솜씨 좋은 장인들은 주인의 기호에 맞추면서 거기에 자신의 영감을 불어넣어 새로운 도안을 얼마든지 창조해냈습니다.

> "세계 어느 나라를 막론하고 장식에서 변화가 다양하기로는 중국 건축을 넘는 나라가 없다. 지금 당장 한두 개 예를 들어보자. 먼저 창을 말하자면 첫째, 창의 외관에서 중국은 그 형식이 셀 수 없이 많다. 일본에서 창은 보통 네모난 모양으로, 동그랗거나 다른 화려한 모양은 매우 적다. 유럽의 창도 역시 방형이고, 윗부분이 원형이거나 뾰족한 원형 등 몇 가지 종류가 있을 뿐이다. 그에 비해 중국에서 창 외관의 풍부함은 상상할 수 없을 정도이다. 방형 외에도 동그라미, 타원, 모과木瓜, 꽃, 부채, 펄럭이는 모양, 소나무, 하트, 가로폭 서화, 주전자 등등 그 모양새가 헤아릴 수 없이 많다."

> "창살도 변화가 수없이 풍부하다. 일본에서는 보통 방형으로 된 종횡의 격자 외에 사선을 겨우 몇 개 더할 뿐이다. 그래서 창살들이 만드는 구멍의 유형도 십여 가지가 있을 뿐이다. 그런데 중국에는 일본에서 볼 수 있는 것들 외에도 다양한 변형이 있다. 그중에서 중앙에 만卍자, 다각형, 꽃무늬, 얼음무늬, 문자, 조각이 있는 것들이 가장 많이 사용된다. 한번은 중국 창을 창살의 종류별로 수집해본 적이 있는데, 한 작은 지방에서 그저 한두 달을 돌아보았는데도 3백여 가지 이상을 얻었다. 만약 중국 전체를 조사한다면 그 수는 당연히 천여 가지가 넘을 것이다."

이토 추타(伊東忠太), 『중국건축사中國建築史』

창에 대해 가장 잘 말하는 것으로 청나라 소설《홍루몽紅樓夢》제40회에 실린 태부인 가모賈母의 대사를 들 수 있습니다. 창에 바르는 망사에 대해서 이야기하는데요.

> "… 가모는 창의 망사가 색 바랜 것을 보고는 왕부인에게 말했다. '이 망사는 새로 바른 직후에는 보기 좋았는데 조금 지나니 푸른 빛을 잃었구나. 이 마당에는 호두나무도 없고 은행나무도 없으며 오직 푸른 대나무만 있는데 푸른 망사라니 도저히 어울리지가 않아. 이전에 다섯 가지 색의 망사가 있었던 것으로 기억하는데, 내일 이 창의 것을 바꿔버리도록 하게.' (중략) '어쩐지 그가 선익사蟬翼紗, 매미날개 망사라 했다고 하더니 조금은 닮았구나. 모두들 선익사라고 여길지 모르겠으나 정식 명칭은 '연연라軟烟羅'라고 한단다.' (중략) '연연라는 네 가지 색이 있는데•, 하나는 비 개인 푸른 하늘색이고, 하나는 추향秋香색이고, 하나는 송록松綠색이고, 마지막 하나가 바로 은홍銀紅색이란다. 휘장으로 만들거나 창틀에 바르면 멀리서 볼 때 안개처럼 보이기 때문에 '연연라' 즉 부드러운 안개 비단이라 부르지. 은홍색의 것은 '하영사霞影紗, 노을 그림자 망사'라 부르기도 한단다. 요즘 궁전에서 사용하는 망사도 이처럼 부드러우면서도 두텁고 가벼우면서도 치밀하지는 못하지.'"

창에 바르는 망사에 대해서만 이 정도로 자세히 이야기하는데, 창 자체는 더 말할 필요도 없을 것입니다.

• 밑줄 친 구절은《홍루몽》본문에는 있으나 저자가 생략한 부분이다. 이해를 돕기 위해 추가했다.

청나라 건륭제 시기의 유명인사인 정판교는 〈대나무竹〉라는 글에서 다음과 같이 말했다. "내 대나무 그림은 스승에게서 배운 것이 아니라 주로 햇살이나 달빛이 창호지에 드리운 그림자에서 얻은 것이다", "천둥과 비가 멈춘 후에 드러난 햇살이 대나무 숲을 통과하여 창호의 푸른 망사 위에 그림자를 드리우면, 자연스레 붓을 들어 그려간다."

종이를 바른 창 역시 소박하지만 일상생활의 멋으로 충만합니다. "흰 종이 바른 창, 하나하나 구멍에 모든 격자의 살이 밝네個個孔明諸格亮"• 라는 말은 바로 창틀에서 비롯된 것입니다. 때로는 눈과 같이 하얀 종이를 바른 창호가 중국인들의 수묵화를 심오한 경지로 이끈 중요한 원인의 하나가 아닐까 생각해봅니다. 청나라 때의 저명한 화가 정판교鄭板橋, 본명 鄭燮, 1693-1765는 달빛이 창호지에 드리운 나무 그림자를 조용히 바라보면서 화선지 가득히 대나무를 일필휘지로 그렸습니다.

중국화의 직사각형 화면은 정신세계로 향하여 열린 창입니다.

생활은 입체적이고 예술 역시 그러합니다. 고관대작의 집에 "발라서 엿볼 수 없는 망사嵌不窺絲"•• 로 된 정교한 창이 있었다면, 일반 백성의 집에서는 종이를 오려 문양을 만들고 창에 발라 생활 속에서 아름다움과 희망을 표현하곤 했습니다. 시인과 묵객이 달 밝은 밤, 흰 창호지를 감상할 줄 모른다면 그 예술적 정취를 잃어버리고 말 것입니다.

창窗은 '밝을 총聰'과 같으니, 안에서 밖을 엿보는 것을 '총명聰明'이라 합니다(외부세계와 소통함으로써 지혜를 얻을 수 있습니다). 총명한 사람이 되고자 한다면 창을 많이 내야겠지요.

• '구멍에 모든 격자의 살이 밝네(孔明諸格亮)'의 발음이 '공명 제갈량(孔明諸葛亮)'과 같은 데서 착안한 말놀이이다.

•• 명나라 말 조원 기술서인 《원야》의 창호 부분에서 따온 문구이다.

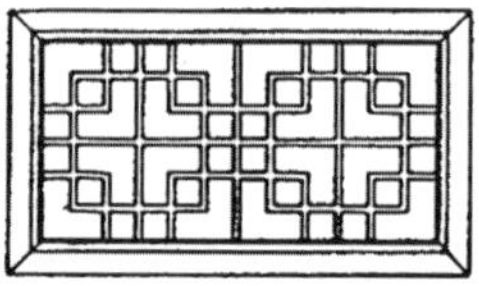

아자(亞字)살 무늬
(正搭斜交卍字)

사각으로 덮은 무늬
(套方)

굽어 도는 무늬
(盤長)

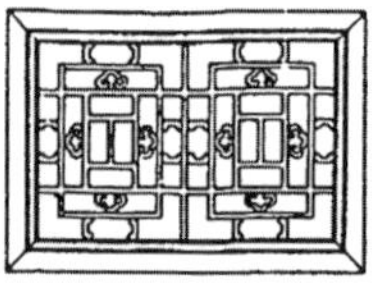

사각으로 덮고 등롱을 둔 무늬
(套方燈籠錦)

굽어 도는 무늬의 일종

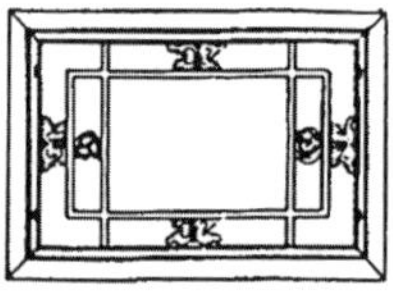

테두리에 등롱을 둔 무늬
(燈籠框)

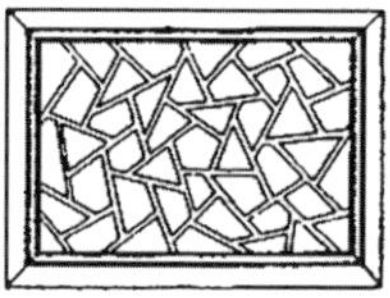

금이 간 얼음 무늬
(冰凌紋)

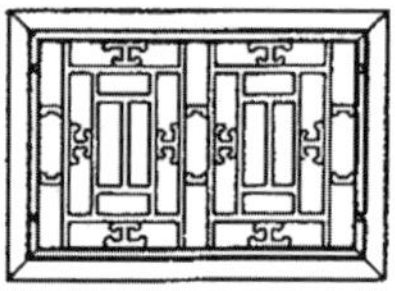

벽돌과 누에 무늬
(工字臥蚕步步錦)

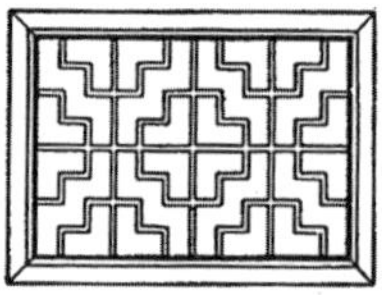

아자살 변형 무늬
(正搭正交卍字)

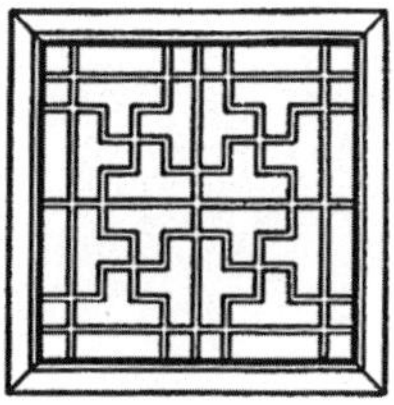

꺾은 무늬
(拐子錦)

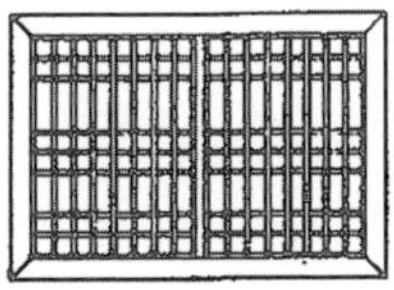

세살 무늬
(碼三箭)

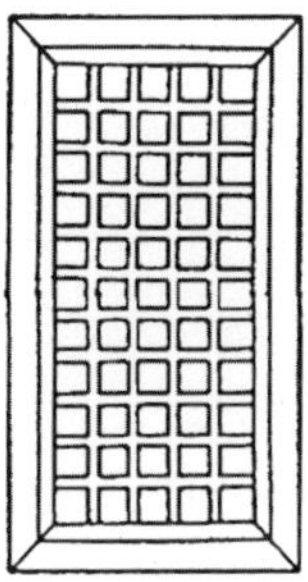

만살 무늬
(正搭正方眼)

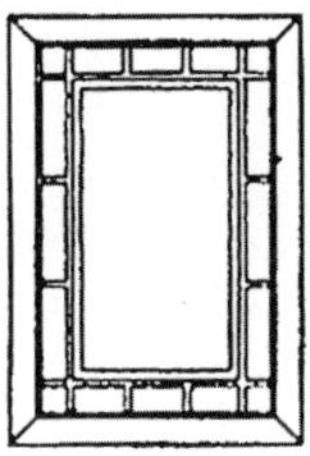

살대를 끼운 유리
테두리 무늬
(夾杆條玻璃屉)

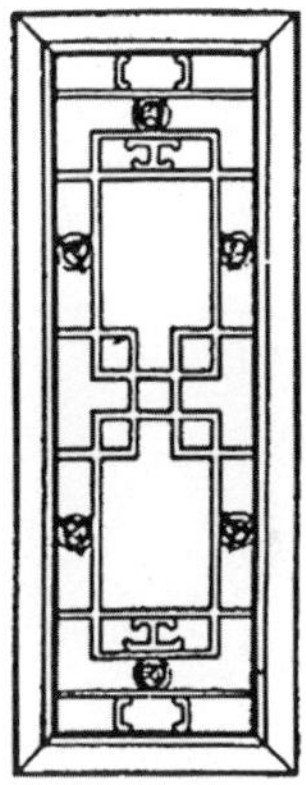

사각으로 덮고
등롱을 둔 무늬
(套方燈籠錦)

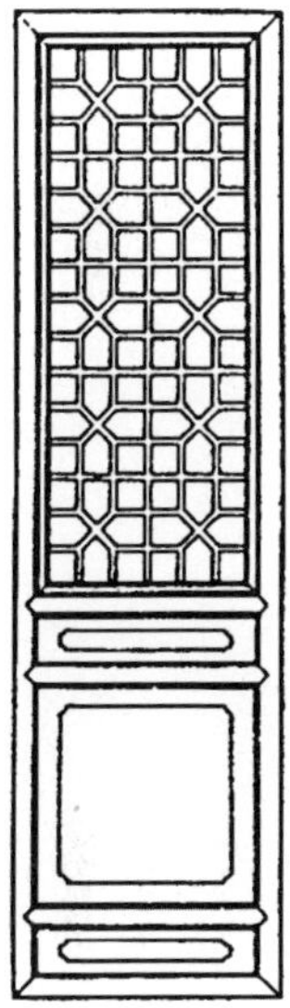

거북등 무늬
(龜背錦)

제11장

공간을 경험하다

공간은 경험입니다. 마르틴 하이데거는 공간을 '물주전자'에, 프랭크 로이드 라이트는 '마음의 소리'에 빗대어 말합니다. 그리고 노자는 이 모든 것이 '쓸모없다'고 했습니다. 이 장에서는 있음과 없음, 입면과 마당 그리고 굳음과 흐름을 이야기합니다.

'공간'은 복잡한 철학이나 과학과 연관되어 있습니다. 많은 사람들은 공간이 '자존自存'적이라고 믿고 있습니다(인류의 존재와 관계없이 공간은 처음도 끝도 없이 독립적으로 세상에 존재한다는 뜻입니다). 하지만 보통사람의 공간 개념은 모두 생활의 체험과 경험에서 나옵니다. 공간은 매우 협소하게 느껴지기도 하고(널찍한 데 있었던 경험 때문이겠죠), 또 매우 평안하게 느껴지기도 합니다(소란스러운 고통을 겪어 보았기 때문입니다).

조화롭다거나 크고 작다거나 장엄하다거나 하는, 공간을 둘러싼 이 모든 개념은 크게 보면 우리의 '경험'과 관련됩니다. 이런 경험과 체험이 오랫동안 쌓이고 서로 비교되면서 한 사람 혹은 한 민족의 취향이나 가치관, 문화상, 스타일, 기호를 만들어내고 심지어 선입견마저 자아내는 것이지요.

하이데거의 '물주전자'

마르틴 하이데거Martin Heidegger, 1889-1976는 『시와 언어』라는 책에서 먼저 '주전자의 바닥'과 '주전자의 벽'을 짚으며 '하나의 주전자'를 서술하고,

마지막에 이런 부분을 모두 합한 것이 '주전자'의 본질과 결코 같지 않음을 증명했습니다. 그는 당연히 물건을 담는 것이 주전자의 바닥도, 주전자의 벽도, 주전자의 손잡이도 아님을 잘 알고 있었습니다. '주전자'는 주전자의 바닥과 벽, 손잡이가 만들어내는 공간인 것입니다.

하나의 건축물을 평면과 입면 그리고 입체로 나누는 것은 고식적 설명일 뿐 건축의 진정한 본질은 평면이나 입면이나 입체를 뛰어넘는, 만질 수 없는 그 무엇입니다. 그리고 그 무엇이 바로 공간입니다.

프랭크 로이드 라이트의 '마음의 소리'

프랭크 로이드 라이트Frank Llolyd Wright, 1867-1959는 현대 건축의 선구자로 알려져 있습니다. 그의 유기건축 개념은 서양 현대 건축에 깊이 영향을 주었고 지금도 여전히 영향력을 드리웁니다.

> "오늘날까지의(1940년대) 고전 건축은 모두 외관을 조각하는 데에 많은 힘을 쏟고 내부에는 거주할 면적만 만들었습니다. 현대 건축의 실체는 지붕과 벽체로 이루어진 공간에 있는데, 문제는 지금까지 건축사가들이 이 점을 전혀 의식하지 못했다는 것입니다. 제가 이해한 이 사실은 모든 고전 건축의 전통에 대한 도전이고 … 한번은 책에서 다음과 같은 글을 읽은 적이 있습니다. '진정한 건축은 네 면에 있는 벽체에 있는 것이 아니라 그 속의 공간에 있다. 그것이 진정 사용하는 공간이다.' 이것이 바로 저의 유기건축Organic Architecture 개념입니다. 그 책의 작가는 예수보다 5백 년 이상 앞서 살았던 중국 철학가 노자입니다. 알고 보니 몇 천 년 전에 이미 어떤 사람이 똑같은 판단을 내렸던 거지요. … 한참을 낙담한 후에 저는 노자의 철학이 결코 나의 건축

관을 증명하려고 한 것이 아니며, 다만 오랫동안 변하지 않는 객관적 인 사실에 부합할 뿐이라는 점을 깨달았습니다."

리처드 맥코막(Richard Maccormac, 1938-2014),
「라이트 미학의 해부The Anatomy of Wright's Aesthetic」,
『아키텍추럴 리뷰*Architectural Review*』, 1968년

노자의 '무용론無用論'

기원전 6세기에 도가 철학의 창시자인 노담老聃은《도덕경道德經》에 그의 깨달음을 남겼습니다. 5천 자밖에 안 되는 짧은 글이지만, 2천 년이 넘는 시간 동안 계속해서 되뇌어지고 있지요. 한평생 도가의 철학 사상을 연구하는 사람들에게는 이 유한한 5천 자 속에 무한한 의미가 있는 것입니다.

노자 즉 노담

라이트가 읽은 것은《도덕경》의 '무용장無用章' 부분이겠지요. "서른 개의 바퀴살이 하나로 모이나니, 가운데가 비어 있어야 수레로 쓸 수 있다. 진흙을 빚어서 그릇을 만드나니 속이 비어 있어야 그릇으로 쓸 수 있다. 문과 창을 뚫어 방을 만드나니 속이 비어 있어야 방으로 쓸 수 있음이다. 그러므로 있어서 이로운 것은, 비어 있는 부분의 쓰임 때문이다."

30일이 차야 하나의 보름달이 떠오르듯이, 30개의 바퀴살이 가운데 바퀴통으로 모여야만 하나의 바퀴가 만들어집니다. 그리고 바퀴통은 그 가운데가 비어 있어야만 바퀴살을 모아 담아서 수레바퀴의 기능을 발휘할 수 있지요. 점토를 다져서 그릇을 만들 때도 가운데에 점토

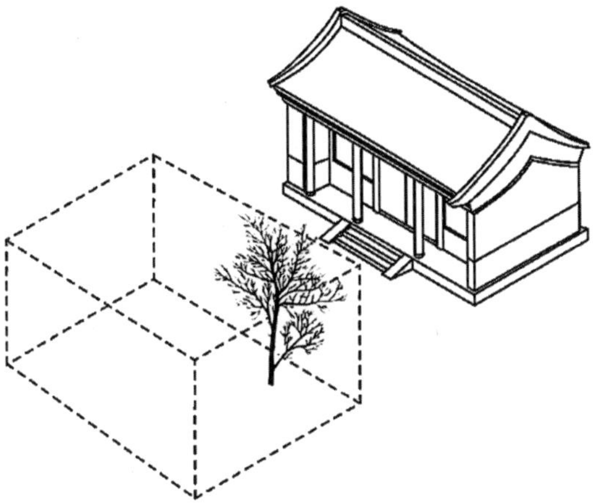

가 없어야 물건을 담을 수 있습니다. 문과 창을 내어 집을 만들 때에도 가운데가 비어 있어야 들어가 살 수 있습니다.

그래서 모든 물질有의 역할은 사실상 '비어 있음無'이 발휘하는 것입니다. '유'는 물질이고 '무'는 공간입니다. 비어 있는 것을 그릇이라 부르는 것은 점토라는 암시가 있기 때문입니다. 점토가 그릇이 되는 것은 비어 있는 공간이 기능을 발휘하기 때문입니다.

입면은 있지만 마당은 없다

입면façade은 원래 서양 건축에서 사용하는 용어입니다. 건축물에 가까이 다가서면 마주하게 되는 정면 입구가 있는 면으로서, 서 있는立 얼굴 면面이라는 뜻이죠. '입면'은 '문이 있는 면門面'을 포함하는 건축물의 앞모습front view으로, 서양 건축에서는 입면을 무엇보다도 중요시합니다. 건축가는 항상 상당한 자본과 노동력을 들여서 건축 입면을 기개 있고 화려하게 장식하고는 입구에서부터 상대의 기세를 꺾는 효과를 내기 위해 노력합니다.

그와 달리 대부분의 중국 건축은 주요 입구에 일부 장식을 하는 것을 제외하고, 전체 외부 입면이 대부분 수수한 담장일 뿐입니다. 담장 너머로 두서너 그루의 나뭇가지 끄트머리가 살짝 보이고, 처마와 지붕마루가 그늘져 있거나 간혹 쓸쓸한 참새 울음소리가 더해지는 정도이지요. 그럼에도 이보다 더한 '보고 듣는 즐거움'이 없습니다.

설령 대문을 열어둔다 하더라도 바깥에서 볼 수 있는 것은 아마도 또 다른 하나의 담장이겠죠(이 담장을 영벽影壁 혹은 조장照墻이라고 합니다). 만약 중국 건축의 면모를 잘 보고 싶다면 들어가서 봐야 합니다. 들어가야 보이는 것이란 당연히 건축물의 '얼굴面目'은 아닐 테지요.

중국에서는 무언가를 감상할 때 직접 보이는 것을 줄곧 꺼렸습니다. 중국인은 예술에서 완곡하게 돌리거나 자태를 한 번에 드러내지 않고 감추기를 즐겼습니다. 세속적인 때를 씻어내야 하는 사찰은 가장 깊은 산속에 있지요. 사찰을 묘사하기 위해서 시인이 산속의 절까지 굳이 직접 찾아갈 필요는 없습니다. "한밤중 종소리가 나그네 배에 들리는구나"하고 읊으면 족한 것입니다. 7만 개가 넘는 중국의 한자 중에 '입면'과 같이 '경직된' 건축 용어가 자발적으로 만들어진 사례는 없습니다.

그렇습니다. 만약 반드시 입면을 말해야 한다면, 중국 건축의 입면은 건축물의 바깥이 아니라 '외부 사람들에게 말할 만한 것도 없는' 건축물 안에 앉아서 보이는 것이라 하겠습니다. 어떨 때는 합쳐지고 어떨 때는 흩어져서 분포하는 것이죠.

서양 건축사가의 말을 먼저 들어봅시다. "중국 건축에서 의념意念은 건축물의 안에서 바깥을 보는 것이다. 우리 서양에서 거리의 건물들

길고 깊다.

이 거리를 오가는 사람들을 향해 휘황찬란한 신분과 지위를 다투는 것과는 다르다." 영국의 패트릭 너트갠스Patrick Nuttgens, 1930-2004, 『세계 건축의 역사*The Story of Architecture*』

중국 건축사가의 말도 한번 들어봅시다. "(중국) 건축은 민가에서 궁전에 이르기까지 모두 몇 개의 독립된 단일 건축물이 모여서 이루어진다. 각 단일 건물이 분산 배치되기 때문에 하나의 단일 건물은 전체 건축의 한 부분에 불과하다. 마치 큰 빌딩 안에 있는 하나의 방과 같다. 그래서 가장 중요하고 가장 웅장한 궁전이라 할지라도 하나의 단일 건축만 본다면 유럽의 석조 건축에 비해 작고 단순해 보인다." 량쓰청梁思成, 『청식영조칙례清式營造則例』

빌딩 전체와 방 하나를 서로 견주는 것이 얼마나 어리석은 일인지 이제는 이해할 수 있겠지요.

앞서 '문'을 다룬 부분에서 우리는 있는 듯하면서도 없는 흥미로운 현상을 이야기했습니다. 그런 "정해진 모습이 없는 존재shapelessness existence"는 '입면'에서 더 확실히 느껴집니다. 건물마다 각기 다른 깊이는 중국 건물의 입면을 여러 방식으로 존재하게 하고 심지어 사라지게도 합니다. 건축물 옆에 있는 길은 그 사이의 통로이지만, 가장 중요한 길은 건축물을 가로질러 지나갈 때 나타납니다. 건물의 한가운데를 한 칸 한 칸 건너서 지날 때, 그 건물은 겹겹이 서 있는 문과 다르지 않습니다.

고대 로마의 판테온 신전Pantheon, 118-125은 서양 건축사에서 실내 설계의 걸작으로 손꼽힙니다. 신전 안에는 높이 143피트약 43.6미터의 돔 천장 한가운데 큰 원형의 천창을 두었습니다. 이 천창을 통해 빗물과 햇빛이 들어와 황홀한 무지개를 그리기도 합니다. 그러나 판테온 신전 이후 천여 년간은 빗물과 빛, 무지개를 모두 화가가 건물 천장에 그려둔 그림에 의지하게 되었지요. 혹은 (성당 내부에 자리한 오색영롱한 스테인드

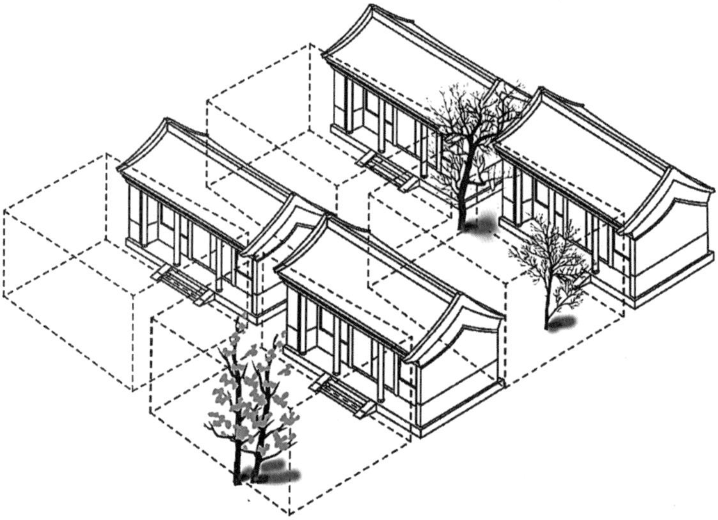

글라스처럼) 빛의 그림자로 화려한 색을 입히기도 했습니다.

현대에 들어 프레임 구조의 건축이 나오면서 (그 원리는 목조건축과 같습니다) 건축과 대자연의 조화가 다시 실험되고 있습니다.

건축물의 입면이 화려하게 장식된 부활절 달걀과 같다면, 마당은 표면이 평범한 송화단松花蛋과 비슷합니다. 중국인은 새로운 길을 연 셈입니다.

소련의 미술사학자 보로노프A. A. vorono는 『건축역사*Voprosy vseobschchei istorii arkhitektury*』에서 그리스 아크로폴리스의 언덕 위에 놓인 신전들이 시간에 따라 각기 다른 모습을 연출하는 것이 마치 "한 편의 영화처럼 황홀한 경지로 이끈다"고 묘사하며 위대한 건축 공간이 지녀야 하는 '시간의 효과'를 강조했습니다. 그러고 보니 일출이기도 하고 일몰이기도 한 중국의 마당이야말로 진정 아름다운 한 편의 영화입니다.

《송사宋詞》에서는 마당 가득한 향기로움을 많은 시로 형용하고 있는

데, '깊다'는 표현이 늘 떠나지 않습니다. 마당의 깊고 깊음에 외국인들은 중국 마당이 열고 또 열어도 끝이 없는 상자 같다고 말하곤 합니다. 공간을 하나씩 하나씩 열고, 마당에 한 번 또 한 번 들어가고…. 마치 가로로 폭이 긴 그림 속을 걸어 다니는 것만 같습니다. 발길 닿는 대로 걷다가 앉아 쉬고, 층층이 깊어지다가 오동나무의 적막함에 빠지기도 하며, 비처럼 쏟아지는 별을 바라보기도 합니다.

"건축은 움직이지 않는 음악"이라는 말이 완전히 옳은 것은 아닙니다. 겹겹이 있는 마당은 깊고 조용하지만 대자연의 리듬은 끊임없이 움직이고 있습니다. 봄, 여름, 가을, 겨울이 들려주는 음악은 마음 써서 귀를 기울여야 들리는 것입니다.

굳음과 흐름

시계가 쉬지 않고 흘러갈 때, 시계바늘이 차지하고 있는 것은 공간이며 기록되는 것은 시간입니다. 거대한 공간을 점하는 피라미드를 쌓아 올리는 데 걸린 시간은 30년입니다. 은은한 향이 태우는 것은 공간이고, 향이 다 타기까지 무릎 꿇고 벌을 받을 때 코끝에 닿는 그 향은 시간입니다.

서양인들은 예술에서 시간과 공간을 두 개의 서로 다른 범주로 구분했습니다. 무용, 음악, 노래는 '아름다움이 가득한 과정'으로서 시간 예술에 속합니다. 이에 반해 회화, 조각, 건축은 모든 것이 굳어서 '정지

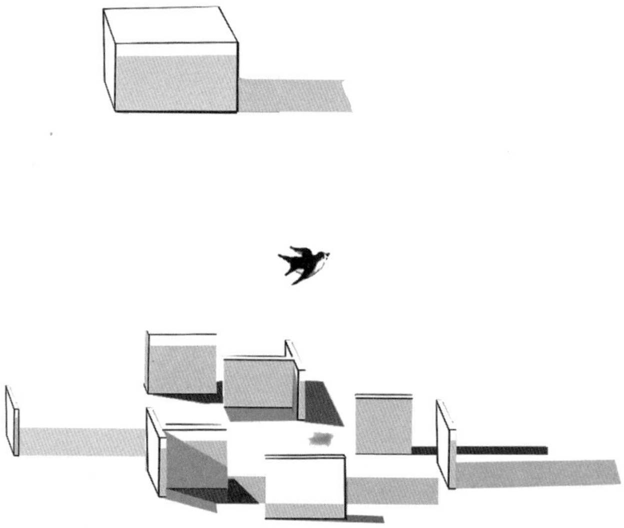

되고 통일된' 공간 안에 고정되어 있습니다. 시간은 흐르는 채로, 공간은 정지된 채로 각자의 장점을 표현합니다.

고대 그리스의 파르테논 신전부터 파리의 오페라하우스에 이르는 2천여 년 동안, 서양 건축은 모두 차곡차곡 돌을 쌓아 만든 두터운 벽체를 이용하여 공간을 둘러싸는 공사를 진행했습니다. 건축은 규모가 크건 작건 상관없이 본질적으로 항상 외부로부터 단절시키는 폐쇄적이며 독립적인 개체였습니다.

서양처럼 건물이 하나의 독립된 개체인 것을 중국인들도 일찍이 경험해보았습니다. 바로, '높은 대臺와 사榭, 아름다운 궁宮과 실室'의 시대가 그러했지요(제4장 '대를 높이 쌓다'를 참고하세요). 그러나 그 후 중국인들은 다시 그 높이를 풀어서 흐르는 시공時空으로 만들고는 각각의 건축을 악보처럼 오선지 위에 놓았습니다.

새벽의 아침 햇살에 머물러야 하는 것일까요(머묾), 아니면 여명에서 마지막 별빛까지 천천히 경험해야 하는 것일까요(흐름). 무엇이 좋고 무엇이 나쁜지의 문제가 결코 아닙니다. 다만 각 민족의 취향, 가치관, 문화상, 스타일, 혹은 선입관에 따를 뿐입니다.

제12장

저택을 여행하다

처음에는 마음 닿는 대로 걷다가, 나중에 당堂에 오르거나 실室로 들어갑니다. 안마당으로 들어가는 문이 사람의 마음을 움직이고, 마치 옛사람들이 돌아와서 이야기를 건네는 듯합니다.

목적지까지는 아직 길이 좀 남았지만 우리는 수레에서 내려야만 합니다. 고대의 관원들이 여기에 이르러 모두 말에서 내렸듯이 말이죠.

전국 시대 초기에 편찬된 책인 《이아爾雅》, 송원 시대에 그려진 〈이아음도爾雅音圖〉, 현대 고고학자들의 복원도, 현존하는 사합원 자료, 그림과 문서들을 통해서 예로부터 지금에 이르는 여러 시대를 탐험할 수 있습니다.

〈이아음도〉 안의 건축물들은 당송 시대의 풍격을 드러냅니다. 고대의 묘廟, 궁宮, 실室과 대형 주택들은 기본적으로 모두 비슷한 형식으로 지어졌습니다. 3천 년 전부터 근대에 이르기까지, 제왕의 궁실에서 민간의 사합원에 이르기까지 모두 이 형식을 따르고 있습니다. 이런 불가사의한 연속성은 다른 문화에서는 종교 건축에서만 나타납니다. 그러나 중국인들은 그저 좋은 대로 걸어왔을 뿐, 결코 순례의 길을 따랐던 것은 아닙니다.

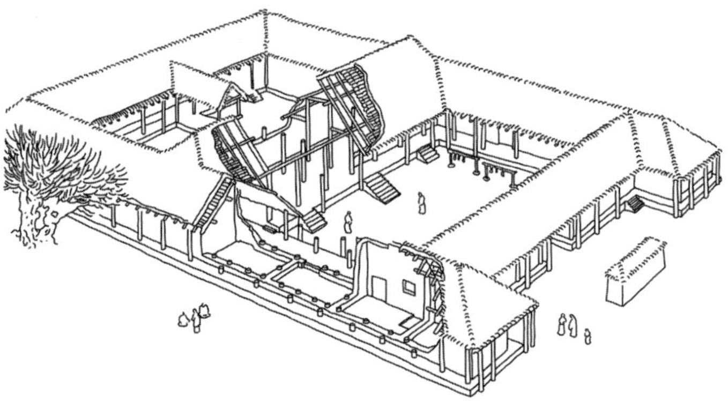

위의 그림으로 재현된 최초의 궁실은 3천여 년 전인 상나라 때에 세워졌다. 이때 이미 회랑으로 둘러싸인 마당(庭院)이 출현했다. 주 건물은 사면으로 경사지게 하고 두 겹으로 된 지붕을 씌웠다. 동시에 당(堂)과 실(室)로 구성된 배치도 볼 수 있다. 주나라 때에 이르면 합원식(合院式) 배치가 완전히 성숙한 단계에 이른다.

부시罘罳의 경고

부사浮思와 발음이 같은 부시는 '거듭하여 생각해보라复思'는 의미를 지닙니다.

중원 지방에서는 기후로 인해 남향으로 집을 앉히는 전통이 만들어졌습니다. 정중앙에 난 대문은 주택의 드높은 위세를 나타내곤 하는데 정남향으로부터 오는 강한 기운은 오직 황실에서만 소화할 수 있습니다. 그래서 대문 입구를 하나의 독립된 벽체 뒤에 놓아서 '막음'을 시작으로 삼는데 이런 형식은 중국에서만 보입니다. 조벽照壁이라고 하는 이 벽은 고대에 부시罘罳라는 참으로 흥미로운 이름으로 불렸습니다. 드나드는 사람들이 공경하고 엄숙한 태도를 지니도록 하고, 모자가 비뚤어

졌으면 고쳐 쓰며, 의복을 정리하고, 높은 굽의 신발을 신은 사람들은 발걸음을 조심히 옮기도록 일깨워준 것이지요. 어쨌든 분수에 맞지 않은 생각을 하지 말라는 뜻입니다.

여러분, 천천히 걸으세요. 중심축 대칭에 따라 건축물의 배치에 높고 낮음이 있을지라도 길을 걸을 때는 직선으로 가는 것을 피해야 합니다. 바깥에서 집 안까지 곳곳에 부시가 놓여 있는 것은 바로 구불구불 돌아 천천히 걷도록 하기 위함입니다.

독립된 조벽은 시선과 걸음을 더욱 굴곡지고 깊이 있게 만들면서 경고하는 역할을 합니다. 이런 차단의 기능은 존중과 자중에서 나온 예법에서 시작됩니다.

차분히 기다리다寧候

우리는 공자가 예를 말하던 시대를 기억해야 합니다. 그래서 얼문臬門, 높고 큰 정문 앞에 마중하는 이가 없다 하더라도 관례에 따라 잠시 멈추어야 합니다. 왜냐하면 이곳은 바로 영寧이기 때문이죠. 방문객들은 예의 바르게 안에서 사람이 나오기를 기다려야 합니다. 호사가들이 아무리 두리번거려도 안쪽을 보지 못하는데, 잎이 무성한 나무 그림자 사이로 또 하나의 담이 가로막고 있기 때문입니다. 이 담은 병풍과 같아서 옛날에는 '병屛'이라 불렀습니다. '소장蕭墻'이라고도 했는데 이는 엄숙하다는 뜻입니다(옛날에는 '소蕭, 엄숙하다'자와 '숙肅, 공경하다'자가 같았거든요). '소장 안에서 분쟁이 일어난다禍起蕭墻'는 말은 바로 이 벽 안쪽에서 골육상쟁이 일어남을 말하는 것으로, 한 집안이 붕괴될 위기에 처해 있어 매우 좋지 않은 상황을 나타냅니다.

이 벽을 돌아서야 비로소 정식으로 건물 앞마당에 들어선 것입니다.

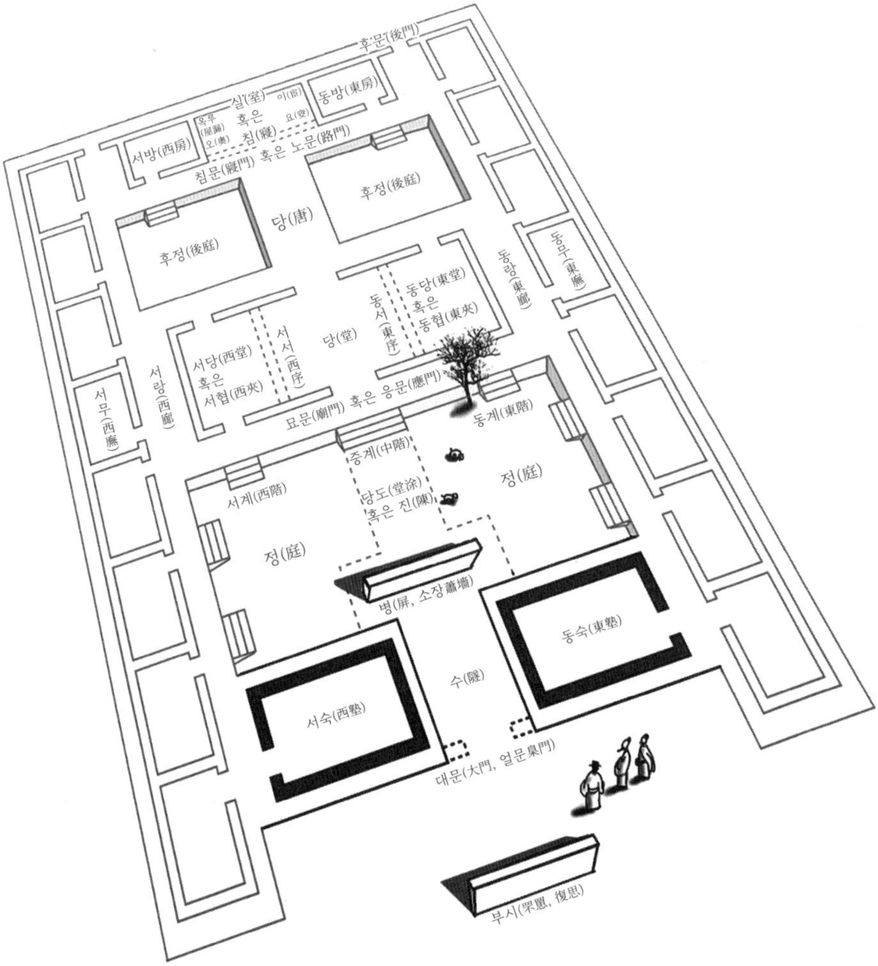
후문(後門)
동방(東房)
실(室)
이(宧)
옥루(屋漏)
오(奧)
혹은
요(窔)
침(寢)
서방(西房)
혹은 노문(路門)
침문(寢門)
후정(後庭)
당(唐)
후정(後庭)
동랑(東廊)
동무(東廡)
동당(東堂)
혹은
동협(東夾)
동서(東序)
당(堂)
서서(西序)
서당(西堂)
혹은
서협(西夾)
서랑(西廊)
서무(西廡)
묘문(廟門) 혹은 응문(應門)
동계(東階)
중계(中階)
정(庭)
서계(西階)
당도(堂涂)
혹은 진(陳)
정(庭)
병(屛, 소장蕭墻)
동숙(東塾)
수(隧)
서숙(西塾)
대문(大門, 얼문臬門)
부시(罘罳, 復思)

여기서 기다려주세요.

앞마당前庭

앞마당은 커도 되고 작아도 됩니다. 작은 것은 1제곱미터가 채 되지 않고, 크면 3만 제곱미터를 넘을 수도 있습니다. 예를 들어 여기가 황궁이고 우리가 고대 관원이라면 앞마당은 제왕을 알현하는 '조정朝廷, 庭'으로 광장처럼 매우 넓겠지요. '중정의 좌우를 위位라 한다'는 말이 있는데 이는 관원들이 품계에 따라 엄숙히 각자 자신의 위치各位에 서는 것을 의미합니다.

종묘인 경우에는 제사를 지낼 때 제물과 제관, 악기들이 여기에 진설됩니다. 그래서 같은 장소이지만 조회를 하는 마당은 조정朝廷이라 부르고, 제사를 지내는 마당은 진陳이라고 부릅니다. 너무 작아서 간신히 공기가 통하는 마당은 천정天井이라 합니다.

제왕의 앞마당은 매우 엄숙하고, 안전을 고려하여 나무를 심지 않아 사막처럼 황량한 모습입니다. "느릅나무 버드나무 그늘 뒤에 처마가 있고, 문하생들이 당堂 앞마당에 있네"라고 하는데, 여염집에서는 앞마당에 각종 나무를 심곤 하지요. 공자가 마당에 단壇을 쌓아 강학을 할 때, 단 앞에 은행나무를 심었기 때문에 행단杏壇•은 이때부터 지식과 이상을 추구하는 장소가 되었습니다. 공자가 세상을 떠난 후에 그의 제자인 자공子貢은 스승의 무덤이 있는 마당에 해나무楷樹를 심어 멀리 주

• 공자가 은행나무숲 단에 앉아 제자들을 가르쳤다는 고사에서 비롯된 기념 건축

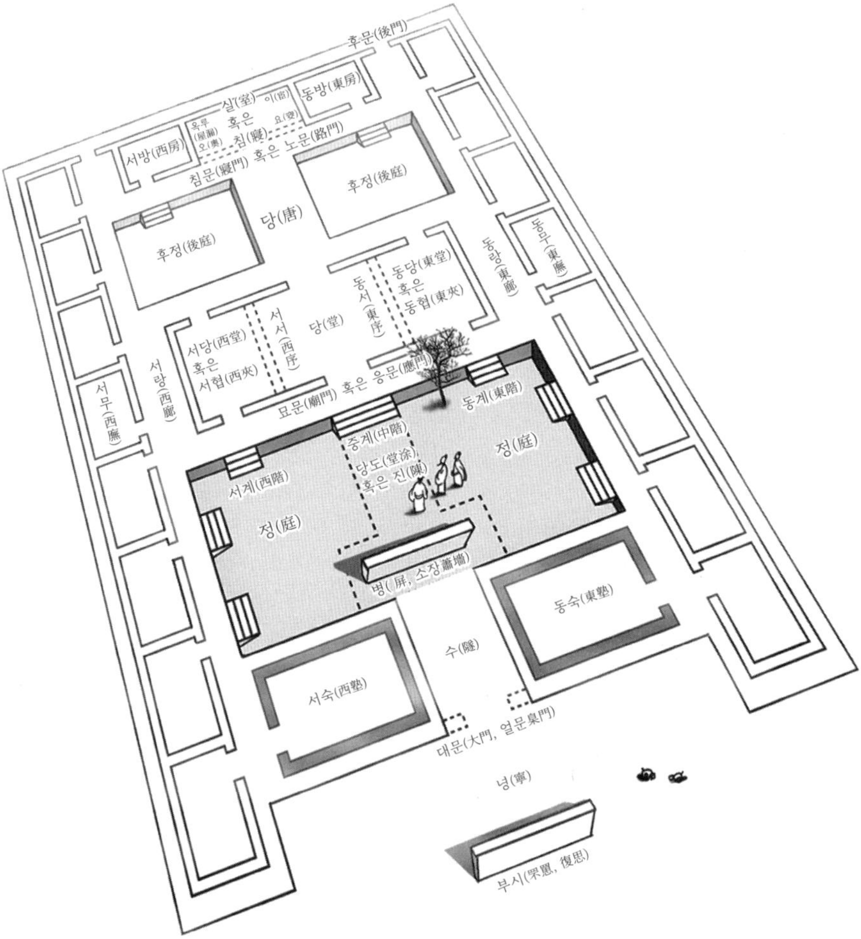

회색 부분은 입구 뒤에 있는 첫 번째 마당이다.

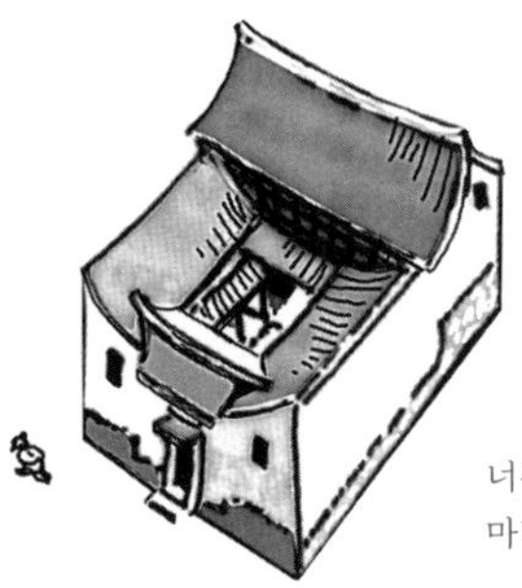

너무 작아서 공기만 간신히 통하는
마당을 천정(天井)이라 한다.

행단

공의 무덤 앞에 있는 모나무模樹와 서로 마주하게 했습니다. 하나는 산둥성, 하나는 허난성에 두었는데 이때부터 '해모楷模'는 중국 문화에서 본보기를 의미하게 되었답니다. 중요한 인물의 일거수일투족은 언제나 우리의 본보기가 됩니다.

이야기를 계속 이어볼까요. 앞마당에 들어가 불을 피워 밝히는 것은 《시경》에 언급된 야간 '정료庭燎'일 겁니다. 모닥불을 피워 고기를 굽는 것도 이곳에서 행합니다.

> "밤이 얼마쯤 되었는지! 밤은 아직 끝나지 않았는데, 뜰의 횃불庭燎은 밝기만 하네. 군자들이 이르니 방울소리 짤랑거리네."
>
> 《시경詩經》 소아小雅·정료庭燎 편

낭廊

일반 대형 주택에서 마당은 반半개방적인 성격의 활동 공간입니다. 어슬렁어슬렁 거닐다 보면 볼 만한 것이 적지 않습니다. 예를 들어 정원 주위를 둘러싼 지붕 덮인 통로가 있습니다. 날씨가 좋지 않을 때 오가는 길인 이곳은 처음에는 보호를 위해 마당을 둘러싼 담장이었다가 이후 점차 꺾여서 한바퀴 돌아오는 낭도廊道 즉 회랑回廊으로 변했습니다. 회랑의 바깥으로는 경치를 감상하고 안쪽에는 장식을 하기 때문에, 안에서 밖을 보거나 밖에서 회랑 안을 바라볼 때 모두 시적詩的 정서와 그림 같은 아름다움을 느낄 수 있습니다. 이제 '화랑畫廊'이 무슨 뜻인지 아시겠죠.

장랑長廊은 시인도 거닐고 상인도 거닙니다. 송나라 수도인 변량汴梁, 지금의 카이펑의 대상국사大相國寺에서는 매번 묘회廟會가 열릴 때마다 민간인들이 노점을 열 수 있도록 개방했습니다. 장날에는 수만 명이 사찰 안 광장의 무랑廡廊에 모여 물건을 사고 팔아 매우 북적였습니다. 《동경몽화록東京夢華錄》 참고

낭廊은 또한 마당과 정원園林의 유람 동선이었습니다. 경관을 감상하는 지점들 사이의 거리를 구불구불하게 만들어서, 그 자체로도 감상의 대상이 되도록 했죠. 낭이 물을 만나면 사뿐히 건너는데, 그것이 바로 지붕이 있는 다리입니다

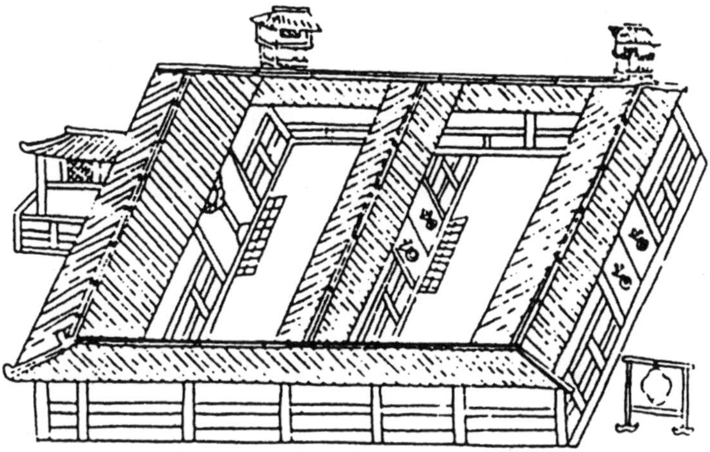

방을 설치한 회랑을 무랑(廡廊)이라 한다.

당에 오르다登堂

앞마당 맞은편 정중앙에는 높은 기단 위에 주된 건축물을 짓는데, 이것이 제왕의 전'당堂', '궁宮'전이거나 종묘의 '태묘太廟'이며, 백성이 조상을 모시는 '사당祠堂'이자 '가묘家廟'입니다. 명청 시대부터는 '청당廳堂'이라 불렀는데, 이는 일반적으로 제사를 지내거나 일을 논의하고 손님을 접대하는 곳이었습니다.

한 층 한 층 당에 올라볼까요. 예법에 따라 손님은 '서쪽 계단西階'으로 오르는 것이 좋습니다. 왜냐하면 반대쪽은 주인이 오르는 '동도東道'이기 때문입니다. 정상적인 상황이라면 주인과 손님 모두 만면에 웃음을 띠고 진중히 대하면서 "먼저 가시죠, 먼저 가시죠, 먼저 가시죠" 서로 세 번씩 사양하고서야 비로소 걸음을 떼기 시작합니다.《주례周禮》 참고

동서양을 막론하고 존중은 어느 때나 중요합니다. 서양 사람들은 오페라를 다 본 후에 좋든 싫든 배우가 세 번 나와 감사를 표할 때까지 열심히 박수를 치는 것으로써 "나는 교양 있는 사람이어서 당신을 이렇듯 존중합니다"라고 보여줍니다. 그렇다 해도 이미 과거의 예법이 무너졌으니, 다들 알아서 하시기를.

궁전의 동쪽과 서쪽 계단 중간에는 황제 전용의 폐陛가 있는데, 폐 위에 원래 계단이 있어야 하는 곳에는 상서로운 용문양이 새겨져 있고 '폐하陛下'께서는 가마를 타고 폐를 따라 내려옵니다. 당 앞의 월대月臺에 서면 앞으로는 아래를 굽어보면서 전체 마당을 살필 수 있고, 뒤로는 전체 건축군에서 가장 웅대한 당을 가까이에서 감상할 수 있습니다.

응문應門, 堂門을 들어서면 당 안쪽의 동서쪽에 각각 '서序'라 불리는 벽

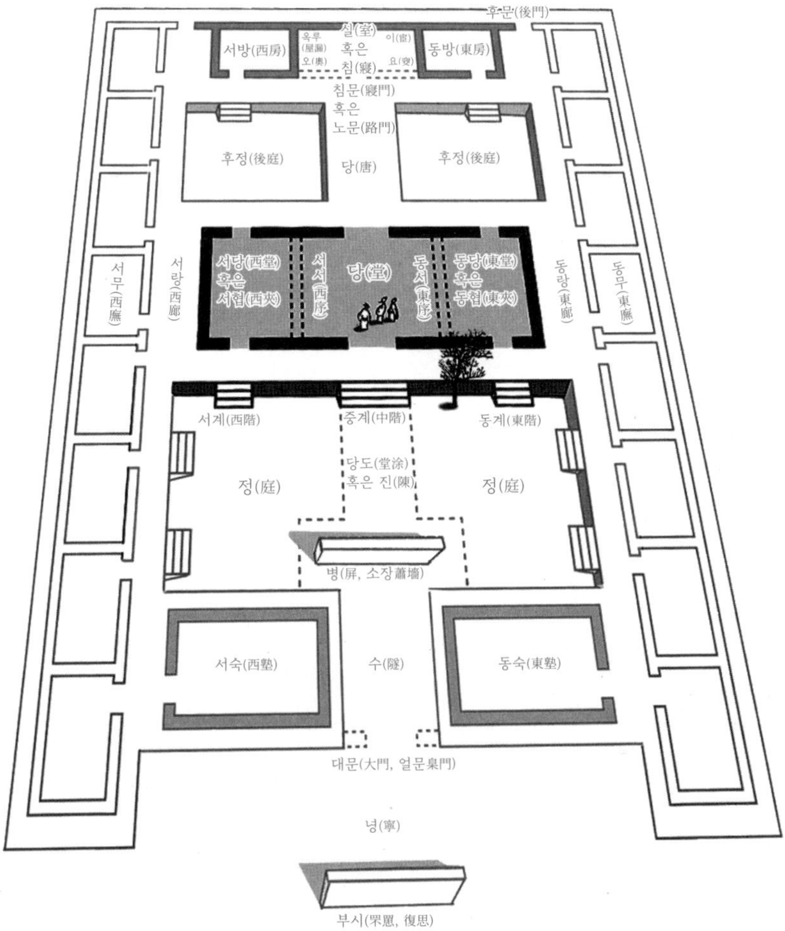

정정당당하게 당 안으로 들어오세요.

체가 하나씩 있습니다. 《설문해자》에 따르면, '서'는 내부와 외부를 분리하는 데 사용됩니다. 주인이 당에 올라 손님을 만날 때는 통상 예의 바르게 '서' 앞에서 "오늘 날씨가, 허허허"라고 인사치레를 건네고 나서야 대화의 주제로 들어갑니다. 오늘날 우리가 특별한 의미 없이 하는 말을 '서언序言'이라 일컫는데, 이는 바로 여기에서 비롯되었을 테지요. 서의 뒤에 있는 곳은 주인이 사용하는 동서 '상방廂房'입니다. 상방이 없다면 침실은 뒷마당 쪽에 둡니다. 그곳은 주인 가족의 사적인 안마당입니다.

손님은 여기서 걸음을 멈추는 것이 좋습니다. 당에 오른 후 경솔하게 실에 들어가는 것은 예의에 맞지 않습니다. 하지만 우리는 "실례합니다" 하고 주인인 양 들어가봅시다.

안마당으로 들어가는 문宮闈

당 양측에 있는 '위闈'라고 불리는 작은 문을 통해 안마당으로 들어갈 수 있습니다. 작고 좁은 골목길 어둠 속에 빛이 비치며 작은 '규闈'문이 보이고, 더 작은 '각閣'문이 하나하나 겹쳐 보이는 것이 마치 눈물에 젖어 하소연하는 침궁의 이야기들이 남아 있는 듯합니다. 이 금지된 벽 안쪽은 매우 화려하지만, 떨쳐버릴 수 없는 우울함이 맴돌고 있습니다. 이럴 줄 알았더라면 그냥 당을 통과해서 지나갈 걸 그랬습니다.

우리가 있는 이곳이 궁전이 아니라 대가족이 함께 사는 집이라면, 안마당이 항상 우울하기만 한 것은 아닙니다. 대가족이 함께 사는 집의 안마당에 들어서면 봉선화를 볼 수 있고, 재잘거리는 소리도 들을 수 있답니다. "계단 앞 손톱 물들이는 풀을 따서, 백반을 섞어 봉선화를 빻는다네." 그렇다면 이 집에는 분명히 천금같이 귀한 규수가 있을 테지요. 혼약을 기다리는 규중 소녀의 붉게 물들인 손톱은 소녀의 고민과 함께 떨어지는 꽃잎처럼 거문고 위에서 표표히 나리겠지요. 안마당은 과연 규와 각의 세계입니다.

담장 안에선 세월이 깊어가는데 담장 밖에는 행인들의 웃음소리 들리는구나! 아무리 상세한 복원도라도 '갈망'과 '초조함'이라는 감정을 세심히 구별하여 느끼게 할 수는 없을 겁니다. "바람 부니 꾀꼬리 소리 굽은 골목 안으로 들어오고, 봄이 오니 버들 빛이 겹겹이 문안으로 들어오네." 이런 옛 시의 정서는 '기다림'을 벌받는 듯이 여기는 현대인에게 낯설기만 합니다. 봄바람이 집 안 가장 안쪽 문까지 이르기 전에 우리는 경솔하게도 봄이 이미 끝났다고 여길 테지요.

침실寢室

뒷마당에서 가장 중요한 건물은 실室입니다. 남자 주인의 침실로 들어가는 침문寢門이건, 황제의 노침路寢, 大寢으로 들어가는 노문路門이건 간에 모두 당문堂門 그리고 정문正門과 일직선상에 있습니다. 실처럼 드러나지 않는 것에도 일정한 격식이 있습니다. 먼저 정남면에 마당을 면하여 창문을 냅니다.

남서쪽 모서리를 오奧라 부르는데, '오묘할 오'자입니다. 북서쪽 모서리를 옥루屋漏라 하는데, 여기서 '누'는 새어 들어오는 빛을 의미합니다. 북동쪽 모서리는 이宧라 부르는데, 여기는 식사를 하는 곳입니다. 남동쪽 모서리는 요窔라 부르는데 글쎄, 뭘까요. 지붕 아래에서 언제나 대화만 하는 것은 아니겠죠.

정실正室의 양쪽 옆에는 편방偏房과 측실이 있는데, 순서에 따라 규수와 시비들의 방에 해당합니다.

모퉁이를 돌면 후문인데, 여기로 나가면 큰 개인 정원은 아니더라도 느릅나무 세 그루 정도는 심겨져 있을 것입니다. "느릅나무 버드나무 그늘 뒤로 처마가 있다"고 하지요 모든 일의 뒤에는 여유를 남겨놓아야 하는 법입니다.

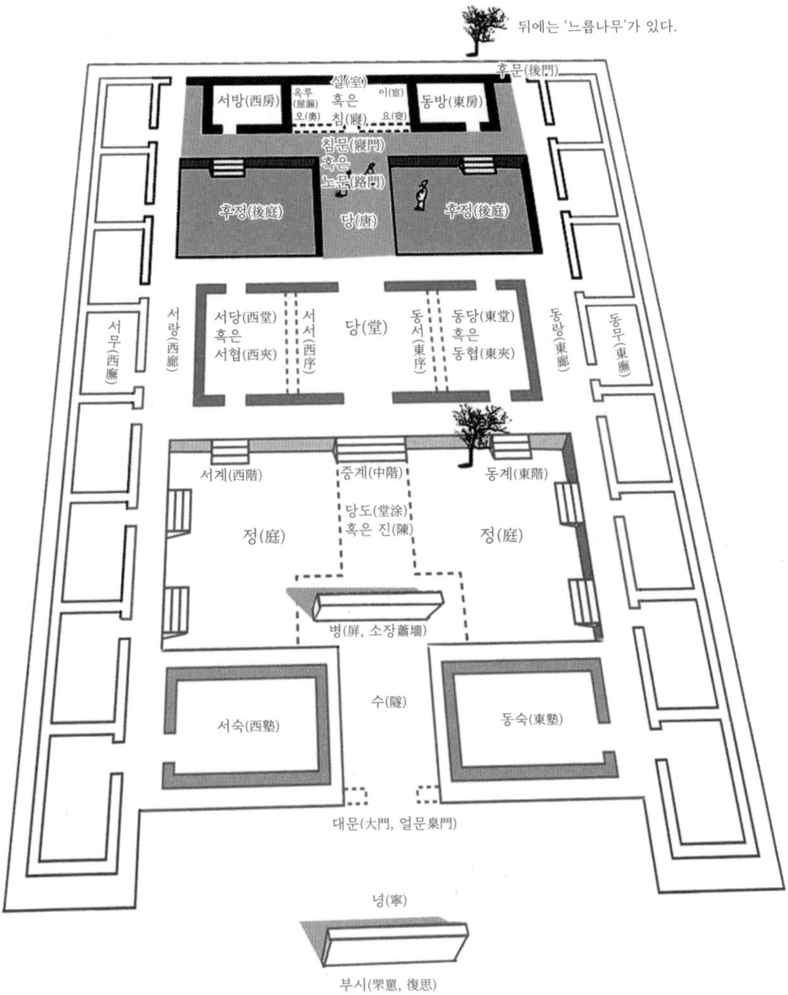

뒤에는 '느릅나무'가 있다.
후문(後門)
실(室) 혹은 침(寢)
옥루(屋漏)
오(奧)
이(宧)
요(窔)
서방(西房)
동방(東房)
침문(寢門) 혹은 노문(路門)
후정(後庭)
당(唐)
후정(後庭)
서무(西廡)
서랑(西廊)
서당(西堂) 혹은 서협(西夾)
서서(西序)
당(堂)
동서(東序)
동당(東堂) 혹은 동협(東夾)
동랑(東廊)
동무(東廡)
서계(西階)
중계(中階)
동계(東階)
당도(堂涂) 혹은 진(陳)
정(庭)
정(庭)
병(屛, 소장蕭墻)
수(隧)
서숙(西塾)
동숙(東塾)
대문(大門, 얼문臬門)
녕(寧)
부시(罘罳, 復思)

이제 여운을 간직한 채 주走라 불리는 곳으로 돌아와 떠날 준비를 해야겠군요. 얼문臬門을 나와서 고개를 돌려보면, 당 계단 앞의 보步와 당문 앞의 추趨에 홀연히 한 무리의 사람들이 나타나 황혼 아래 손을 흔들며 작별인사 하는 모습이 보입니다. 그러나 모습이 가물가물하여 당나라 사람인지 송나라 사람인지, 원나라 사람인지 명나라 사람인지 혹은 청나라 사람인지 구분할 수 없네요. 그저 소리만 들려옵니다.

"환영합니다. 저는 동가東家, 주인로서 동쪽 계단을 쓰는 사람입니다. 위로는 고당高堂, 부모가 계시고 집안 가족들을 거느리고 배웅합니다. 다음에 또 오셔서 제가 연회를 크게 베풀 수 있도록 허락해주시기 바랍니다."

"저는 정실正室입니다."

"저는 편방偏房입니다."

"저는 배방陪房, 곁방입니다."

"저는 동무東廡의 대방입니다."

"저는 서무西廡의 이방입니다."

"저는 후원의 미방尾房입니다."

"저는 서석西席으로 가정교사입니다."

"소인은 집사입니다. 이 사람은 주방이고, 이 사람은 문간인데, 모두 하인들입니다."

"소인은 경비인데, 배우지 못한 사람입니다."

"우리들은 친척이며, 남이 아닙니다."

"모두들 조심히 가세요."

동가, 고당, 정실, 편방, 동무, 서무, 후원, 주방… 건물 전체가 나와서 안녕이라고 말하고 있습니다. 자동차에 올라도 여전히 동숙과 서숙에서 낭낭히 글 읽는 소리가 어렴풋이 들리고, 서상西廂은 계속 글만 읽으니 편방은 어쩔 수 없이 뻐끔뻐끔 담배만 태웁니다.

> "실室의 가운데를 시時라 부르고, 당堂의 위쪽을 행行이라 부르며, 당 아래쪽을 보步라 하고, 문밖을 추趨라 하며, 중정中庭을 주走라 하고, 대로大路를 분奔이라 한다."
>
> 《이아爾雅》

경계심, 존중, 숙연함, 자제심과 갈망이 없어서인지 전국 시대 초기에 편찬된《이아》와 송원 시대에 그려진 〈이아음도〉 그리고 현대 고고학자들의 복원도는 모두 유난히 창백하고 무기력해 보입니다.

마당을 말하다

옛사람은 이렇게 말했습니다. "나는 내 집을 떠난 적이 없는 것 같다. 왜냐하면 내 집은 한 채의 사합원이기 때문이다."

자신보다 오래된 옛 궁실을 둘러보면서 전해진 익숙한 느낌은 내가 살고 있는 사합원에 기이한 '역사 감각'을 더해줍니다. 원래 대청의 '시례전가詩禮傳家, 유가의 경전 및 도덕경 규범이 대대로 전해져 내려오는 것'라는 편액은 진실된 것입니다. 조상들도 나처럼 잠이 오지 않는 밤에 정원 밖으로 나와서 같은 달을 바라보지 않았겠습니까? 집 밖에서 달은 항상 다른 사람을 비추고, 마당에서 보는 달은 언제나 가족처럼 나와 한가로이 집안 이야기를 나누고 싶어 합니다.

마당이란 하늘과 땅을 한 조각씩 잘라내어 집 안에 들여놓은 것이며, 나무가 하늘을 향해 자라는 방이라는 것을 문득 깨닫습니다.

수묵화의 최고 경지는 화선지에 붓이 닿지 않아 공백이 된 부분을 표현하는 것이라는데, 나는 줄곧 그 까닭을 알 수 없었습니다. 그런데 지금에야 사합원의 한가운데가 방이 없는 '공백'의 마당이라는 사실을 깨달으면서 놀라움을 금치 못하는군요. 음, 하지만 이건 단지 우연의 일치라면 좋겠네요. 집과 예술에 어떤 관계가 있을 거라고는 전혀 생각하지 못했기 때문입니다. 나도 모르게 "계곡같이 비어 있는 마음虛懷若谷"이라는 문구가 떠오릅니다.

어린아이가 놀고, 노인네가 햇빛 아래서 졸고, 부녀자가 바늘귀를 만들고 채소를 말리고 연탄을 쌓아 올린 마당을 '의경意境, 정취' 가득한 곳으로 표현해서는 안 되겠지요. 비록 훈풍이 불고 반딧불이 날아다니

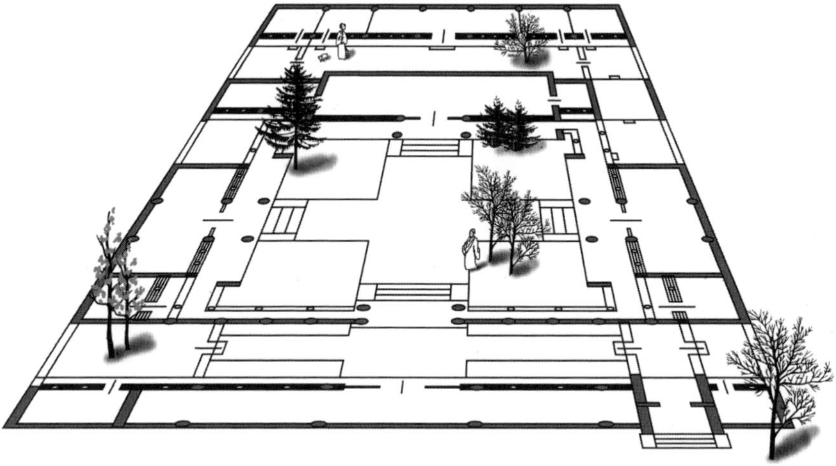

지만 그곳에 모기들도 가득하기 때문입니다.

나는 집은 결코 의경이 아니고, 모기도 예술이 아니라고 스스로 설득해봅니다. 어느새 마당에는 자스민 향이 은은히 풍기고 가을 벌레가 찍찍거리네요. 이렇게 무엇이든지 다 있는데 굳이 아니랄 게 뭐랍니까?

집 팝니다

안목 있는 분께 집을 팝니다

세 개의 마당이 있는 사합원으로 대지 면적은 2무畝가 조금 넘고, 주 건물은 널찍합니다.

딸린 건물은 총 18칸으로, 모두 기와지붕을 올려 반듯합니다.

특히 한 가족이 대대로 살기에 적합하니, 이치를 논하고 친목을 다지며 즐겁게 지낼 수 있습니다.

힘센 장정이 계시다면 마음대로 증축할 수 있습니다.

마당의 담장은 견고하게 잘 마감되었으며, 문들도 굳게 닫혀 있어 시끄러움과 조용함이 겸비되어 있습니다.

대외적으로는 귀하의 개인 세계이고

대외적으로는 귀하의 개인 광장입니다.

안마당은 깊고 고요하며 여인들을 위한 연못, 그네, 화훼, 파골라를 추가로 설치했습니다.

햇빛과 바람이 잘 들고 수목이 우거져 녹음이 마당 가득합니다.

공부를 하면서 쉬거나 일하면서 햇살을 쬐거나 귀하 마음대로 할 수 있습니다.

마당 안의 병문屛門에는 개폐 가능한 문짝이 있어서 명절에 잔치를 열기에 편리합니다.

연회석을 크게 벌릴 수 있기 때문에 체면을 세울 수 있습니다.

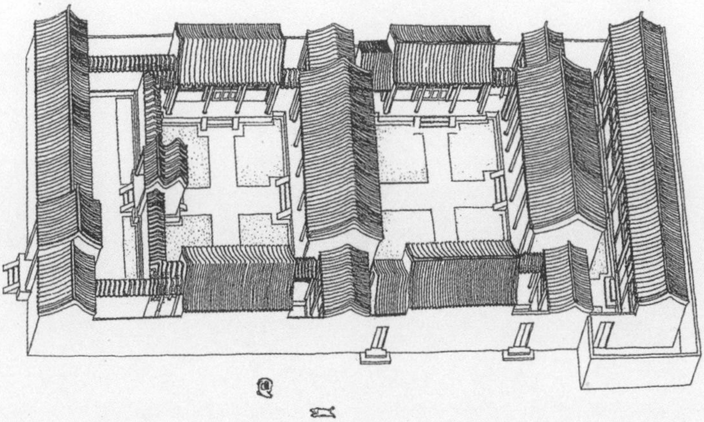

별기: 전국의 남북 지역에 걸쳐 일과인(一顆印)•, 삼합원, 사합원에서부터 대형 저택까지 모두 갖추고 있으니, 어떠한 문의와 방문도 환영합니다.

• 평면이 네모난 도장처럼 폐쇄된 주택 형식

제13장

사합원을 둘러보다

광고 문구로 사합원을 간략하게 설명해보았습니다. 아원(사합원)이 아루(높은 건물)를 맞닥뜨리면 당堂은 당당해질 수가 없습니다.

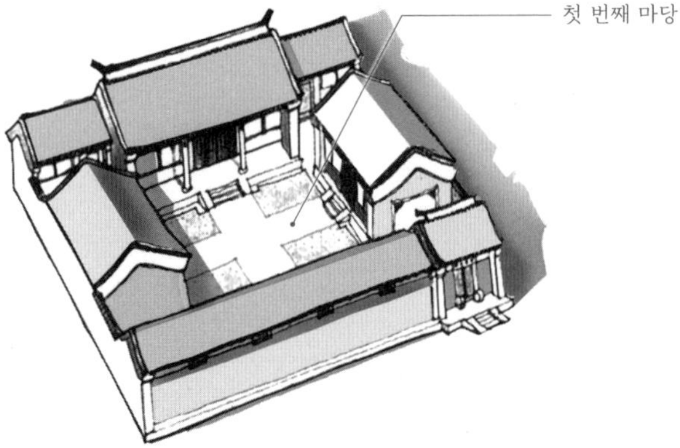

마당이 하나인 사합원

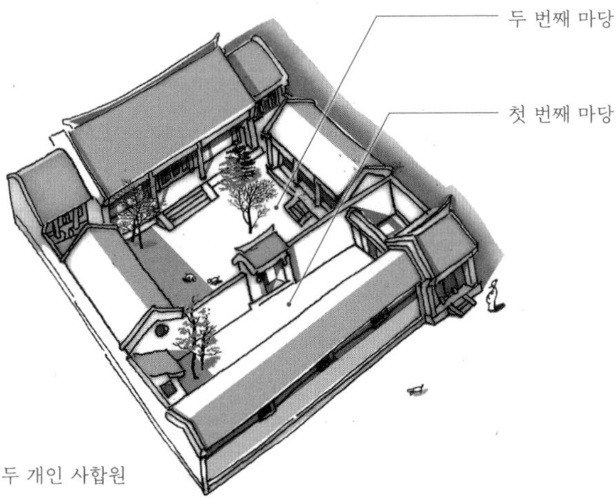

마당이 두 개인 사합원

사합원의 배치는 엄격히 말해서 건축 설계라고 할 수 없으며 몇몇 사람의 뜻이 담겨 이루어진 것도 아니요, 어느 대가의 창조적인 견해는 더더욱 아닙니다. 그것은 삶이 만들어낸 결과입니다.

> "최초의 정원은 확실히 군집 생활과 자기 방어에 근간을 두고 있다. 성읍이 출현한 이후 정원의 외부 담장은 주로 안팎과 공사公私를 구별하는 데 이용되었다. 고대의 궁宮은 그 자체가 하나의 성城이었고, 당송 이후 성 안의 궁은 축소되어 작은 정원으로 변했다. … 성읍의 방어적 성격은 사라지고 회랑 안의 은밀하고 안정된 분위기는 남겨져 거주자에게 정원 안에서 '건물 외부 공간에서의 생활'이 가능하도록 하였다."

량쓰청(梁思成), 『둔황벽화에 보이는 중국 고대건축敦煌壁畵中所見的古代建築』

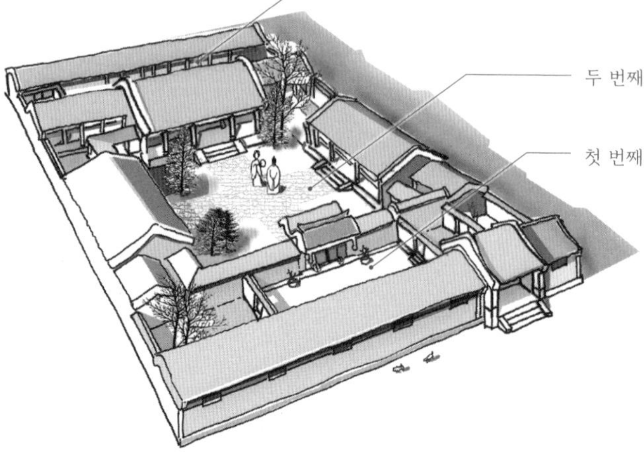

마당이 세 개인 사합원

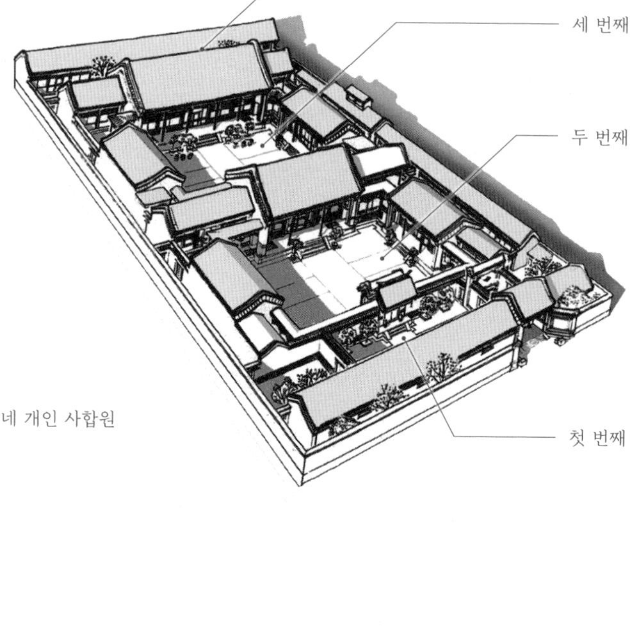

마당이 네 개인 사합원

일반적인 정원이 확대되면 궁전이 되고, 궁전을 확대하면 하나의 성읍이 됩니다.

정원 안의 회랑은 흡사 기둥만 있는 하나의 담장이고, 아무 때고 마음대로 활짝 열 수 있는 문짝이나 가림판과 같습니다. 정원을 둘러싼 건물은 마당의 외벽으로 볼 수도 있습니다. 정원 안에 있는 하나하나의 문(혹은 한 동 한 동의 출입용 건물)은 공간의 성격을 나타내고 단절시키지 않으며, 중앙에 고립된 정원의 분위기가 구석구석에까지 자연스럽게 스며들도록 합니다.

동서양에는 모두 마당이 있지요. 다만 중국의 마당에서만 문밖 공간이 문안 공간의 일부가 됩니다.

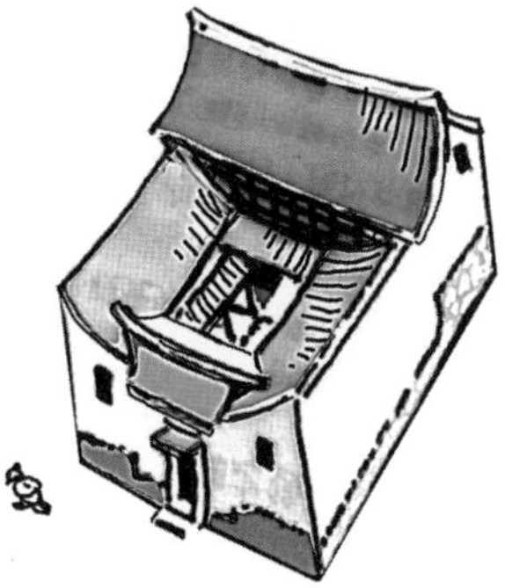

일과인(一顆印). 경제 조건이나 계급 차이에 바탕을 두고 만들어진 정원 개념은 중간에 남겨진 아주 작은 천정을 채광, 통풍, 빗물의 배출 및 집수 등과 같은 용도로 사용할 수 있도록 바꾸어놓았다.

남쪽 지방에서는 폭염과 강한 햇빛 때문에 마당을 남북 방향으로 길게 만든다. 건축물이 모여 있어 계절마다 불어오는 비바람을 막아준다.

북쪽 지방은 비교적 춥고 서늘하여 정원이 상대적으로 넓고 개방적이다. 건축물은 분산되어 있으며 동서 방향으로 확장되어 있다(이로써 겨울철에 일조 시간을 증가시켜준다).

실외 조건에 맞춘 실내 생활

합원合院에서 몇 천 년간 살아오며 생긴 실용성이 지금까지 지속되지 못한 더욱 중요한 원인은 중국인의 윤리 관념체계가 현실적으로 바뀌었기 때문입니다. 과거에는 주된 건물이 중축선 위에 배치되고 지위가 낮은 좌우의 건물은 가족 전체의 혈연과 친화 관계, 존비尊卑의 질서에 따라 균등하게 펼쳐졌습니다.

하나의 마당을 둘러싸고 생활하면 주변 건물 모두가 커다란 정원을 똑같이 가지는 셈입니다. 실질적인 사용 면적이 건축 면적에 비해서 더욱 커지는 이러한 배치는 아주 작은 건축 면적을 서로 다투는 현대 사회에서 특히 매력적이죠. 다만 아무 관계가 없는 사람들의 무리와 하나의 가족은 전혀 다른 개념이어서, 오늘날에는 과거의 공동 소유라는 인식을 찾아볼 수 없다는 점이 문제이지요.

융통성

합원은 클 수도 있고 작을 수도 있으며, 공공과 개인 모두에 적합하기도 합니다. 만일 합원의 프라이버시를 강조하지 않고 몇 동의 건물, 자연 혹은 인위적인 경관을 추가한다면 사람들이 유람하며 다니는 길이 될 수도 있습니다. 거기에 약간의 종교적인 내용이 더해진다면 하나의 사묘四廟가 되어버립니다.

성경에는 예수 그리스도가 크게 분노하여 교회 안의 노점상을 문밖으로 쓸어냈다고 하는 기록이 있습니다. 중국인은 오히려 보살이 자비를 베푸는 편리한 문의 존재를 믿고 있죠. 그래서 사람들이 묘회廟會 기간에 문앞에서 물건을 사고 팔고 하는 것에 개의치 않습니다.

정원을 대중이 유람하도록 개방한 것이 바로 공원公園입니다.

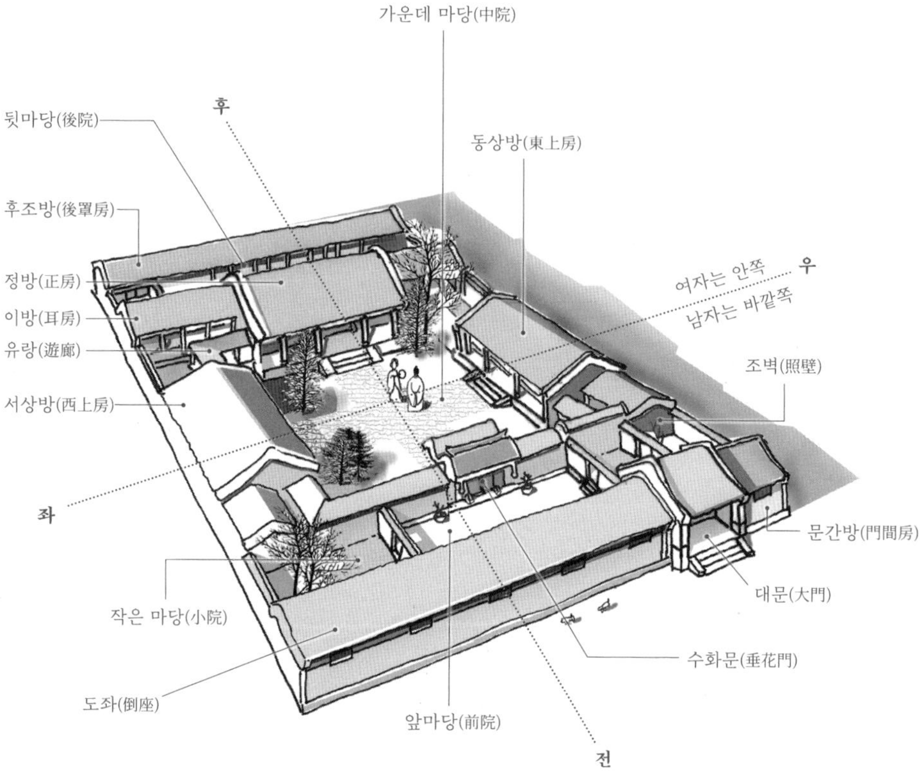

중축선에 따라 왼쪽에는 남성인 가장과 존귀하고 지체가 높은 정실 부인이 거주하며, 여자아이나 비천하고 신분이 낮은 하인은 오른쪽에 산다. 정방은 한 집의 당(堂)이라고 하는 건물로서 손님을 맞이하고 제사를 지내는 공간이다.

당堂 이야기

넓은 정庭, 마당과 바른 당堂, 주된 건물은 다르게 사용할 수 없는 중요한 곳입니다.

《석명釋名》에서는 궁실을 "옛날에 당이라고 한다. 절반 앞쪽이 비어 있는 것을 일러 당이라 하고, 절반 뒤쪽이 채워져 있는 것을 일러 실室이라고 한다. 당은 당當인데 양지 바른 쪽을 바로 보고 있는 집이다"라고 해석했습니다.

전통적으로 중국 건축의 정중앙 부분에는 관례에 따라 방이 없습니다. 가장 중요한 방에는 관습적으로 주인이 살지 않습니다. 건물이 없는 중앙 부분은 정庭이고, 사람이 거주하지 않는 방은 당堂입니다.

당 안에서는 역대 조상의 신위를 모시고 가문의 명성을 드러냅니다. 따라서 당은 기념의 공간이자 일종의 시간 주머니이기도 합니다. 정에는 하늘과 땅이 유유히 있고 당에선 향불이 끊이지 않습니다. 정에서는 상하의 융합이 이루어지고 당에서는 고금古今이 일체화됩니다. 정과 당 사이에 놓인 계단 하나하나에는 가족 전체의 종교와 역사가 묻어 나오고 향불 하나하나에선 집안 전체의 희망이 은은히 피어오릅니다.

당은 한 채의 교회당이자 한 권의 역사서이며, 한 편의 포고문인 동시에 법정이요, 자신을 반성하는 장소에 빗댈 수 있습니다. 모든 사회활동은 정과 당 사이에서 생기니 방장方丈의 공간인 셈이며 또한 세상 사람들을 편안하게 하기에도 충분합니다.

중국인은 이러한 합원식 건축에서 몇 천 년이나 살아왔습니다. 합원식 건축의 주요 건물인 '당'이 제한을 받으면, '당당'해질 수가 없습니다.

아루阿樓와 아원阿院•

아루: 하이! 안녕.

아원: ……

아루: 어라, 나를 몰라보네! 나, 아루야! 어쩐지. 예전에는 상자 같은 무슨 구성構成이라고 불렸지. 지금은… 히히… 구조 해체라고 하더라고!

아원: ……

아루: 자, 우리 둘이서 잘 놀아보자. 너 알지, 요 몇 년간 비록 만나지는 못했지만 난 매번 사람들이 바둑 두는 걸 봐왔어. 반듯한 그 바둑판을 보면 네가 생각나곤 했지. 몇 천 년 전, 밭 한 조각井田에서 점을 치는 명반命盤에 이르기까지 모두 그렇잖아. 역사가 오래되었네.

• 아루는 현대적인 고층 건물, 아원은 사합원을 가리킨다.

아원: ……

아루: 차분하게 네게 알려줄게. 스스로 구조를 해체하고 난 이후 광고의 매출 포인트는 단연 자연이 되었어. 이건 노형의 뜻인 셈이지. 당연히 사람들은 자연을 요구하고, 얻게 되면 분할 상환을 하는 거고.

아원: ……

아루: 어, 답답한 소리로 돈 번다고 하지 마셔. 우리도 노형처럼 몇 동의 큰 건물 사이에 옥외 공간을 만드는데, 그건 사람이 많아서야. 요즘 사람들은 서로 감시하는 데 적합한 마당 생활에 적응하는 거지. 노형 생각은 어때?

아원: ……

아루: 스스로를 한번 돌아봐. 할아버지 집에 단단히 매어 있는 느낌이 아닌지. 어르신네들은 양로원이 있어서 거기서 적절히 보살핌을 받을 수 있어.

아원: ……

아루: 이런, 분명한 건 지금은 독립, 자유, 민주가 왕성한 시기란 거야. 과거처럼 4, 5대가 한데 모여 대가족을 이루며 화목하고 즐겁게 영원히 살 수는 없어. 현대 도시는 갈수록 커지고 가정은 갈수록 작아지고 있어. 내가 높고 크다는 사실을 눈여겨보지 마. 돌봐야 하는 기본적인 것은 모두 더 이상 작아질 수 없는 가정의 규모를 염두에 두고 있으니까. 국제적인 문명화의 현상이지.

아원: ……

아루: 이 농담의 뜻은 사실 나도 잘 몰라. 그냥 사람들 하는 말이 그래. 서양의 문화는 문명이라고 하거든. 다른 지방의 것은 그저 문화라고 해. 동반자로 행세할 때는 입으로 문화를 말하고, 두 손으로는 국제화를 멈추지 않지.

아원: ……

이루: 영국에 조지프 니덤Joseph Needham, 1900-1995이라는 대大학자가 있다고 들었어. 중국을 방문한 기간 동안 한곳에 머물렀는데, 자신의 집으로 돌아간 이후로 우울해지기 시작했다는군. 원인은 달이 있는 작은 정원, 꽃이 있는 작은 마당의 맛을 느낄 수 없어서라네. 서양 학자도 그 사실을 중시했으니, 그래서 머리가 아팠던 거야!

아원: ……

아루: 당연하지. 노형처럼 그렇게 조용하고 고요한 곳이 아주 필요해. 사생활도 있고 옥외 공간도 있는 주거 계획은 현재 아직 등장하지 않았어. 하지만 계획이 허락되고 10개, 100개, 1000개가 되면 장래에는 결국 해결될 거야. 그때 우리가 다시 만날 수 없을까 걱정되네.

아원: 안녕.

제14장

풍수를 생각하다

신화는 일찍이 기록으로 전해져왔습니다. 주택을 지을 때는 당연히 땅을 선택해야 하겠지요. 숨겨진 자연의 규칙은 오행과 팔괘로 발전했습니다. 풍수를 알든지 모르든지, 모두 천단天壇을 감상할 수 있습니다.

어떤 사람들은 풍수를 일종의 소박한 환경학이라고 하고, 또 어떤 사람들은 미신이라고 말합니다. 또 어떤 사람은 지리와 물리, 과학에서 철학에 이르는 관점으로 풍수를 바라보기도 하지요. 하여간 모두가 풍수를 봅니다.

신화는 태초의 혼돈을 전합니다. 축융祝融과 공공共工 둘 사이에 한 세대를 이룰 수 없는 영웅의 대전大戰이 있었고 천지의 어지러움이 사라졌습니다. 마지막에 공공은 실패하고 엄청나게 분개하여 천막을 받들고 있는 불주산不周山을 머리로 들이받게 되지요.

이 한 번의 부딪힘, 하늘을 놀라게 하고 땅을 움직인 이 장면을 고서古書의 저자는 "하늘의 기둥이 부러지고 땅의 받침이 어그러졌다天柱折, 地維缺"라고 하는 여섯 글자로 형용했습니다.

불주산이 절단 나고, 천공은 갑자기 버팀목를 잃고서 서북쪽으로 무너졌으며, 이와 동시에 대지 역시 동남쪽으로 함몰되었고, 쏟아붓는 큰 비가 멈추지 않아 홍수가 나서 땅은 완전히 물에 잠겼습니다.

과거에 영웅이 어려운 일을 수습한 것은 세심하고 자애로운 모성이 있어서인데, 여와가 바로 그런 첫 번째 인물이었습니다. 이 위대한 여신이 돌을 달구어 푸른 하늘을 고친 다음, 남은 잿더미를 넘실대는 바다에 뿌리자 홍수는 곧바로 잠잠해졌고 중국 화북 평원의 비옥한 토양이 되었습니다. 하늘과 땅의 기울어짐도 안정되었습니다. 이로부터 중원의

• 왼쪽 그림의 한자를 해석하면 이러하다. "하늘의 뜻을 받들어 장진사(張進士)가 땅을 빌리다. 혈좌(穴坐)의 중추에서는 당대에 귀한 사람이 나온다. 경유신(庚酉辛)에서 용맥이 입수를 하고 묘을(卯乙) 방향으로 흘러간다. 핵심(혈처)은 존귀하다."

북쪽은 땅이 쉽게 얼어붙고 추위를 재촉한다. (패배를 상징하므로 집은 당연히 이를 등진다.)
天 천정 井
찌는 듯한 서쪽에서는 경사진 계곡에다 곡물을 말린다. (곡식 창고를 짓기에 가장 좋은 곳이다.)
동쪽은 태양이 떠올라 아주 따뜻하다. (햇빛에 나무 숲이 푸르며 생기발랄함이 더해진다.)
바람 소리 쏴한 남쪽에서는 가장 서늘한 바람이 분다. (대문을 설치하기에 적당한 곳이다.)

모든 것은 영원히 잘 굴러가게 되었지요.

일월성진日月星辰은 줄곧 서쪽으로 지나가고, 떨어진 꽃잎은 흐르는 물을 따라 동쪽으로 흘러갔으며 밤낮으로 떠나지 않았습니다. 춘하추동에 따라 경작을 하고 씨를 뿌리는 중국인은 천지를 숭상하고 굽이굽이 산이 이어지는 산맥과 동해로 흘러가는 유구한 강물을 바라봅니다.

천지가 생명을 양육해주는 용맥龍脈이 이러합니다. 보세요, 저 풍수를.

집은 당연히 선택을 해서 지어야 합니다. 《석명釋名》에서도 "'택擇'은 선택한다는 것인데, 이로운 곳을 선택하여 집을 짓는다는 뜻이다"라고 했습니다.

풍수風水는 진나라 곽박(郭璞, 276-324)의 《장경葬經》에 어원을 두고 있다. 기氣는 바람을 만나면 흩어지고 물에 접하면 멈춘다. 옛사람들은 그것을 모아서 흩어지지 않게 하고, 흘러가게 하여 멈추지 않게 하였는데 그것을 일러 풍수라고 한다. 풍수는 감여堪輿라고도 이르며 형법, 지리, 청랑의 술수, 청오, 복택, 상택, 도택, 음양이라고도 한다. 늦어도 기원전 4세기 전후에 출현했으며 전국 시대에 계통적으로 성숙한 단계에 이르렀다. 청오의 술수는 이러하다. 《진서 곽박전晉書郭璞傳》에 이르길 곽박은 이인異人으로부터 청낭에 들어 있는 책 9권을 얻었다고 한다. "곽박 문하의 사람들은 청낭서를 몰래 보았는데 다 읽지도 못하고 불에 태워졌다." 청오靑烏(또는 청오자)는 황제 시기의 지리학자, 은주 시대의 사람, 진나라 사람, 한나라 사람이라고도 한다. 청나라 사람인 포송령(蒲松齡, 1640-1715)은 《요재지이聊齋誌異》에서 "청오자는 팽조彭祖의 제자다"라고 했다.

북쪽 면은 병풍처럼 둘러쳐 차가운 바람을 막아주는 것이 가장 좋고, 문앞의 남쪽 면은 평원이 펼쳐져 있어 경작에 이롭고 서늘한 바람을 불러들이는 것이 좋습니다. 수원水源은 순조롭게 주입되는 것이 좋고, 경관은 눈을 즐겁게 하면 좋습니다. 농지와 건물은 일 년 내내 처음부터 끝까지 햇빛이 비쳐드는 것이 가장 좋습니다.

간법看法

- 세상은 천天, 지地, 풍風, 설雪, 수水, 화火, 산山, 택澤의 8가지 현상에서 벗어나 있는 것이 아니고 일체의 모든 것은 음양의 성질을 가지고 있다.《역경易經》
- 용이 꿈틀거리고 기복이 있는 듯한 산세. "산을 용이라고 하네, 형세가 올라가고 엎드리는 모습."《관씨지리지몽管氏地理指蒙》
- 강과 하천은 마치 대지의 혈맥과 같다. "택宅은 형세로 신체를 삼고, 샘물로 혈맥을 삼고, 토지로 살갗을 삼고, 초목으로 모발을 삼고, 건물로 의복을 삼고, 문과 창으로 관대冠帶를 삼는다."《황제택경皇帝

곽박

청오자

宅經》"대저 돌은 산의 뼈대이고, 흙은 산의 육신이고, 물은 산의 혈맥이고, 초목은 산의 털가죽이니 모두 혈맥을 관통한다."《수룡경水龍經》수법水法 편

- 만물은 모두 금, 목, 수, 화, 토로 구성되어 있다.《상서홍범尙書洪範》
- 천도와 지도는 섞여 있다.《회남자淮南子》,《감여금궤堪輿金匱》
  천지만물은 한 몸이다. 정현,《정씨유서程氏遺書》
- 수문지리水文地理로 가정과 국가를 건설하는 청사진으로 삼는다.
- 천체성수로 근거를 삼는다. "역은 천지 자연의 법칙이다. 그러므로 세상의 법도를 두루 다스리나니 우러러 천문을 살피고 굽어 지리를 살핀다."《주역周易》계사繫辭 편 "구주의 세력을 크게 들어 성곽과 집의 형상을 세우고 … 그 소리, 귀천, 길흉을 구한다."《궁택지형宮宅地形》

봄이 오고 가을이 가는 것은 모두 변화의 규칙에 따른 흐름입니다. 그리고 일체의 모든 것은 팔괘의 도상을 이용하여 추론할 수 있습니다.

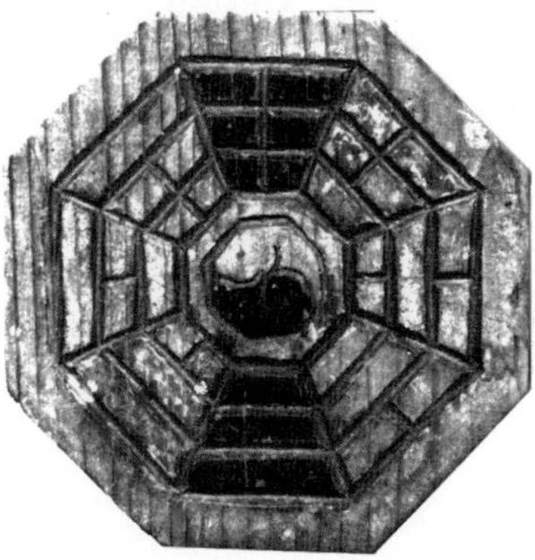

숨겨진 규율

고대 중국인은 4천 년 전부터 자연과 인류 생명이 융합되어 있는 '숨겨진 규율'을 정리하기 시작했습니다. 예제는 천지의 질서이고 음악은 천지의 조화입니다. 사상가들은 이러한 규율에 의거하여 생명을 해석했고, 지리학자들은 이러한 규율로 가장 이상적인 생활환경을 탐사했습니다. 학술學術과 도술道術 모두 음양, 건곤, 팔괘, 오행 등의 어휘로 이러한 세계의 규율을 줄곧 묘사해왔습니다. 의醫, 복卜, 성星, 상相은 모두 '천인합일天人合一'을 말합니다. 합일은 천인의 도라고 할 수 있으며 또 음식양생飮食養生•이라고도 할 수 있는데 이는 모두 '자연과의 어울림'을 도모하는 것입니다.

《역경易經》은 이러한 규율의 가장 중요한 안내 수첩입니다.

풍수를 가장 일찍 본 사람은 주나라 초기의 영민하고 현명한 지도자인 공류公劉였습니다. 그는 백성을 데리고 이주하면서 샘물이 교차하는 곳에 이르러 평원에서부터 고원까지 자세히 살펴보고 해그림자를 이용해 방위를 측정하고 음양을 분별하고 난 다음, 나라를 안정시키고 대업을 세웠습니다.

《주례고공기周禮考工記》라는 책에 성읍 세우는 방법을 기록할 즈음에는 이미 국가를 세계 전체와 하나로 연결하여 생각했습니다. 중국인의 건축 계획은 처음부터 단독 건축물의 건설을 최종 목적으로 삼지 않았

• 중국인에게 약물은 연회의 주요한 요리라고 할 수 있다.

습니다. 성곽에서부터 가로를 구획하는 이방里坊 제도에 이르기까지 모두가 하나의 커다란 공간 안에 예속되어 있습니다.

크게는 나라를 세우는 것, 작게는 개인의 거처를 만드는 것 모두가 풍수와 관련이 있습니다.

기원전 6세기경 《노자》에 언급된 '도道'에는 풍수를 대신해 '현묘하고 현묘한 것玄之又玄'의 색채가 더해졌습니다. 신묘한 색채를 가진 풍수 이야기는 심지어 정사正史에도 기록되어 있습니다. 일반 백성들은 "선산先山에 복이 있다家山有福"고 생각했고, 황제에서부터 낮은 직급의 관료에 이르기까지 모두가 특별한 일에는 꼭 징조가 있으며 특별한 사람의 출생지에는 반드시 상서로움이 있다고 여겼습니다.

한나라의 유명한 신하 동중서董仲舒, 176-104? BC, 그 역시 풍수전문가였음는 유가를 제창하고 효도를 중시했으며 선인의 장례를 후하게 지내는 기풍을 이루었습니다. 풍수 역시 조종산祖宗山의 무덤에 이르기까지 뻗어 나갔습니다. 당나라의 고관대작 양균송楊筠松, 834-906은 심지어 풍수 이론에 의거하여 행군하고 전쟁을 치뤘으며 《회만경灰蠻經》을 지어 오랑캐를 토벌하기도 했습니다. 양균송의 제자 증문천曾文遄이 지은 《청낭경青囊經》

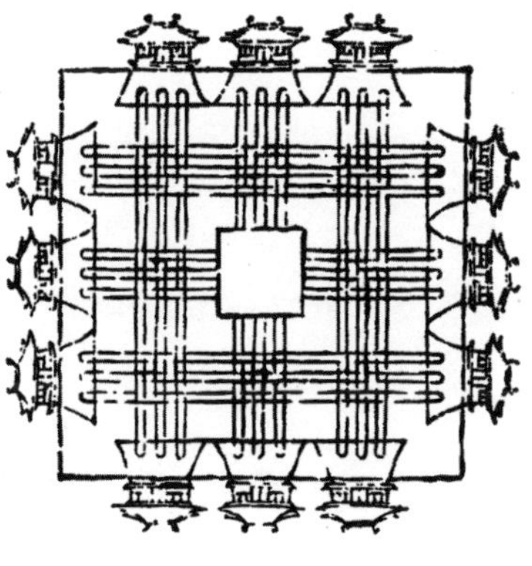

《주례고공기周禮考工記》 장인건국匠人建國 편. 이 책에서 '건국(建國)'은 성읍의 방위를 측정하는 것이고, 성 안의 '구방구리(九坊九里)'는 공간을 작게 나누어 배치하는 것이다.

01. 창고 설치에 적합

02. 문 설치를 피할 것

03. 우물 설치에 부적합

04. 축사와 우물, 화장실 설치에 적합

05. 신위를 보관하는 감실 혹은 문 설치를 피할 것, 우물 설치에 적합

06. 서재, 신위를 보관하는 감실 설치에 적합, 부엌에 부적합

07. 우물 설치에 적합

08. 창고와 문을 짓는 데 부적합

09. 우물과 신위를 보관하는 감실 설치에 적합

10. 문 설치에 적합

11. 신감 설치를 피할 것

12. 우물과 화원 설치에 적합

13. 문 설치에 적합

14. 우물 설치를 피할 것

15. 창고 짓는 데 적합

16. 정자와 서재를 짓는 데 부적합, 오목하게 들어가게 하는 것은 부적합

17. 원림과 연못을 짓는 데 부적합

18. 창고를 짓거나 우물을 설치하는 데 부적합

19. 창고 축조에 적합

20. 문 설치를 피할 것, 우물 설치에 적합

21. 부엌을 만드는 데 적합

22. 창고나 밖으로 튀어나온 방청(房廳)을 짓는 데 부적합

23. 정수실(靜修室), 문, 우물을 짓는 데 적합

24. 부엌을 만들고 우물을 설치하는 데 적합

역시 풍수 경전의 하나가 되었습니다.

풍수를 끌어다 쓴 이야기는 이루 헤아릴 수가 없습니다. 문자 기록이 시작된 이래로 거의 모든 왕조의 교체 시기마다 맹렬한 기세로 풍수가 크게 일어났고 또한 크게 비판을 받기도 했습니다. 특히 청 말기에 조정은 숨이 턱턱 막힐 정도로 답답했는데 '남방에 반발의 기운이 있으므로' 파병을 해서 매일 광둥성을 맹렬히 포격하고 구령狗嶺을 공격해 '반발의 기운'을 강력하게 분산시키려고 했습니다. 결과적으로는 '자연스럽게 진정'되지 않은 셈이죠.

평화로움을 지속하는 것이 전쟁보다는 좋은 법, 중국인들은 원래 불꽃을 태우는 데 사용하려고 화약을 발명했습니다. 한 번의 움직임은 한 번의 멈춤만 못한데, 나침판의 발명은 항해 답사를 위한 것이 아니라 풍수를 보기 위함이었습니다.

영국의 대표적인 중국학 연구자 조지프 니덤Joseph Needham, 1900-1995이 "그리스와 인도 사람에게서 기계원자론이 발전해 나왔을 때 중국인은 유기적 우주철학을 발전시켰다"라고 한 것처럼, 풍수는 발명한 것이 아니라 발전해 나온 것입니다.

어떤 사람들은 풍수를 일종의 소박한 환경학이라고 하고, 또 다른 사람들은 미신으로 보기도 합니다. 이 밖에 지리에서 물리, 과학에서 철학에 이르는 관점으로 풍수를 바라보기도 하지요.

어쨌든 모두가 봅니다, 풍수를.

《시경詩經》 대아大雅 편, 공류公劉

篤公劉, 逝彼百泉, 瞻彼溥原, 乃陟南岡, 乃覯於京,
京師之野, 於時處處, 於時廬旅, 於時言言, 於時語語。

"공류 임금께서 백청으로 가시어 부원을 바라보셨다.
남쪽 산마루에 올라서 경사 고을의 뜰에 살 곳을 정하셨도다.
여기에 머물러 살며 서로서로 말하고 서로서로 이야기하셨다."

篤公劉, 既溥既長, 既景乃岡, 相其陰陽, 觀其流泉,
其軍三單, 度其隰原, 徹田爲糧, 度其夕陽, 豳居允荒。

"공류 임금께서 크고 넓은 논밭 그림자로 방향을 재고 언덕에
올랐다. 집의 음양을 보시고 흐르는 샘물을 살펴보시어 군사들
삼군이 가득 찼도다. 진펄과 벌판을 재어 논밭의 세 거둬 양곡을
저축하신다. 그곳 산 서쪽도 재어 빈 땅은 정말로 넓기만 하다."

"풍수를 이용하는 것은 사람들이 자신의 조상을 수단으로 삼아 속세의 욕망을 달성하려는 것이다. 그들이 이같이 할 때, 조상에 대한 숭배는 이미 사라지고 이용하려는 의지만 남는다. 조상 숭배는 대를 잇는 권위의 의식화 과정을 담고 있지만 풍수에서는 이러한 정황이 거꾸로 되었다. 자손들은 조상을 압박하여 좋은 기운을 가져다달라고 다투고 있으며 선인을 허수아비로 만들고 원래의 통치자를 지배하려고 든다. 조상 숭배와는 달리 풍수에서 조상은 오히려 종속자가 되었다."

영국의 인류학자 모리스 프리드먼(Maurice Freedman, 1904-1985),
『중국에서 조상 숭배의 양면성*Ancestor Worship: Two Facets of the Chinese Case*』(1967)

"중국인의 관점에서 조상과 자손은 하나인 것이다. 풍수 습관에서 조상과 자손은 가족 모두의 이익을 공동으로 도모한다. 적당한 풍수 묘지를 찾는 과정에서 자손은 조상의 뼈를 묻는 데 그치는 것이 아니라 먼저 주동적으로 자신의 뼈를 풍수 좋은 곳에 묻으려고 한다."

리위유안(李亦園, 1931-2017), 『인류의 시야人類的視野』

위의 인용문들을 통해 '공능'과 '정감'이라고 하는
두 종류의 서로 다른 풍수를 볼 수 있다.

오행속싱

여기, 오행 속성표가 있습니다. 오방五方, 오화五化, 오기五氣가 변화되어 나온 풍수의 원리를 배열한 것으로 상당히 흥미롭지요. 기타 각 항목에 대해서는 전문가가 아니라면 설명할 수가 없답니다.

오행(자연계) 속성표

오취(五臭)	노린내(羶)	탄내(焦)	향내(香)	비린내(腥)	썩는내(朽)
오곡(五穀)	보리(麥)	콩(菽)	메기장(稷)	깨(麻)	기장(黍)
오충(五蟲)	물비늘이 있는 것(鱗)	날개가 있는 것(羽)	날개가 없는 것(裸)	털이 있는 것(毛)	딱지가 있는 것(介)
오생(五牲)	양(羊)	닭(鷄)	소(牛)	개(犬)	돼지(豕)
오궁(五宮)	청룡(青龍)	주작(朱雀)	황룡(黃龍)	백호(白虎)	현무(玄武)
오진(五辰)	별(星)	해(日)	땅(地)	별자리(宿)	달(月)
오기(五器)	컴퍼스(規)	저울(衡)	줄(繩)	곡척(矩)	저울추(權)
오상(五象)	곧음(直)	날카로움(銳)	모남(方)	둥그럼(圓)	굽음(曲)
오미(五味)	신맛(酸)	쓴맛(苦)	단맛(甘)	매운맛(辛)	짠맛(鹽)
오색(五色)	파란색(青)	붉은색(赤)	누른색(黃)	흰색(白)	검정색(黑)
오기(五氣)	바람(風)	더위(暑)	습기(濕)	건조함(燥)	추위(寒)
오화(五化)	생(生)	장(長)	화(化)	수(收)	장(藏)
오계(五季)	봄(春)	여름(夏)	한여름(長夏)	가을(秋)	겨울(冬)
오음(五音)	각(角)	치(徵)	궁(宮)	상(商)	우(羽)
오방(五方)	동(東)	남(南)	중(中)	서(西)	북(北)
오시(五時)	동틀녘(平旦)	정오(日中)	해질녘(日西)	일몰(日入)	한밤중(夜半)
오행(五行)	나무(木)	불(火)	흙(土)	쇠(金)	물(水)
오장(五臟)	간(肝)	심장(心)	지라(脾)	폐(肺)	콩팥(腎)
내부(內腑)	쓸개(膽)	소장(小腸)	위(胃)	대장(大腸)	방광(膀胱)
형체(形體)	힘줄(筋)	혈맥(脈)	살(肉)	털가죽(皮毛)	뼈(骨)

정지(情志)	분노(怒)	기쁨(喜)	사색(思)	슬픔(悲)	공포(恐)
변동(變動)	잡음(握)	즐거움(嘔)	구토(噦)	기침(欬)	익음(栗)
오관(五官)	눈(目)	혀(舌)	입(口)	코(鼻)	귀(耳)
오성(五聲)	호흡(呼)	웃음(笑)	노래(歌)	통곡(哭)	신음(呻)
오신(五神)	혼(魂)	신(神)	의(意)	백(魄)	지(志)
오액(五液)	눈물(淚)	땀(汗)	침(涎)	콧물(涕)	침(唾)
오사(五事)	조사(視)	발언(言)	생각(思)	청취(聽)	공경(貌)
오성(五性)	인(仁)	예(禮)	신(信)	의(義)	지(智)
오정(五政)	관용(寬)	명령(命)	공손(恭)	근면(力)	맑음(靜)
오사(五祀)	출입구(戶)	부뚜막(竈)	처마(霤)	문(門)	우물(井)

명대《양택십서 논택외형제陽宅十書論宅外形制第一》(발췌)

"집 왼쪽으로 흐르는 물이 있으면 이를 일러 청룡이라 하고, 오른쪽으로 긴 길이 나 있으면 백호라 하며, 앞에 못이 있으면 주작이라 하고, 뒤에 구릉이 있으면 현무라 하니 가장 귀한 땅이 된다.

집의 동쪽이 낮고 서쪽이 높으면 부귀하고 영웅호걸이 나며, 앞이 높고 뒤가 낮으면 절손하여 가문이 패망하며, 뒤가 높고 앞이 낮으면 가축이 번성한다.

집의 경우 물이 돌진하는 입구에는 살지 않으며, 사묘에 살지 않으며 사당, 도요지, 관아를 가까이하지 않으며, 초목이 자라지 않는 곳에는 살지 않으며, 옛 군영의 전장지에는 살지 않으며, 산등성이가 찌르는 곳에는 살지 않으며, 큰 성문의 입구에는 살지 않으며, 옥문을 마주 대하는 곳에는 살지 않으며, 하천의 수구처에는 살지 않는다.

집 동쪽으로 흐르는 물이 있어 강해를 이루면 길하며, 동쪽에 큰 길이 있으면 가난하고, 북쪽에 큰 길이 있으면 흉하며, 남쪽에 큰 길이 있으면 부귀한다.

무릇 집은 … 왼쪽이 낮고 오른쪽이 높으면 장남이 번창한다.

집 문 앞에 못을 새로 파는 것을 허락하지 않으니 주인은 절손하여 자식이 없게 되므로 이를 두고 혈분血盆이 비치는 거울이라고 한다. 문 조금 멀리에 반달 못은 파도 된다.

집 문 앞에 슬피 신음하는 물소리가 들리면 재물이 나간다.

집 문 앞에 쌍못이 있음을 꺼리는데 이를 일컬어 곡자哭字라 한다. 서쪽 끝에 못이 있으면 백호가 입을 벌린 셈인데 모두 이를 꺼린다.

집 문 앞에 평평하거나 둥근 산을 맞이하면 주인은 길하다.

무릇 집의 우물이 대문을 마주해서는 안 된다. 주인이 관청의 송사를 당하게 된다.

집을 지을 때 먼저 담장이나 외문을 쌓는 것은 절대로 꺼리니 주인이 뜻을 이루기 어렵다. … 큰 나무가 문을 마주하면 주인은 전염병을 불러들이고 담장 끝이 대문을 치면 늘 사람들의 구설수에 오르게 된다. 교차로가 대문을 끼고 있으면 사람이 살지 못하고, 길이 서로 부딪히며 집안에 늙은이가 없다. 문이 물의 쏨을 당하면 집안이 흩어지고 말문이 막힌다. … 문 아래로 물이 나가면 재물이 모이지 않고, 대문에 우물이 붙어 있으면 집 안에 사악한 귀신을 불러들인다. 변소가 문을 마주하면 부스럼병이 늘 있고, 물길이 대문을 치면 거역하는 자손이 생긴다. 창고 입구가 문을 향하면 집안이 기울고 염병을 만난다. … 문 앞에 집이 곧바로 있으면 집 안에 남은 곡식이 없고, 문 앞에 버들이 드리우면 길상스럽지 않다. … 동북쪽으로 대문을 내면 괴이한 일이 많이 생기고, 겹겹이 집에서 삼문은 서로 마주하지 말아야 하니 반드시 주인의 집안이 쇠퇴한다."

천단天壇 감상

천단은 명청 양대에 걸쳐 황제가 하늘에 제사를 지내던 곳으로 베이징 동남쪽에 있고 점유 면적은 273만 평방미터입니다.

기년전은 천단에서 가장 유명한 건축물로 명나라 가정 24년(1545)에 처음 지어졌고 1889년에 벼락으로 인한 화재로 전소된 이후 중건되었습니다. 방형의 담장과 원형의 건물로 1층의 기단 위에 세워진 3층의 원형 모임 지붕은 위로 올라갈수록 줄어들어 하늘과 서로 만나는 것을 상징한답니다.

둥근 하늘은 곧 푸른 하늘이며 높이는 9장 9척(극양수)에 이릅니다. 한 달 30일이므로 전각의 지붕 둘레 길이는 30장이지요. 또 일 년 사계절이므로 건물 내부의 금룡 조정 밑에 세운 금주金柱는 4개이고, 사계절은 12개월이므로 중간 1층에 세운 기둥은 12개, 외층 12개 기둥이 대표하는 것은 하루 12시진, 안팎 모두 24개의 기둥이 나타내는 것은 1년 24절기입니다. 여기에 금룡 조정藻井 밑에 세운 4개의 금주를 더한 숫자는 28성수星宿를 가리킵니다. 전각 지붕의 주위에 설치된 36개의 단주短柱가 대표하는 것은 36천강天罡입니다.

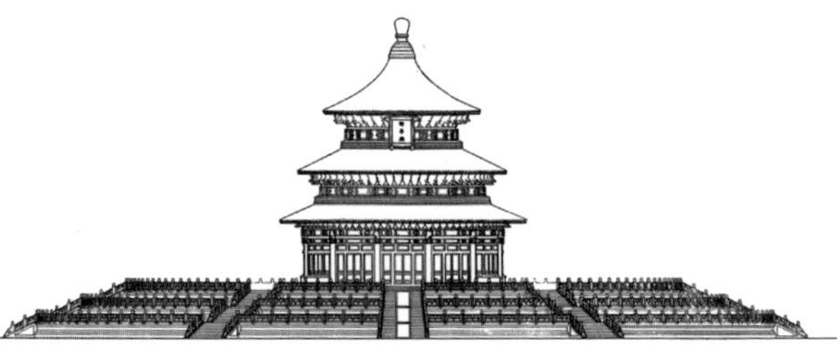

게으름

어떤 호기심 많은 사람이 조사해보았는데 '잠시'에는 여러 종류가 있다고 하네요. 미국에서 'a moment, please'라고 하면 대개 15분 정도이고, 프랑스에서는 'un moments vous plait'라고 하는데 반시간 정도를 말합니다. 중국에서 '잠시'는 종종 반나절, 심지어는 일주일에 해당하기도 합니다. 15분 혹은 반시간을 중국에서는 '잠시'라 하지 않고 '바로'라고 합니다.

한가로움

어느 역사학자가 고대 로마의 경기장 안에 있는 온갖 종류의 사람을 세 가지 유형으로 구분했습니다. 경기장 주변에서 물건을 파는 소행상, 경기장 위에서 힘을 겨루는 영웅, 마지막으로는 좌석에 앉아서 음식을 사먹고 과일껍질을 던지며 소리를 지르는 떠들썩한 관중이 있다는군요. 이러한 관중은 살아남을 궁리도 하지 않고 힘을 모아 필사적으로 싸우지도 않지만 하필이면 문화 전체의 최고 위치를 차지하고 있습니다. 이들은 환호하고 야유를 보내며 이빨을 쑤셔대고 트림을 하고는 수선을 떨며 또 다른 오락거리를 논의합니다.

사사건건 의견이 많은 이런 유형의 사람을 대개 지식인이라 하고, 이렇게 별로 특별히 할 일 없는 마음의 태도를 '유유자적한 마음'이라고 합니다.

'유유자적한 마음'에는 성취감이 없지만, 이로써 문화적인 상상력을 충분히 드러낼 수 있습니다. 청나라 문인 왕탁王晫, 1592-1652은 자신의 소품 문장《기초당십육의紀草堂十六宜》에서 '한가로움'이 도대체 어느 정도의 경지인지를 다음과 같이 알려줍니다.

"회랑과 건물 사이를 배회하며 영감을 찾고 그다음 누각에 올라 글을 쓴다. 나무 아래 꽃들 사이에서 거문고를 타고 술을 마시며 난간에 기대어 달을 감상하고 구름을 바라본다. 겨울에는 화롯불 주변에서 눈을 즐기고, 여름에는 손님을 박대한다. 이야기를 나누며 점치는 놀이를 하거나 제비를 잡고 물고기를 만진다. 또 등불을 켜고 칼춤을 춘다. 아침 일찍 침대에 기대어 참새 울어대는 소리를 듣고, 저녁에는 무료함에 종소리를 들으며 종을 치려 한다."

결국 매일매일 휴가를 보내는 것은 헛된 일이 아니고 한가로운 것입니다.

그와 동시대 인물인 이어李漁, 1611-1680의《한정우기閑情偶記》, 심복沈復, 1763-1822?의《부생육기浮生六記》가 기록한 것은 모두 사람을 황홀한 경지로 이끄는 사치스런 놀이입니다.

건축에서 가장 한가로운 곳은 당연히 정원이랍니다.

제15장

정원을 거닐다

한가하게 게으름을 피우며 편안한 마음으로 정원을 이야기합니다. 정원으로 끌어들인 풍경은 아름답고, 옛 문장에서 끌어와 쓴 글들은 아름답고 화려하기 그지없습니다.

왕탁王晫, 1592-1652, 《**기초당십육의**紀草堂十六宜》

"나는 서옥書屋이 없어 경신년 봄 가산을 팔아 돈을 마련하여 땅을 고르고 벽을 세워 작은 집을 마련하였다. 집이 완성되고 나서 안顏은 이를 '장동초당墻東草堂'이라고 하였고 즐거워하며 손으로 기록하였다. 나 언偃이 이것을 보니 이미 세월이 흘러 부식한 곳이 있어 그 마땅함을 기록한다.

집에서 남쪽으로는 누각이 새 날개처럼 일렁이고 창문은 맑고 탁자는 깨끗하며 필묵이 모두 갖추어져 있으니 누각에 올라 시부를 짓기에 적합하네.

회랑의 밖에는 녹색의 숲 사이에 길이 평탄하니 시제를 나눌 때 흥이 나고 뜻밖의 생각이 떠오르니 얽혀 있는 회랑을 돌며 시부를 구함이 합당하네.

층층이 쌓여 있는 작은 산, 해바라기 향기가 피어오르는데 무엇으로 마음속 감정을 씻어내겠나. 나무 밑에서 거문고 타는 것이 마땅하겠네.

꽃 냄새가 헌의 앞쪽에서 퍼져 나가 우리들 장삼과 웃옷에 스며들고 빼어난 경관으로 끌어들이는데 이곳은 잊기 어려워 꽃을 대하고 술 마시기에 적합하네.

동쪽 담장으로 달이 점차 솟아오를 때 나무 그림자는 자주 움직이며 조각한 난간 옆을 오가는데 이곳은 진정으로 오래 서 있을 곳, 난간 옆은 달 뜨기를 기다리기에 적합하네.

서북 방향으로 저 멀리 조망하니 끝이 없는 구름바다는 기괴한 산봉우리와 표현 못할 오묘한 소년의 머리장식처럼 변화무쌍하니 난간에 기대어 구름 보기에 좋네.

날씨는 차갑게 급변하고 여섯 쪽 꽃잎의 눈꽃이 바람에 춤을 추며 흔들리고 일어나 저 숲을 바라보니 모두 정미로운 경옥으로 화로에 둘러앉아 눈 감상하기에 적합하네.

햇빛은 화염과 같고 축축한 혹서는 찜통과 같으니 창문을 열면 바람이 서서히 불어오고 부들부채 부치며 더위를 식히기에 적합하네.

문 닫을 일 없으니 비어 있는 산과 구분할 바 없고 이 세상의 속된 기운이 모두 사라졌으니 허황된 망상도 바로 흩어지고 먼지떨이를 들어서 선과 도를 논하기에 적합하네.

살랑 뚝뚝 떨어지는 빗방울이 막 지나가자 초목과 수목이 모두 새롭게 변하는 것처럼 우연히 마음속으로 깨닫게 되고 멀어도 개의치 않으니 이때 향에 불을 붙이고 역경을 읽어나 보세.

집 앞의 그 옛 새둥지에는 이미 오랫동안 새가 날아오지 않고 이리저리 밖에서만 날아다니니 가련한 옛 집주인이 문 위의 발을 걷어서 제비가 들어오기에 적합하네.

산 밑에 있는 샘물은 맑고 투명하여 그 속에 노니는 물고기를 셀 수 있고 푸른 이끼와 녹조식물도 그러하니 이곳은 바위를 부여잡고 물고기 보기에 좋은 곳이네.

명절 야밤 등불은 휘황하고 아름다운 야밤은 모든 사정을 이겨내고 몇 곡의 거문고 타는 소리가 주위를 맴도는데 긴급하고 아주 다른 경상景象은 첨랑따라 등을 켜놓기에 적합하네.

통쾌하게 술 마실 때 촛불은 영롱하게 반짝거리고 불공평함을 논할 때마다 도끼를 들어 땅을 가르고 도끼를 침상에 놓고 칼의 문제를 토론하기에 적합하네.

봄날 잠에서 막 깨어나니 해는 휘장에 드리워지고 나뭇가지 위에는 아름다운 소리가 걸려 있으며 가지 끝에는 듣기 좋은 새소리가 있는데 이때 날이 밝으면 창가에서 새가 우는 소리를 듣기에 좋네.

큰길은 이미 조용해졌고 모든 것이 평정으로 돌아갔는데 백세 뒤의 번영과 쇠락은 한가로울 때를 기다려야 발견하게 되니 이때 고요한 야밤 종소리 듣기에 적합하겠네."

정원 vs 집

집은 집이고 정원은 정원입니다. 정원이 없으면 단지 건물에 불과하며 집이 없는 것은 황량한 들판일 뿐입니다. 집에 정원이 더해져야 비로소 완전한 건축이 됩니다. 그러므로 작은 규모의 집에는 정원을 만들고 대형의 정원에는 집을 만듭니다.

예로부터 중국의 지식인들은 공식 업무 이외의 빈 시간을 이용하여 벽에 걸어놓은 수묵산수화를 바라보며 장래의 일을 생각하고 투영해보려 했다고 이미 말했습니다(제3장 '나무는 모두 쓸데가 있다'를 참고하세요). 이같이 소소한 일상 사물에 감정을 투영하는 것은 지식인이 완전한 인격체에 도달하는 기본 조건으로 생각되었습니다.

경제적 여건이 되지 않을 때에는 집 마당의 네모난 작은 정원에 감정을 의탁하기도 해서, 명청 시대에는 적지 않은 유명 인사들이 (천정天井처럼) 작은 정원을 바라보며 느낀 감정을 아름다운 글로 남겼습니다. 하지만 경제적으로 부유해지면 반드시 정원을 크게 만들었습니다.

집을 짓는 목적이 어떠하든 정원의 요구는 대체로 비슷하여 현실 목적 외에 심신이 편안해지는 경계를 창조하는 것입니다.

"군자는 홀로 있을 때 신중해야 한다."

《중용中庸》

'홀로 있다는 것'은 비공식적인 행동으로, 종종 집에 있을 때를 가리킨다. 이 경우, 집은 군자가 삼가고 자제하는 분위기를 갖도록 한다. 행동이 반드시 예를 따라야 하는 곳에 오래 거주하는 군자는 심신의 균형을 이루기가 어려운데, 다행히도 그 곁에 정원이 있다. 유가사상은 엄격히 규정한 합원식 건축 배치 속에 녹아 있고, 노자와 장자가 강조하는 생명은 정원에 가득 차 있다.

정원 잡설

중세 유럽의 고행사제들은 스위스 로잔의 인터라켄을 지날 때 마음을 조리며 황급하게 지나갔다고 합니다. 스위스의 아름다운 경치가 이끄는 유혹을 이겨내지 못하고 몸가짐을 정갈히 하는 대사大事를 그르칠까 봐 염려해서 그랬다지요.

중국에서는 위진 시대에 이른바 사찰정원이 출현했는데, 아름다운 경치를 가진 천하가 있고 누각 아래에서 그 기풍을 볼 수 있었습니다.

프랑스에서 화원花園 설계는 논밭과 같은 불규칙한 모습에서 벗어나 반듯하고 규칙적인 형태를 띠었습니다. 루이 14세Louis XIV, 재위 1643-1715의 베르사유궁Château de Versailles은 주된 건물로부터 분수 연못을 따라 끝까지 걸어가는 데 30분 이상이 소요되는데, 그 길들은 그저 쭉 뻗은 직선입니다. 그리고 길 양쪽에는 조각과 식물들이 모두 균형을 이루며 적절히

사묘원림

배치되어 있습니다. 이 초대형 화원이 사람의 마음을 반드시 무겁게 하는 건 아닙니다. 기하학적 중축선을 따라 펼쳐진 정원은 그 자체만으로 충분한 기백을 드러내지요.

유구한 중국의 역사 속에서는 정원이 변천해온 흔적을 찾을 수 있습니다. 전설 속의 황제黃帝는 동물들이 와서 감렬甘冽의 샘물을 마셨던 현유玄囿, BC 27세기를 가지고 있었습니다.《목천자전穆天子傳》 황실에 황가에서 만든 정원이 있었음을 분명히 알 수 있지요. 여기서 유囿는 울타리垣로 둘러쳐진 정원園을 가리킵니다. 일설에 의하면 짐승이 있으면 유囿라고 불렀다 합니다. 포圃는 채소를 심는 곳이고, 원園에는 과실을 심습니다. 그리고 원苑은 짐승을 기르는 곳입니다. (문자 기록이 있는) 역사 시대가 시작되면서 상나라 전반에 걸쳐 기록할 가치가 있다고 여겨진 것은 정원이 아니라 주왕紂王의 육림肉林과 주지酒池뿐이었습니다.

일반 정원 이야기는 영민하고 총명한 주 문왕BC 12세기으로부터 시작됩니다. 그가 만든 정원은 일반 백성이 꿩과 토끼 사냥을 할 수 있는 곳으로, 인류가 최초로 만든 야생 공원이었습니다(《시경》을 참고하세요). 여기에서 일하는 유인囿人은 짐승을 방목하는 직함이었지, 우리가 흔히 정원사로 알고 있는 원정園丁과는 전혀 달랐습니다. 여민동락與民同樂의 시간은 아주 짧았고, 사분오열된 춘추 시대에는 각국이 모두 높은 대臺를 흥건하는 데 열중했습니다. 높은 건물인 고관高觀과 여러 층으로 이루어진 중루重樓에서는 적진을 조망하고 자신이 다스리는 강산을 바라보았지요. 짐승을 사냥하며 놀던 공원으로서의 원유도 사냥을 즐기며 경치를 감상하던 기능보다는 말 타기와 활쏘기 연습을 하는 기능이 점차 커졌습니다.

진시황은 아주 큰 규모의 사업을 일으켰고 걸핏하면 수백 리의 상림원을 개척했습니다. 아울러 아방궁에서 여산驪山까지 마차를 타고 갈

청나라 때 청더 피서산장에 있던 수기당(秀起堂) 복원도

수 있는 길을 그 주변에 닦아 나무를 심고, 천하를 '이성적이고 아름다우며 수려한 기하 도형'처럼 만들어 자신을 받들도록 했습니다.

> "진秦 길의 폭은 50보인데, 3장 높이로 나무를 심고 그 바깥쪽에는 두터운 담장을 쌓아 금추金椎로 다지고 푸른 소나무를 심었다."
>
> 《한서漢書》

일반적으로 중국에서 분수噴水를 인식하게 된 것은 18세기라고 하는데 한 무제의 '사방 540리'에 이르는 감천원甘泉苑에는 이미 분수(동으로 만든 용에서 물을 뱉어내는 것)가 있었고 가산假山도 있었습니다. 사방의 오랑캐가 모두 한나라에 복속되었고 각지의 명화名花가 속속 진상되었다 하니, 진나라 때의 상림원은 국제적인 정서로 충만한 식물 공원으로 탈바꿈했을 테지요.

《서경잡기西京雜記》에는 무릉의 부호 원광한袁廣漢이 북망산 아래에 5평방킬로미터의 정원을 만들었고 집에 거느린 하인이 8,9백 명이었다는 기록이 있습니다. 높은 산과 회랑이 자리하고 곳곳에 물이 굽이쳐 흐르며 각종 기이한 동물이 있었는데 하루 종일 걸어도 다 이를 수가 없었답니다.

위진남북조 시대에는 전쟁과 더불어 불교와 도교가 성행했고, 남조 시기에는 비안개 사이로 보이는 누대와 함께 사찰정원이 조성되었습니다. "산에 올라 아래를 내려다보니 저 멀리 아득하고 … 우뚝 솟아오른 푸른 언덕, 천길 절벽이 펼쳐지네." "해와 달처럼 맑고 깨끗한 사람의 마음, 우뚝 솟은 소나무 아래로 바람이 송송 부네."

높은 산과 우뚝 솟은 산맥처럼 자연에 빗대어 사람의 풍채를 묘사하듯이, 정원의 경치는 주인의 품격과 호응하기 시작했습니다. 재위 기간이 단지 7년(582-589)에 불과했던 남조의 진후주陳後主, 553-604는 아주 가

명나라 때 처음 지어진 청대의 한산별서(寒山別墅)

청대 황실의 수렵에는 구습에 따라 말타기와 활쏘기 행락의 풍조를 남겨두었다.

까이 붙어서 담소를 나눌 수 있는 2인용 작은 정자를 만들었고, 훗날을 위해 정원에 낭만 가득한 월문月門을 남기기도 했습니다.

이 불안정한 시대에 청렴하고 고결한 지식인은 대부분 시비를 가리는 곳에서 멀리 떨어진 채 산으로 숨어들어 은거를 하고 참선과 독서에 열중하며 전원시田園詩와 산수화山水畫나 산속 정원과 같은 세계를 열었습니다. 동진 시기에 지어진 도연명陶淵明, 365-427의 《도화원기桃花源記》처럼 속세의 시끄러움에서 벗어난 정취는 개인정원의 새로운 이미지가 되었지요.

기백 넘치던 당나라에는 해외에서 들여온 붉은색 해당화(당시 해외에서 들여온 꽃에는 모두 '海'자를 붙였습니다)가 있었고, 당 현종은 침향정에서 양귀비를 희롱하며 "해당화는 아직도 봄잠에서 깨지 않았네"《대진외전大眞外傳》라고 읊조렸습니다. 부유함이 넘쳐났던 당나라의 정원에서 당연히 모란이 빠질 수 없겠죠. 낙양성 사람들은 모란이야말로 '꽃 중의 꽃'이라 생각해서 "모란을 빼면 꽃이 아니다"라고 하였으며, 모

진후주陳後主는 장귀비張貴妃를 위해 광소전光昭殿에 계궁桂宮을 화려하게 만들었다. 정원의 문을 달처럼 만들어 수정으로 발을 엮어 가리고, 정원에는 소박하게 회를 바른 부시罘罳, 고대의 병풍벽를 세웠다. 정원 안에는 다른 것은 두지 않고 오직 한 그루의 계수나무를 심었으며 나무 아래에 절구를 두었다. 예쁘고 온순한 토끼 한 마리를 옆에 두고, 화려한 옷을 걸치고 쪽진 머리에 옥으로 만든 날아갈 듯한 신을 신고서, 때로 그 속을 홀로 걸으며 월궁月宮이라 하였다. 황제가 매번 연회에 참석하면 기뻐하며 치장하여 장상아張嫦娥가 되었다.

당나라의 풍지馮贄, 《남부연화기계궁南部煙花記桂宮》

월문(月門)

란으로 태액지太液池, 용지龍池, 부용원芙蓉苑과 같은 유명한 못을 우아하고 아름답게 장식했습니다.

위진 시대에 널리 퍼졌던 전원에서의 은거 생활이 당나라 때의 부유한 색채를 피할 수 있었던 중요한 공로는 "시 속에 그림이 있고, 그림 속에 시가 있네"라고 한 왕유王維, 699-759에게 돌릴 수 있습니다. 산수화 남종南宗의 비조로 추앙받는 이 천재적인 시인은 망천輞川에서 전원생활을 하며 느낀 시정화의詩情畫意를 〈망천별업輞川別業〉으로 읊었습니다. 천재성이 넘치는 또 다른 시인인 백거이白居易, 772-846는 여산廬山에 초당을 짓고 살면서 다음과 같은 글을 남겼습니다.

> "세 칸에 두 개의 기둥이 있고 두 개의 방과 사면에 창을 냈다. … 나무는 거칠게 다듬었을 뿐 붉게 칠하지 않았고, 벽은 흙을 쌓았을 뿐 회칠을 하지 않았다. 계단은 돌로 만들고 창에는 종이를 바르며, 대나무 발과 모시 장막을 거니 모두 서로 어울리는구나."

《초당기草堂記》

"교송 십여 그루, 다듬은 대나무 천여 개, 그리고 청라靑蘿로 담장을 만들고 흰 돌로 다리를 삼으며 흐르는 물이 집 아래에서 주위를 감싸네. 폭포가 처마 사이로 떨어진다."

《여원미지서與元微之書》

청대 원명원 내 벽동서원(碧桐書院)

소박함을 추구했지만, 동시에 명산의 풍경을 빌려와 사용하는 것도 시작되었습니다.

고대에 정원을 만드는 것은 땅에 울타리를 쳐서 '한 지역의 아름다운 강산을 점유하는' 것과 같은 거대한 일이었습니다. 위진 시대에 이르러 마침내 정원은 그런 '유목의 기억'으로부터 씻은 듯이 벗어나 마음이 만드는 시의詩意 가득한 길이라는 경지에 오릅니다. 중국 고대 건축이 이 시기에 전대미문의 고조기를 맞이했듯이, 후대에 말하는 (자연예술이 아닌) 소위 원림예술 역시 이 시기에 본격적으로 시작되었습니다.

만당晩唐 시기와 오대십국 시대에 각 나라들은 비록 명이 짧고 작은 나라들로 분리되었지만, 오히려 가장 아름다운 원림의 노래를 써냈습니다(남당의 이후주가 그러합니다).

송대에는 특수한 정치 상황 속에 건축과 정원의 표현 수법이 모든 면에서 매우 섬세하고 수려해졌습니다. 조정에서는 역대 건축의 경험을 모아서 백과전서인 《영조법식》을 반포했습니다. 송 황제인 휘종은 변경을 개척하여 영토를 넓혀야 하는 노력을 모두 정원 만드는 데 쏟아부었습니다. 아름다운 정원을 만드는 데 수단과 방법을 가리지 않았으나 화원花園은 결국 무덤을 두는 묘원墓園이 되고 말았지요. 강남은 옛 수

명대 문징명(文徵明, 1470-1559)의 〈난죽석도蘭竹石圖〉

쑤저우 이원(怡園)의 석경(石景)

나라 양제煬帝, 569-618가 만든 대운하를 이용하여 날로 번성했습니다. 남송의 수도였던 임안臨安, 지금의 항저우은 성곽을 둘러싸고 서호西湖가 15킬로미터에 이르러 하나의 거대한 정원 도시를 이루었습니다.

“하늘에는 천당이 있고, 땅에는 쑤저우와 항저우가 있다”는 말처럼 평강부平江府, 지금의 쑤저우 물가를 따라 서 있는 아름다운 정자와 누각들은 천하 문인들의 마음을 사로잡았습니다. 송나라 시인 왕우王禹는 일찍이 “언젠가 내가 성공한다면 남원을 애써 취해서 별천지로 삼고 싶구나”라고 쓰기도 했지요. 남원南園은 오대 시기 쑤저우의 유명한 정원입니다. 남송 시대에 들어 봄에는 복숭아꽃을, 가을에는 국화를 감상하는 행사를 거국적으로 진행하여 일반인들도 예로써 분재와 꽃을 서로 보내던 곳입니다. 강남의 아름다운 풍경으로 인해 항저우와 쑤저우는 방직과 정원의 대명사가 되었습니다. 중국 제일의 조원 전문 서적인 《원야》를 쓴 계성도 바로 항저우 사람입니다.

원명 시대에는 문인화가 절정에 달했습니다. 중국 정원은 왕유로부터 시작해서 시詩, 서書, 화畫의 영향을 천 년 동안 받아왔습니다. 심주沈周, 1427-1509, 문징명文徵明, 1470-1559, 당인唐寅, 1470-1523, 구영仇英, 1497-1552의 작품들은 정원을 만드는 밑그림이 되었습니다. 문징명의 증손자 문진형文震亨, 1585-1645은 자신의 저서 《장물지長物志》 조원 편에서 정원의 꽃과 나무들은 언제든지 그림을 위한 풍경이 되어야 함을 강조했지요. 화가들은 탁자와 의자, 심지어 유람할 때 휴대하는 정교한 찬합까지 정원 안에 그려 넣었고, 동기창董其昌, 1556-1636은 땅 100무畝를 사서 친히 정원을 설계하기도 했습니다.

쑤저우 근처에는 태호太湖라는 호수가 있는데, 태호에서 채취한 '태호석'의 뚫려 있기도 하고透 주름져 있기도 하며皺 늘씬하기도 한瘦 모습은 당나라 백거이 때부터 이미 감상의 대상이 되었습니다. 명나라 때 태호석은 시장 수요가 매우 높았지만 채석이 거의 바닥났기 때문에, 목조각처럼 상감하는 방식도 생겨났습니다.

사람의 품격을 높은 산과 우뚝 솟은 산맥에 빗대기도 하지요. 송명 시대 저명한 화가의 붓끝에서 나온 웅장한 산세와 초목 하나하나는 모두 실제 정원에서 가산과 꽃, 괴석을 배치하여 정원 전체의 조형을 만드는 밑그림이 되었습니다.

정원은 청나라 때에 더욱 왕성하게 만들어져서 남방과 북방의 정원이 서로 구분되었습니다. 정원의 꽃송이들은 여전히 화려하고 향기롭지만, 정원의 풍모는 건축처럼 날로 번잡해지며 물질 추구의 나락으로 떨어져버렸죠. 이 시기 쑤저우의 정원은 그래도 여전히 매력적이어서 영국의 풍경식 정원landscape garden에 영향을 주었답니다. 18세기 독일은 중국적 정서가 충만한 '목란촌木蘭村'을 만들고 계곡에는 '오강吳江'이라는 이름을 붙였지요. 프랑스 선교사 왕치성王致誠, 본명 Jean-Denis Attiret, 1702-1768이 유럽에 크게 선전해준 '만원지원萬園之園'이라 불린 원명원圓明園은 많은 것이

"우뚝 솟아오른 푸른 산봉오리, 절벽은 천 겹 높이로 서 있네."
북송 범관(範寬, 990-1030), 〈계산행려도溪山行旅圖〉

뒤섞여 어우러진 이런 서양의 취향에 딱 맞는 곳이었습니다.

원명원은 확실히 뛰어난 걸작이었지만, 원명원 안의 정원이 지닌 시와 그림의 철학적 정서는 인연이 닿을 때를 차분히 기다려야 했습니다.

복숭아 꽃을 서로 보낸다.

모든 나라는 저마다 정원 이야기를 가지고 있습니다. 중국 정원의 가장 큰 특징은 유구한 역사가 있다는 점 외에도 문인과 정원이 서로 결합하여 뗄 수 없는 인연을 맺고 있다는 점에 있습니다. 돌을 뚫어 물을 끌어들이고 대나무를 짜서 울타리를 만드는 장인의 일에 화가, 시인, 사상가, 신분 높은 정치인에서 제왕에 이르기까지 모두가 개입했습니다. 이것이 바로 중국에서 글 읽는 사람 본연의 모습이었던 것입니다.

"무릇 선비는 모두 조원造園을 이해한다"는 말이 있습니다. 식견이 없는 사람이 정원을 만들기란 불가능합니다.

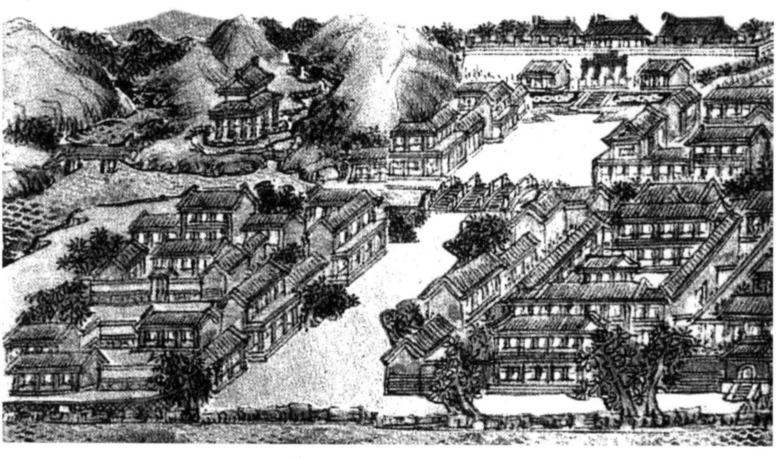

원명원 복원도

차경 借景

풍경은 아름답게 빌리고, 차용증은 당당하고 화려하게 씁니다.

정원을 만드는 것은 하나의 큰 학문과도 같아서, 역대로 많은 전문가들이 이에 대해 언급했습니다. 한 폭의 입체 족자 속에 음과 양, 허와 실, 모임과 흩어짐, 밀함과 성김, 크고 작음, 높고 낮음 등 요점이 분명히 담겨야 한다고 말이지요.

> "정원을 만듦에 있어 격식은 없지만 차경에는 이유가 있어야 한다. 가장 중요한 것은 사계절이며 팔택(풍수)과는 관계가 없다."
>
> 명대 계성(計成), 《원야園冶》 권3

위대한 학문에는 오히려 정해진 격식이 없습니다. 사람들은 풍수를 중시했지만 계성은 정원이 "팔택八宅과 관계가 없다"고 분명히 말했습니다. 《원야》는 전문적으로 정원을 다룬 제일의 서적으로서 그 견해가 독창적입니다. 저자인 계성은 정원을 만들 때 계절의 특성을 살릴 것을 말하고 '차경'의 중요성을 누차 강조했습니다. 책의 처음부터 끝까지 차경, 차경 또 차경입니다.

"먼 경관을 빌리고遠借 가까운 경관을 빌리며鄰借, 고개 들어 보는 경관을 빌리고仰借 고개 숙여 보는 경관을 빌린다俯借. 때에 맞추어 빌린다"고 하였지요. 정원에 "봄에는 백화가 만발하고 가을에는 달이 있으며, 여름에는 시원한 바람이 있고 겨울에는 눈이 있는" 것이 좋습니다. 빌리는 것은 일종의 건의 혹은 견해입니다. 계성은 정원에서 사계절을 어떻게 체험할 수 있는지 알려준 것입니다. 이렇게 하지 않으면 봄 내내 그네를 타거나 제비를 보는 것밖에 할 수 없고, 겨울 내내 매화를 보며 향기에 취할 뿐이겠지요. 바로 여기서 관람자의 '수준'이 결정되는 것입니다.

태산泰山 만선루萬仙樓 북측 면의 서쪽 암벽에는 '충이虫二'라는 두 글자가 크게 새겨져 있습니다. 여행객들은 이 수수께끼 같은 글자 앞에서 무슨 뜻인지, 의도가 무엇인지 의아해하며 머리를 갸우뚱거립니다. 어떤 사람이 드디어 그 오묘함을 깨달았는데, '충이'는 '풍월風月'이라는 글자에서 바깥에 두른 안석 궤几 변을 각각 떼어내 만든 글자로서 바람과 달은 끝이 없다는 '풍월무변風月無邊'을 뜻한다는 게 아닙니까. 바람과 달은 끝이 없으니, 정원을 통해 만들 수 있는 무궁무진한 가능성도 정원 주인이 마음먹기 나름이랍니다.

봄에는 한가로이 꽃과 풀을 보고, 창문의 발을 말아올려 제비와 함께 맑은 바람 한 줄기를 들이고, 버드나무 하늘거리는데 봄의 청량함 속에서 그네를 타며 떨어지는 꽃잎과 함께 날아오릅니다.

"반악潘岳이 〈한거부閑居賦〉를 짓던 때와도 같고 굴원屈原이 방초를 홀로 어여삐 여기던 것과 같다. 꽃길을 깨끗이 쓸어 난초 싹이 잘 자라도록 보호하니 실내로 그윽한 향기를 나누어 보내주고, 발을 걷어올려 제비를 맞아들이니 때때로 가벼운 바람을 일으키며 허공을 가르고 날아간다. 한 잎 한 잎 꽃잎이 날고 한 줄기 한 줄기 버드나무 가지가 졸음에 겨운 듯 늘어져 있는데 봄바람은 싸늘하게 옷깃을 스치고 사람들은 높은 곳에 줄을 매고 그네를 탄다. 춘흥이 일어나지 맑은 공기 가득한 외진 장소를 찾아가 산과 계곡에서 정서를 풍부하게 한다. 자신도 모르는 사이에 진세 밖에 생각이 머물고 마치 그림 속을 걸어가는 듯한 느낌이 든다."

계성(計成), 《원야》 권3

여름에는 산속 계곡에서 나무꾼과 꾀꼬리의 노랫소리를 들으며 시를 짓고 거문고를 탑니다. 연꽃을 바라보기도 하고 대나무 숲에 울리는 빗소리를 들으며 연못 속에서 유유자적 헤엄치는 물고기를 들여다봅니다. 높은 난간에 기대어 앉으니 발아래 운무가 그득하고, 창밖에 드리운 파초와 오동잎이 흔들거리며 시원한 바람이 불어옵니다. 물가에서 물 위에 비친 달을 감상하고 돌 위에 앉아 맑은 물에 정성껏 차를 달입니다.

"숲 그늘에서는 꾀꼬리 울음소리 새어 나오고 산굽이에서 갑자기 나무꾼의 노랫소리가 들려온다. 숲 사이에서 바람이 일어나니 복희씨 시대로 돌아간 듯하다. 유인幽人은 소나무 숲에 둘러싸인 산재에서 시를 읊고, 일사逸士는 대나무 숲속에서 거문고를 탄다. 연꽃이 물 위로 솟아 새로 단장한 듯하고 대나무 잎이 비를 머금으니 벽옥을 가볍게 튕기는 것과 같다. 시냇가 물굽이에서 대나무를 감상하고 호숫가에서 물고기 노는 모습을 구경한다. 낮에는 지나가던 구름이 잦아들어 일부러 몸을 기대고 있는 난간으로 내려온 듯하고, 수면에 물결이 일어나니 상쾌한 바람이 머리에 베고 있던 베갯머리로 불어와 잠을 깨워놓는다. 남쪽 창가에서는 속세를 오만하게 보는 심정을 부치고, 북쪽 창가에서는 그늘 아래의 청량한 바람을 맞이한다. 반쯤 열어놓은 창으로는 파초와 오동나무가 푸르름을 드리우고, 에워싼 담장에는 담쟁이넝쿨이 비취빛을 자랑한다. 흐르는 물을 내려다보면서 물에 어린 달빛을 감상하고 바위에 앉아 샘물 맛을 품평한다."

계성(計成), 《원야》 권3

가을이 끝나갈 즈음이면 연꽃은 향기를 남기고 오동나무에서 낙엽이 떨어지며 벌레는 찌르찌르 울어댑니다. 호수는 거울과 같이 고요하고 높은 대에 올라 멀리 백로가 단풍으로 붉게 물든 산빛을 지나 날아가는 것을 바라봅니다. 물푸레나무의 향기 속에서 잔을 들어 밝은 달에 권해봅니다.

"가을이 되자 여름의 모시옷으로는 선뜻 찾아온 서늘한 기운을 견딜 수 없다. 연못에 떠 있는 연꽃의 퇴색해가는 붉은빛에서 향기가 솟아나며 오동잎 하나 떨어지자 갑자기 가을이 찾아온 것을 깨닫고 풀벌레들은 나직이 울어댄다. 호수 위에는 아득하게 끝없는 물빛이 펼쳐져 있고 산은 먹고 싶을 정도의 빼어난 산빛으로 빛나고 있다. 줄지어 날아가는 백로에 눈길을 주고 몇몇 단풍나무 무더기를 바라보니 술에 취한 듯 얼굴이 붉게 달아오른다. 높다란 대에 올라가 먼 곳을 조망하며 머리를 긁적이면서 푸른 하늘에 질문을 던진다. 어떻게 하늘까지 닿을 수 있을까? 활짝 열어놓은 누각에 올라 허공을 내려다보며 술잔을 드니 밝은 달이 스스로 나를 찾아온다."

계성(計成), 《원야》 권3

겨울 저녁, 국화의 가을색이 점차 시들해지면 산등성이에 올라 매화가 피었는지 살펴보고 이웃과 함께 술 한 잔 기울일 것을 약속합니다. 매화가 피고 눈발이 날리며, 석양의 고목에 까마귀 깃들고 사그러지는 달빛에 추운 기러기 소리가 들려옵니다. 난로에 둘러앉아 시를 읊기도 하고 벗의 집에 방문하여 눈을 녹여 차를 끓이니 실로 옛 시인의 풍류와 다르지 않습니다.

"하늘의 향기는 모락모락 피어오르고 계수나무 잎은 유유히 떨어진다. 겨울이 되자 울타리가에 늦가을을 지낸 국화가 시들어 있으니 산언덕을 찾아가 다른 꽃에 앞서 매화가 피어 있는지 살펴보아야 한다. 지팡이 끝에 술값을 조금 매달고서 이웃에 사는 사람을 부르러 간다. 매화를 바라보고 있자니 황홀하게 숲속 달빛 아래로 아름다운 여인이 다가서고, 눈이 천지에 가득 내리자 눈 덮인 초가집에는 고상한 선비가 누워 있다. 구름빛은 어둑어둑하고 나뭇잎은 다 떨어져 쓸쓸하다. 해질 무렵 바람맞은 갈까마귀는 서너 그루의 나무 위에 깃들고 희미한 달빛 아래 추위에 떠는 기러기는 몇 마디 울어대며 날아간다. 서재 창문 아래에 누워 있던 선비는 자던 꿈 깨고서 자기 그림자를 벗 삼아 시를 읊는다. 비단 휘장 안에서 화롯불 가까이하고 상서롭게 내린 눈을 감상한다. 흥취가 일어나면 배를 타고서 섬계剡溪를 찾아가고 눈을 떠다 차를 달이는 멋은 당가의 고기와 술 마시는 것보다 나을 것이다."

계성(計成), 《원야》 권3

차용증서

물가에 정자榭를 지으니 초승달이 바늘처럼 드리워집니다. 유쾌한 마음으로 '국월소사掬月小榭', '청천완월清泉玩月', '근류광沂流光'의 글귀를 쓰고 눈에 잘 보이는 곳에 걸어두어 사람들에게 자랑합니다. "보시오, 내가 뭘 빌렸는지."

이 차용증서 중에서 가장 체면을 세워주고 의기양양하게 만드는 것은 단연 편액입니다.

홀로 있음은 초라한 것이 아니라 풍월과 함께 지내는 것입니다. 소동파의 시 중에 "누구와 함께할까與誰同坐, 풍월인가 청풍인가 나인가"라는 구절이 있는데, 쑤저우 졸정원拙政園에 있는 건물인 '여수동좌헌與誰同坐軒'은 이런 소동파의 시의詩意를 빌려온 것입니다. 또 도연정陶然亭, 취옹정醉翁亭, 애만정愛晩亭•은 백거이의 "국화가 노랗게 변하고 집의 술이 익기를 기다려, 님과 함께 술에 취해 즐기고 싶네"라는 구절에서 빌려 이름 지어졌습니다. '하늘과 땅 사이, 한 초가지붕 정자'라는 뜻의 건곤일초정乾坤一草亭에는 계절, 별, 세월, 상하좌우, 사방팔면, 시사가부詩詞歌賦까지 모두 담겨 있으니 어느 것 하나 빌리지 못할 것이 없답니다.

모든 것이 다 갖추어지면 깊은 숨을 한번 들이쉽니다. "향기롭도다!" 꽃의 의미가 온 몸을 휘감습니다. 정원이 여기까지 이르면, 건축과 문학과 서예의 모든 색과 향, 맛이 완벽하게 갖추어진 셈입니다.

• 베이징의 도연정, 후난성 창사의 애만정, 안후웨이성 추저우의 취옹정은 항저우 서호의 호심정(湖心亭)과 더불어 중국 4대 명정(名亭)으로 불린다.

안후웨이성 추저우滁州에는 취옹정이 있는데 그 정자의 이름은 구양수(歐陽脩, 1007-1072)의 〈취옹정기醉翁亭記〉에서 영감을 받아 붙여진 것이다. '애만정'의 출처는 두목(杜牧, 803-852)의 시구인 "수레를 멈추고 앉아서 단풍나무 숲의 저녁 어스름을 즐기니, 서리 먹은 나뭇잎은 2월의 꽃처럼 붉게 물들었네"이다.

《원야》에 따르면 '빌린다'는 것은 일정한 수준과 조건을 필요로 합니다.

1. 지세가 높아야 먼 산을 볼 수 있다.
2. 땅이 지나치게 빈궁하지 않아야 수목이 무성하게 자랄 수 있다.
3. 물이 충분해야 계류에 물이 잘 흐른다.
4. 번잡한 시장을 피하고 신중하게 이웃을 선택해야 한다.

조건이 좋지 않아도 겁낼 필요는 없습니다. 장식을 하면 됩니다.

엄식

"장식은 우리가 가진 공허함에 대한 두려움에 근원을 두고 있다."

에른스트 곰브리치(E.H.Gombrich, 1909-2001)의 『질서의 감각*The Sense of Order*』

어쨌거나 뭘 붙여 장식하는 것은 사실 무언가를 덮는 것입니다.

소박함을 숭상하던 시대에는 걸핏하면 바꾸고 화려하게 꾸미는 것이 사람의 눈과 귀를 어지럽히고 내적 가치가 부족한 일종의 부도덕으로 생각되었습니다. 장식은 곧 덮어서 꾸미는 것掩飾이었지요. 정교하고 기묘한 수공예 기술이 크게 유행하던 시대에는 지극히 세밀하게 가공된 상품이 시장에서 잘 팔렸고 '장식裝飾'과 '엄식掩飾, 덮어서 꾸밈'에 차이가 없었습니다.

허버트 리드Herbert Read, 1893-1968는 장식을 '구조' 그리고 '구조와 관계없는 것'의 두 가지로 구분했습니다. 후자가 바로 곰브리치가 부정적으로 묘사한, '믿음이 결여되어' 덮어 꾸미는 행위입니다.

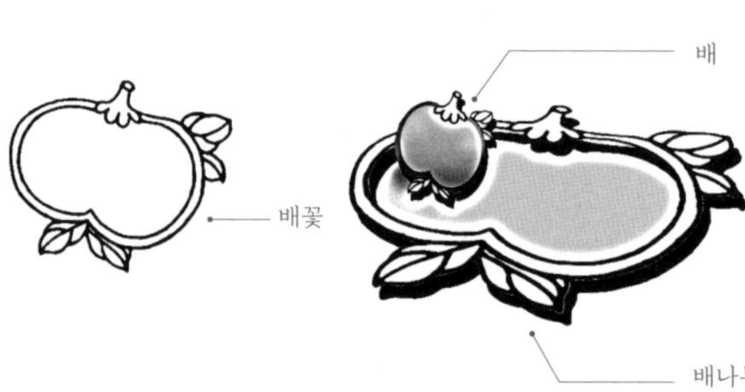

하지만 곰브리치는 단지 과도하게 장식하는 악습에 반대했을 뿐입니다. 그렇지 않다면 웨딩용 케이크조차도 '믿음으로 가득차서' 장례용 케이크처럼 소박하고 장식 없는 것이 될 텐데, 그 편이 무조건 좋다고만 할 수는 없겠지요.

고대 사회는 계급이 엄격히 구분되어 있었고 모든 일이 분명했습니다. 그래서 한 사람에서부터 한 동의 건물에 이르기까지 그 성격과 사회적 지위를 장식을 통해 아주 쉽게 알아챘고 절대 혼돈할 수 없었습니다. 현대 사회에서는 장식이 자유롭게 쓰이면서 때로 속이는 데 사용되지만, 장식은 여전히 우리 생활과 문화를 가장 진실하게 반영하는 요소입니다. 장식의 첫 번째 속성은 자유이고, 그다음이 속임입니다.

장식

지위가 높은 사람은 장식으로 자신을 드러내고, 지위가 낮은 사람은 장식에 의존합니다.

장사꾼은 장식으로 만 가지 이익을 취하고, 글 읽는 사람은 급제한 후에 장식으로 이름을 알립니다.

저속함은 장식을 낙으로 삼거니와, 고상함도 때론 장식하여 자신과 남을 비교하고 맙니다.

조정은 장식으로 권위를 세우며 태평성세를 꾸미고, 종교는 장식으로 속세를 경계하며 선행을 권합니다.

장식은 상서로울 수 있고, 사악함이나 자연재해를 막을 수도 있습니다.

장식은 유행을 가장 잘 보여주고, 전통에도 관심을 갖습니다.

장식의 의도는 정신적인 데 있으나, 장식의 기술은 매우 현실적입니다.

적당한 장식은 금상첨화가 될 수 있지만 부적절한 장식은 기교에 흘러 졸렬해질 수 있습니다(아름다움과는 거리가 멀겠지요). 무엇이 가장 적절한 장식인지는 각 문화와 시대마다 모두 제각각인데, 이를 양식이라고 합니다.

중국 전통 건축의 재료와 구조 미학의 가치를 살펴보고 있는데, 크게 보아 중국 건축에서 말하는 꾸밈은 '장식'이지 '엄식'이 아닙니다.

복숭아꽃 모양 창틀

배 모양 창틀

사과 모양 창틀

부채 모양 창틀

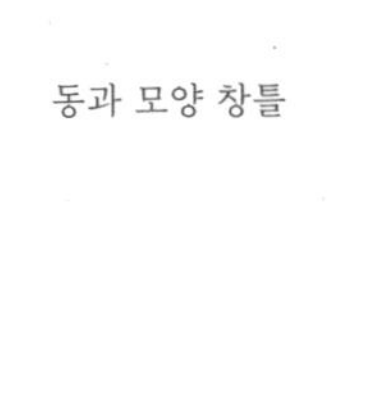

동과 모양 창틀

석류 모양 창틀

창틀의 형식

제16장

장식하다

여기서는 건축의 장식을 살핍니다. 장식에서는 석공이 가장 으뜸입니다. 거기에다 목조각도 더하고 단청으로 색을 입힙니다. 집 안에 복이 들어오기를 기원하는 글귀와 도안에 대해서는 가장 마지막에 이야기하겠습니다.

그냥 말하는 것에서부터 음악에 이르기까지 모두 꾸밈이 있지만, 여기서는 눈으로 '보는' 것을 이야기하려 합니다. 먼저 이것을 보세요.

멀리서 보니 그저 하나의 점일 뿐 더 이상은 보이지 않습니다.

일정한 한계를 넘어 더 멀리 떨어지면 모든 것과 소원해지고 진실을 알 수 없게 됩니다.

어슴푸레 보이는데 홀로 놓인 의자인 듯합니다.

대상의 크기와 관찰자와의 거리가 1 : 10일 때 윤곽이 보입니다. 그때 보이는 것은 주로 대상과 그 대상이 놓인 환경 사이의 관계이지 대상 자체는 아닙니다.

선이 단순하고 균형이 매우 잘 잡힌 명나라식 등받이 의자로군요.

대상의 크기와 관찰자와의 거리가 1 : 5일 때는 구조가 자세히 보이기 시작합니다.

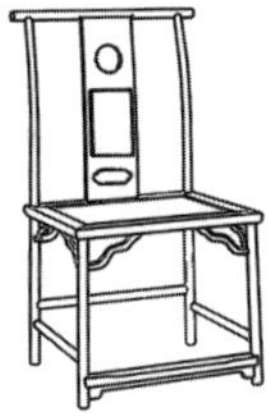

맞습니다. 과연 화리목花梨木으로 만든 명나라식 등받이 의자이지요. 무늬가 세밀하고 화리목 향이 은은히 풍깁니다. 등받이 부분을 보면 위에는 원형 구멍을 냈고, 아래에는 베고니아 꽃을 조각했으며, 주변에는 얕은 선을 새겨 장식했습니다. 의자 아랫부분에는 발받이를 두고, 모서리를 곡선으로 조각한 정교한 대각 받침도 두었습니다. 모양새가 여유로우면서도 격조 있고 고상합니다.

> "대상의 크기와 관찰자와의 거리가 1 : 2이거나 더 가까울 때 대상의 세부와 질감을 감상할 수 있다."
>
> 왕스랑(王世襄),『명대가구 연구明代家具研究. 文字卷』, 홍콩 싼롄서점, 1989년

감상은 음미가 중요한데, 살피고 느끼기 위해서는 적절한 거리가 필요합니다. 의자를 보았으니 이제 궁전을 감상해봅시다.

맹견 두 마리가 있지만, 이렇게 보면 전혀 위험해 보이지 않는다.

형세가 매우 좋다

"백 척 거리에서 모양을 보고 천 척 거리에서 형세를 본다."◇

넓이가 2.5제곱킬로미터나 되는 마당은 광장처럼 드넓고 눈길을 따로 빼앗는 것이 없어서, 모든 시선이 마당 끝자락에 놓인 새하얀 기단 위에 서 있는 태화전太和殿에 집중됩니다.

멀리서 바라보면 중앙에 있는 이 대전이 특별히 우뚝 솟아 있지는 않지만, 다른 부속된 전각들과 함께 연속선상에서 보면 분명 다른 건물보다 높습니다. 태화전은 처마가 치켜 올라가고 화려한 유리와로 뒤덮인 지붕을 이끌며 생동감 넘치는 스카이라인을 펼쳐 보입니다. 가장 치

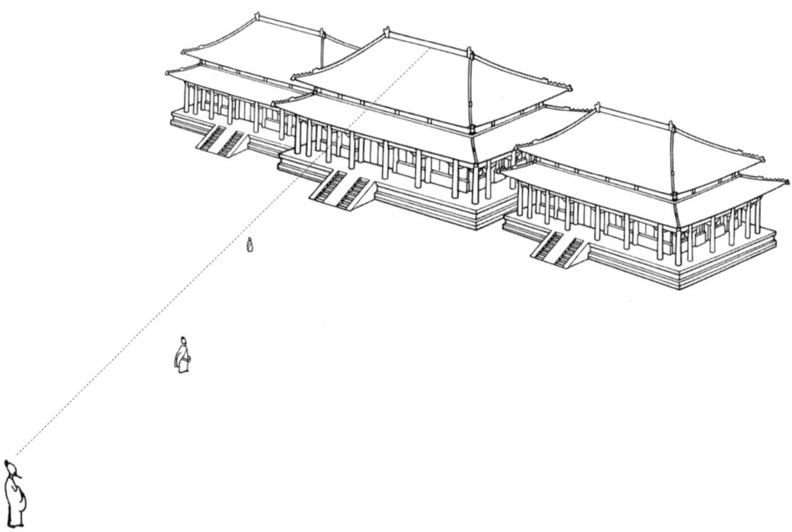

솟은 건물조차도 그 높이가 몇 십 미터밖에 안 되는 이런 건축군을 몇 백 미터 밖에서 보게 되면 가장 먼저 시야에 들어오는 것이 하늘과 땅을 나누는 스카이라인입니다. 이 스카이라인은 그저 여러 건축이 한데 모여 있는 것이 아니라 이 전체가 하나의 건축임을 알려줍니다. 누구든 광장에 들어서면 하늘과 땅을 연결하는 기세에 경외감이 느껴져 자신도 모르게 발걸음을 멈추고 호흡을 가다듬으며 응시하게 됩니다. 그런 후에야 조심스레 앞으로 발걸음을 내딛게 되지요.

밝고 강렬한 색채만이 적적하고 광활한 광장을 깨웁니다. 영롱한 한백옥漢白玉 백색 대리석 기단 위에 놓인 대전, 그 대전의 붉은 기둥, 그리고 더 붉은 벽체, 황금빛 유리와를 깐 지붕, 처마 아래 청록빛이 서린 단청과 공포…. 차가운 색과 따뜻한 색의 선명한 대비가 안 그래도 깊은 처마의 깊이감을 더욱 강조하고 또한 경쾌하게 합니다. 흰색, 홍색 그리고 황금색의 향연. 맑은 날이면 그 배경은 파란색이 될 테지요.

◇ 곽박(郭璞)의《장경(葬經)》. 원래 풍수에서 사용하는 전문 용어지만 장식의 논리와도 절묘하게 일치한다. 이 논리는 공간 처리에 있어 그 거리가 7-8리(里)나 되는 황성(皇城)의 중축선으로도 확대할 수 있다.

"형세는 멀리서 볼 수 있지만, 모양은 반드시 가까이서 관찰해야 한다."

한백옥 위에 선 1,460개의 난간 기둥은 마치 초병처럼 수미좌 기단의 각 층을 호위하듯 버티고 있고, 난간 밑에 1,138개의 용머리 배수구가 더해져서 강렬한 햇빛 아래 매우 기이한 빛과 그림자의 효과를 일구어 냅니다. 이곳에서는 영원히 계속되는 의식을 거행하는 듯합니다. 아무도 없지만 마치 '열병식'이 진행되는 듯한 미묘한 긴장감이 듭니다. 떨리는 마음으로 조심스레 머리를 들어 위를 바라보면 깊은 처마 밑에 두 마리의 금색 용이 있는 화새채화和璽彩畵가 그려져 있습니다. 그리고 화려한 단청의 공포들 사이에는 이곳이 천하의 명운을 다스리는 대전임을 나타내는 편액이 걸려 있습니다.

고개를 들고 보면 압도하는 듯한 대전의 입면과 마주하지만, 고개를 내리고 보면 각종 기법을 동원해 산천과 용무늬를 조각한 길이 10미터 이상의 어도석御道石이 있고 발걸음 내딛는 곳마다 구름무늬가 흐릅니다. 지붕마루 위의 전시관에 줄지어 선 선인과 잡상을 세면서 계단을 올라가 봅니다.

"형세는 전체에 있고, 모양은 세부에 있다."

"계단은 칸의 폭과 같게 한다"는 말처럼 계단 폭과 대전의 한 칸 폭이 같습니다. 기단의 비례는 대전의 크기에 따르며, 난간은 기단의 높이에 맞추어 조절합니다. 그리고 난간기둥의 간격은 건축의 정면 나무기둥에 맞추고, 정면 기둥은 지붕 위에서 가장 높은 취두와 일직선상에 둡니다. 어쩐지 이 궁전 건축이 실제보다 크게 느껴졌던 이유는 비

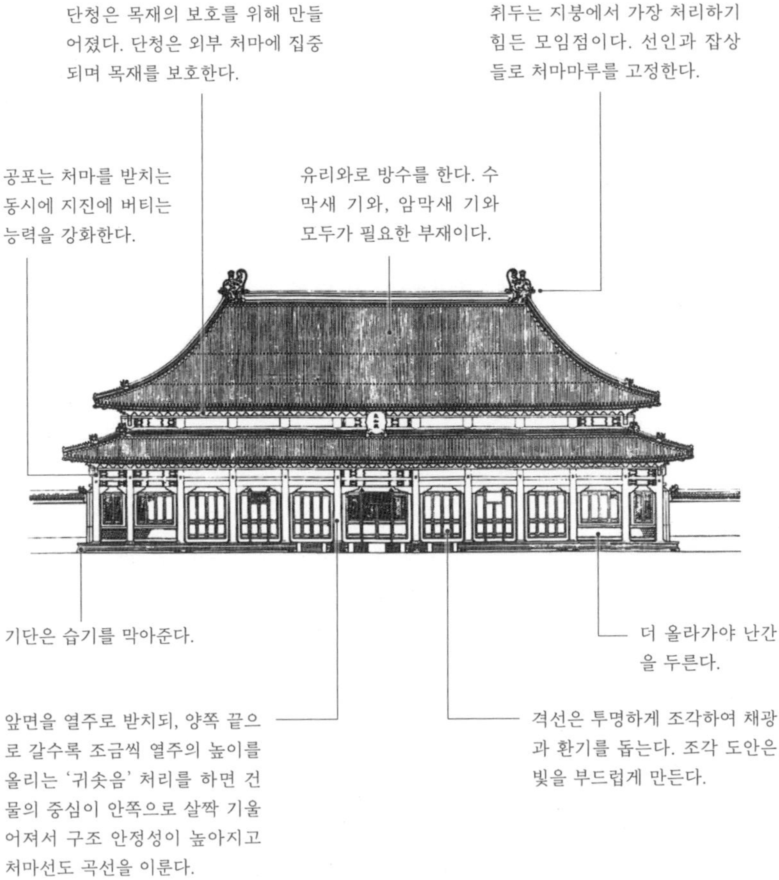
단청은 목재의 보호를 위해 만들어졌다. 단청은 외부 처마에 집중되며 목재를 보호한다.
취두는 지붕에서 가장 처리하기 힘든 모임점이다. 선인과 잡상들로 처마마루를 고정한다.
공포는 처마를 받치는 동시에 지진에 버티는 능력을 강화한다.
유리와로 방수를 한다. 수막새 기와, 암막새 기와 모두가 필요한 부재이다.
기단은 습기를 막아준다.
더 올라가야 난간을 두른다.
앞면을 열주로 받치되, 양쪽 끝으로 갈수록 조금씩 열주의 높이를 올리는 '귀솟음' 처리를 하면 건물의 중심이 안쪽으로 살짝 기울어져서 구조 안정성이 높아지고 처마선도 곡선을 이룬다.
격선은 투명하게 조각하여 채광과 환기를 돕는다. 조각 도안은 빛을 부드럽게 만든다.

건축의 장식 부분

례의 감각이 저 멀리 궁문으로 들어오기 전에 이미 시작되었기 때문입니다. 궁전의 장식을 보려는 마음에 다가왔건만 이미 장식 안으로 들어와 있는 것입니다.

전각의 앞 양쪽에는 물을 담아두어 화재에 대비하는 거대한 동항아리와 길상을 상징하는 동학, 동거북이 진열되어 있습니다. 성대한 의식을 치를 때 동학과 동거북의 뱃속에 침향을 피울 수 있습니다. 침향 향기가 동학과 동거북의 입에서 새어 나와 전각을 휘감습니다.

기단 위로 올라서면, 마침내 대전의 격선 문짝에 채광을 위해 만든 정교한 목조각의 무늬가 빛에 따라 미세하게 변화하는 것이 눈에 들어옵니다. 문짝에는 가장 격이 높은 삼교육완릉三交六碗菱• 문양으로 꽃을 조각했고, 꽃살 아래의 문판渾裙板에는 용을 조각하고 유금鎏金•• 기법으로 금칠을 했습니다. 더 가까이 다가서면 문짝 위에 놓인 비할 데 없이 정교하고 아름답게 장식된 문고리와 금을 입힌 금사엽金梭葉을 감상할 수 있습니다.

멀리서부터 가까이, 바깥에서부터 안까지, 전체에서부터 세부까지 전체 궁전의 장식은 모두 감상하는 거리에 따라 만들어졌습니다. 건축의 배치와 비례를 장식으로 볼 수 있는지에 대해서는 의견이 분분합니다. 그러나 뛰어난 장식이 전체 공간을 바꿀 수 있다는 점만큼은 분명합니다.

건축 구조는 집의 모습을 결정하기 때문에 그 자체에 이미 높은 미

• 3개의 살대를 교차시켜 한 점에서 만나게 하여 6개의 꽃잎을 가진 꽃처럼 만든 창살

•• 도금 기법의 일종으로, 금과 수은을 1:7 정도의 비율로 섞어 가열한 용액을 기물의 표면에 입힌 뒤 식혀서 수은은 증발시키고 금만 남기는 기술

적 가치를 포함하고 있습니다. 장식은 필요한 구조 위에 더 아름답게 하려고 더하는 절차일 뿐, 결코 억지스럽게 달아서는 안 됩니다.

삼교 육완릉(三交六碗菱) 문살 조각

실내의 문짝과 문, 창, 화조花罩 그리고 난간 등에서 장식의 포인트는 조각 기술에 있습니다. 여기엔 단청을 칠하지 않고 고급스러운 나무 질감이 지닌 관상의 가치를 그대로 남겨 둡니다.

장식의 포인트는 모두 눈에 잘 띄는 곳입니다.

어떤 사람들은 건축의 장식이 구조나 기능에서 멀어질 때 건축예술이 퇴보한다고 말합니다. 그런 시각으로 본다면 조각에 치중했던 청대 건축은 퇴보까지는 아니어도 허식의 시대에 들어섰다고 할 수 있을 것입니다.

사정이 이러하니 위대한 자금성紫禁城 건축을 구경할 때에도 이것이 명청 시대 건축의 대표작이지, 중국 건축의 역사에서 가장 웅장하고 훌륭한 사례는 아니라는 점을 명심하기 바랍니다.

조각에 대한 만담

조각가, 조각, 조소, 조각술, 조각 장식 등은 모두 별개의 것이지만, 여기서는 함께 이야기하겠습니다.

조각에선 석공이 으뜸이지요.

《논어》에서 "장인이 일을 잘하려고 하면 먼저 연장을 예리하게 벼려야 한다"고 했는데, 당시의 연장은 철기였습니다.

기원전 6세기경에 중국은 청동기 시대를 벗어나 철기를 광범위하게 사용하는 시대로 들어섰습니다. 철기로 전쟁터에서 사람 머리를 깨부수기도 하고 건설 현장에서 돌을 깨기도 했습니다. 이 시기를 '전국

초석

용이 조각된 돌기둥

시대'라 합니다. 전국 시대는 매우 혼란스러워서 큰 칼과 도끼가 이리저리 난무했습니다. 깨고 또 깨고…. 사람 머리는 벌써 재가 되어 없어졌지만 돌은 남아서 조각이 되었습니다.

이후 진시황이 여섯 나라를 합치고 또 '황皇'과 '제帝'도 합쳐서 황제가 되었습니다. 그리고 '궁宮'과 '전殿'이 합쳐져서 궁전이 되었지요(황제와 궁전이라는 이름은 진나라 때 시작되었습니다). 진시황은 지상에 그치지 않고 지하도 합쳤습니다. 병마용兵馬俑 군단을 만들어 기세등등하게 무덤 안을 호령했거든요. 장인들은 제왕의 생전과 사후를 위해 밤낮으로 일했던 것입니다.

한나라는 진나라의 많은 제도를 계승했습니다. 유가 학자들이 다시 등장하여 부모에게 효도하고 형제에게 공손히 한다는 '효제孝悌' 개념에 따라 장례를 후하게 지내는 풍습이 생겨났습니다. 한 무제는 54년 동안 황제의 자리에 있으면서 53년을 들여 자신의 능침을 만들었습니다. 한 해 또 한 해가 지나면서 황제 무덤의 건설 현장에 상주하는 인원들이 27만 명으로 늘어났고, 53년 동안 밤마다 노랫소리가 흘렀습니다.

화려한 노래와 춤이 있으면 저녁매미의 애처로운 울음소리도 있는 법이지요. 금빛 찬란한 황실 무덤에서 남은 것이라고는 부장품으로 넣어 둔 명기明器, 제국의 지는 해를 용맹스럽게 노려보며 무덤을 지키는 석수와 석인들뿐입니다.

3세기 위진 시대에 이르면, 무덤을 위해 구덩이가 아니라 동굴을 파게 됩니다. 암벽을 파서 석굴을 만들고 부처님의 공덕으로 이를 지키게 했지요. 보살의 자비가 2킬로미터의 긴 땅을 덮고 하서주랑河西走廊을 오가는 고독한 상인들을 천여 년간 비호했습니다. 이 시기에 둔황과 윈강, 룽먼석굴에서는 통통 탁탁 돌을 깎아 석굴 파내는 소리가 천 년이 넘도

장시성의 능침 앞에 서 있는 남북조 시대의 석조 벽사(辟邪, 529년)

록 울려 퍼졌습니다.

건축예술 방면에서 중국인의 천부적인 재능은 목재에서 한껏 과시되었습니다. 그에 비해 석재는 중국인의 오행 개념金木水火土에도 포함되지 않았죠. 그럼에도 석공石工이야말로 으뜸 중의 으뜸입니다.

석공 장인의 피부가 제일 검은 이유는 오랫동안 내리쬐는 태양 아래에 있기 때문입니다. 또한 석공 장인의 피부가 제일 창백한 이유는 오랫동안 무덤 속에서 일하기 때문입니다. 회색은 뜨거운 태양 아래에서 무덤으로 들어가는 길의 색인 것입니다.

집 짓기를 시작하는 것은 석공이지만 지붕은 석공이 덮지 않습니다(기단이 완성되면 집짓기에서 석공이 할 일은 더 이상 없죠). 기단과 초석은 웅장한 대전을 든든하게 받쳐서 우리의 한걸음 한걸음을 안전하게 합니다. 그리고 한곳에서 고요하게 목조건축을 감상할 수 있게도 해줍니다. 석공 장인이 만리장성을 만들었고 패방을 세웠으며 명 황제의 십삼릉明十三陵도 완성했습니다.

보살의 자비와 제왕의 꿈 그리고 돌. 석공의 두 손을 거치면 영원하지 않는 것이 없습니다.

그래서 석공이 언제나 으뜸입니다.

윈강석굴(雲岡石窟)

서양 건축에서 석조각은 중국 건축에서 목조각만큼 친근하다. 문의 인방 위에도, 신전의 실내에도 전부 석조각이 가득하다. 중세기의 교회당은 더 말할 것도 없다. 교회당 안의 조각상들은 시끌벅적한 신도들의 수만큼 많다. 현대에는 건축의 부조浮雕 조각이 벽지로 대체되었다(헨드릭 빌렘 반 룬Hendrik William *Van* Loon, 1882-1944, 『예술*The Arts*』). 건축물은 더 이상 천년 만년을 넘어서는 것이 될 수 없었다. 그래서 긴 세월 동안 이어져오던 부조 조각도 없어지게 된 것이다.

둔황석굴을 만드는 공사는 위, 진, 수, 당, 송나라를 거쳐 원나라에 이르기까지, 기원후 약 220년부터 1360년까지 줄곧 이어졌다. 지금 남아 있는 것은 2킬로미터 정도이지만 옛날에는 그 배로 길었다.

목조각

목조각에 대해서는 사실 이 책의 모든 부분에서 이야기했습니다.

중국 목조건축은 구조를 감추지 않고 직접 노출시킵니다(이것이 목재의 통풍과 관리에 유리합니다). 정교하게 가공된 목조 구조체는 그 자체로 이미 놀라운 조각품입니다. 그 위에다가 다시 장식을 위해 조각하기 때문에 실로 조각 위의 조각이라 할 수 있는데, 자칫 잘못하면 전체 건축의 구조에 영향을 줄 수도 있습니다.

그래서 초기의 건축은 들보와 기둥에 윤곽선을 살짝 파서 돋보이게 하는 '은기隱起'로 장식했습니다. '은기'는 장식의 세부를 돋보이게 하는 것이지 과장되게 표현하는 것이 아닙니다. 함축적인 장식인데, '함축'이라는 것이 말은 쉽지만 사실상 매우 어렵죠. 특히 기술이 고도로 발달하여 표현을 억제할 수 없을 때는 더욱 그러합니다.

> "(남북조 시대에는) 모든 기둥에 용과 봉황 및 여러 동물의 형상을 얕은 부조로 조각했다. 각종 보물을 조각하여 기둥을 장식했다."
>
> 《습유기拾遺記》, 『중국 고대 건축기술 발전사』

한나라 사람들과 당나라 사람들이 패기 있고 호탕해 보이려고 억지로 생각한 적이 있었을까요? 손으로 만들고 붓으로 쓰는 모든 일에서 그들의 본성과 자연에 따랐을 뿐입니다. 한과 당의 문화가 웅장하다고 말하는 이유는 후대인 송나라가 수려하게 아름다웠기 때문입니다.

송이 건설한 '나라'는 중국 땅의 절반만 차지했는데, 둔황석굴은 그 땅 밖의 강산에 있었습니다. 퉁퉁 탁탁 돌을 쪼아서 석굴을 만드는 망

민간의 목조 조각

봄의 평안

여름의 태평

가을의 길함

겨울의 상서로움

치 소리는 처량했고, 그 소리마저 송나라의 좁은 땅에서 사람들로 북적이는 도시의 소음에 조금씩 덮여버렸습니다. 송나라가 도읍을 남쪽으로 옮기고 난 후에 큰 산과 큰 물이 있던 아름다운 도시의 모습은 연기 자욱하고 답답한 모습으로 변해갔습니다. 송대 문화를 대표하는 선화禪畫와 송사宋詞는 바로 이런 우울한 마음을 환기시키며 출현한 섬세한 감정입니다.

강산은 보지 못하지만, 창문의 꽃을 보면서 나무 장식을 투각하고 꽃살을 설계했습니다. 송나라 사람들은 한 손에는 나날이 개량된 공구를 들고, 다른 한 손에는 남방에서 생산된 질 좋은 목재를 들고 있었습니다. 그래서 송나라의 목공예 기술은 역사상 전례가 없는 높은 수준까지 도달했습니다.

명대에 정화鄭和, 1371-1433가 대항해를 시작하면서 남해 지역의 진귀한 목재(홍목, 이화, 자단 등의 질 좋고 단단한 나무)가 북방에 수입되기 시작했습니다. 복잡한 맞춤과 이음, 세밀하고 영롱한 바늘땀, 가구에서 건축에 이르기까지 모든 것이 하나하나 정교한 부품과 같이 가공되고, 지극히 정성스럽고 섬세하게 조각되었습니다. 당시에는 하나의

목가구를 만드는 데 툭하면 10여 년이 걸렸습니다. 연약하고 정교한 도자기처럼 일상 생활용품조차도 감상할 만한 작품이 되었습니다.

18세기 영국의 가구장인 치펀데일Thomas Chippendale, 1718-1779은 『가구 가이드라인*Gentleman and Cabinet-Maker's Director*』이라는 책에서 세계 3대 가구 종류를 열거하며 명식明式 가구를 그중 하나로 언급했습니다(나머지 두 가지는 고딕식과 로코코식입니다).

'명식 가구'는 송대의 목조 기술이 발전하여 최고의 수준에 도달한 순간 완성되었습니다. 중국 역사상 이전에 그 누구도 이루지 못했던 발달된 송대의 기술을 습득하고, 거기서 한 단계 더 나아가 앞으로 그 누구도 이를 수 없는 수준에까지 닿은 것입니다.

명대에 들어 석탄을 때서 대량으로 벽돌을 제작하게 되면서 집을 지을 때 벽돌을 사용하는 것이 유행했습니다. 하중을 지탱하는 역할이 목조 프레임에서 벽돌벽으로 옮겨졌고, 목구조가 무너질 것을 걱정할 필요가 없어지자 나무로 된 것은 무엇이든 장식을 위해 건드릴 수 있게 되었습니다. 하중을 지탱하던 구조재부터 장식재와 다양한 가구까지, 이 모든 부분에서 조각가들이 솜씨를 맘껏 발휘하게 되었습니다.

남방 건축에서는 화려한 목조 조각 기술이 마음껏 발휘되었다.

'소목작小木作'은 단순히 장식을 가리키던 것이었는데 청대에 들어서는 각종 목재를 조각하는 것으로 범위가 넓어졌습니다. 나무의 앞뒤를 완전히 꿰뚫어서 영롱하게 조각하는 것 외에도, 붙여서 조각하기貼雕와 끼워넣어 조각하기嵌雕 등의 기술이 발전했습니다. 게다가 금속, 옥석, 채색 그림 등 다른 색깔과 질감의 목재 혹은 물체를 함께 배치하면서 옛것을 모방한 고아함과 화려함을 모두 갖추었습니다. 꽃밭의 꽃들이 비단을 펼쳐놓은 듯 화려하다는 '화단금족花團錦簇'으로도 형용할 수 없을 만큼 형형색색으로 아름다웠습니다.

이런 화려한 장식을 보면서 처음에 이야기한 '은기'를 다시 생각하니 격세지감마저 듭니다.

조각 수법

환조丸雕

모든 면을 감상할 수 있도록 삼차원의 입체로 조각하는 것을 환조라고 하는데, 송대에는 이를 '혼작混作'이라 칭했습니다. 중국 건축에서 환조는 난간기둥의 머리 부분에 인물이나 동물을 조각하거나 기둥 혹은 보개천장에 용조각 등을 제작하는 것을 말합니다. 그 외에 독립적으로 제작하지는 않습니다.

건축과 비교적 밀접한 목조각과 석조각에서 조각 기술은 크게 투조透雕와 부조浮雕로 구별됩니다. 석조각은 주로 외부에 있고 목조각은 주로 실내에 있지요.

투조透雕

누조漏雕라고도 합니다. 글자 그대로 빛이 투과되고透 바람이 새어 드나들도록漏 아름답게 뚫는 기술입니다. 문창이나 격선 또는 담장에서 광범위하게 사용되지요. 투조를 시공할 때는 문창의 안팎을 동시에 고려해야 합니다. 정원의 외부 담장에 투조를 할 때는 견고한 재료를 사용

목조각에서 환조의 도안들. 왼쪽부터 보살, 옥녀, 좌룡, 원앙, 봉황

부조

상감 조각 장식

하여 정원 안에 두는 투조보다 두껍게 합니다. 그래야만 바람과 빛이 드나드는 것 외에 외부인의 침입을 방지할 수 있기 때문입니다.

부조浮雕

《영조법식》에서는 얕게 파는 조각인 부조를 몇 가지 기법으로 세분하여 필요에 따라 융통성 있게 사용하도록 권합니다. 고부조高浮雕는 지면에서 도드라지게 조각이 불쑥 솟아 있는 것을 말하고, 중부조中浮雕는 고부조에서 윗면을 살짝 누른 듯한 것이며, 천부조淺浮雕는 평평한 면에 무늬에 따라 낮은 면을 파내어 새기는 것이고, 선각綫刻은 평평한 면에 선을 새기는 것입니다.

상감조합鑲嵌組合

상감조합은 같거나 다른 재료를 함께 조합하는 것인데, 이 기법은 후대로 갈수록 크게 성행했습니다. 그 이유는 장식 기술이 자체로 발전한 것 외에 특정 원자재를 오랜 세월에 걸쳐 대량으로 소모하여 자재가 부족했기 때문입니다. 또 상감기법은 면적과 크기의 제약이 없는데다 그 효과가 다채롭고 화려해서 즐겨 사용했습니다.

이런 여러 종류의 장식에다 벽돌 조각, 기와, 점토 조소까지 더했다니 당시의 장식 수단이 얼마나 다양했는지 알 수 있겠지요.

중국의 목조 기술은 의심할 여지없이 높은 수준이었다. 한편 세계에서 석조각으로 가장 유명한 민족은 아랍 민족이다. 이슬람 사원 안에 있는 칸막이는 대단히 정교하게 투각된 석조 병풍으로 되어 있는데, 상당한 장식 효과를 낼 뿐 아니라 절묘한 공기의 흐름을 만들어서 무더운 사막에서 실내 기온을 조절하는 역할을 한다.

아랍식 도안은 동양과 서양에 영향을 주었고 자연히 중국의 건축 조각도 그에 영향을 받았다. 다만 석재가 부족한 아랍 민족이 재료를 소중히 여기는 마음을 가득 실어 만든 그 성의만큼은 다른 나라에서 쉽게 배울 수 없었다.

고요하여 소리가 없다

그리스 신화에서 에코(메아리) 여신은 골짜기나 텅빈 긴 골목, 굽은 동굴 그리고 석조 건물 안에 숨어 있기를 좋아했습니다. 메아리는 떨쳐지지 않고 여운으로 남아서 적막한 마음을 더욱 쓸쓸하게 합니다Echo makes the lonely place more lonely still. 아마 극장이나 관아와 같이 '메아리 효과'가 필요한 곳을 제외하고, 자신의 집 안에 인적이 없을 때 한숨처럼 메아리가 울리는 것을 원하는 이는 없을 테지요. 목조건축 안에 있는 각종 장식 도안이나 옛이야기를 새긴 병풍과 격선들은 그 하나하나가 신기하게 소리를 흡수하는 흡음판입니다. 옛 이야기의 장면들이 시끌벅적할수록 공간은 더 조용해지니, 실로 기발하게 고요함을 얻는답니다.

공기는 격선의 한쪽에서 들어와 투각된 꽃조각을 지나고, 방 안의 녹나무 기둥과 궤짝을 스쳐 단향목과 편백목을 지납니다. 그렇게 마침내 메아리는 사라지고 은은한 향기만이 남아 떠다닙니다.

> "양주의 소금상인인 왕백병汪伯屏의 주택은 대청을 편백나무로 만들고 기름칠을 하지 않아 고아한 향이 가득하였다."

천총쥐(陳從周, 1918-2000), 『재실여묵梓室余墨』

옛이야기 속의 한 장면이 새겨진 격선의 목조각

제사를 지내는 광둥성의 어떤 마을에서는 아예 향 나는 녹나무 몇 그루를 가져와서 쌀겨를 쌓아둔 곳에 심어두어 쌀겨에 녹나무 향을 쬐게 하고, 또 상쾌한 향이 나는 향심지를 태웠습니다. 그래서 보름 안팎의 제사 기간 내내 온 마을이 향기로웠습니다. '향기로운 항구'라는 뜻의 홍콩香港이라는 이름이 괜히 나온 것이 아닙니다.

"목재는 소리를 흡수한다. 일반적인 목재는 소리의 3-5% 정도만 흡수하지만, 구멍이 있는 흡음판은 90% 이상을 흡수한다."

『브리태니커 백과사전』

색을 조금 입히다

드러내지 않음

노자가 "큰 소리는 들리지 않는다大音希聲"고 했듯이 위대한 음악은 마음을 부추길까 경계합니다. 화려한 색들이 마음을 현혹하지만 수묵화는 '의경意境'을 가장 중시합니다. 수묵화에서는 붓으로 오색을 그린다고 하나 사실 검정색과 흰색 그리고 회색뿐입니다.

노자는 또 "큰 모습은 그 모습을 볼 수 없다大象無形"고도 했습니다. 화려하다고 반드시 좋은 작품인 것은 아니지요. 그래도 단청은 조금 억울할지 모릅니다. 아무도 단청을 그림으로 보지 않으니까요. 근대 예술가들이 둔황석굴에 가서 벽화를 보고 온 후에 그린 '비천飛天'• 그림이 세

• 불교에서 말하는 선녀

계적으로 화제가 되었던 적이 있습니다. 그런데 이는 건축의 들보와 창방에 그려진 원화를 생각하면 무척 불공평한 일이었으며, 화공에 대해서는 더욱 불공평했습니다. 왜냐하면 건축부터 석굴에 이르기까지 모든 그림이 같은 화공의 손에서 나왔기 때문입니다.

목조건축물에서 비바람을 막는 제1방어선은 처마 아래의 단청입니다. 벌레와 개미가 목재 파먹는 것을 막아주는 것이 바로 처마 아래의 단청입니다. 단청 염료는 습기를 막고 어떤 것은 독성을 함유하고 있어 벌레와 개미가 이를 피하게 됩니다. 오래된 목재가 후대까지 보존될 수 있는 것은 단청을 한층 발라둔 덕분입니다. 이 얇은 '보호막'은 목조건축 속의 감상할 만한 작품으로 점차 변합니다.

건축에 입히는 단청은 처음에는 '걸어두는' 것이었습니다.

전설에 의하면 황제黃帝의 부인인 누조嫘祖가 누에고치를 삶아 고치실을 뽑아서 새 옷을 만들었다고 합니다. 누조 부인이 정말 비단옷을

태화전의 보개천장

만들었는지 고증할 수는 없지만, 중국에서 능라주단綾羅綢緞이 일찍이 출현했다는 사실은 분명합니다. 초기의 건축은 높이가 비교적 낮았는데 앞에는 당堂을, 뒤에는 전殿을 두었고 장막을 쳐서 안과 밖을 구별했습니다. 초기 건축에서 색이라고는 건물 안에 걸어둔 장막이 거의 전부였습니다. (참고로 천자와 제후의 궁실과 저택은 비춰 장막에 병풍을 더했고, 귀족은 발을 걸었으며, 일반적인 선비의 집은 천으로 된 막을 쳐서 장식했습니다.)

진한 시대 이전의 궁전에서는 보처럼 가로로 걸쳐진 부재에 장막이나 채색 비단을 걸어 장식했습니다. 지금도 들보 위에 방형의 단청을 그리는데, 그 도안은 보를 감쌌던 것이 관습처럼 남아 있는 것입니다. 이런 도안을 지금도 보자기라는 뜻인 '포복包袱'이라 부릅니다. 보와 기둥의 두 끝단에는 강철띠를 끼워 넣었는데, 이것은 이후 맞춤과 이음의 목조 기술이 성숙하면서 사라졌지만 단청에 그 흔적을 남겼습니다. (서양 건축에서는 양탄자를 거는 것이 계속 유행했는데, 장식의 역할 외에 석재의 질감이 차가워서 덮어두었던 것입니다.)

오랫동안 중국의 궁전과 절, 저택의 색채는 거의 회색이나 검정색의 기와지붕 아래 흰색 벽과 붉은색 기둥 위주였습니다. 단청은 보개천장과 공포, 문미門楣, 보와 기둥 그리고 외부 처마의 부재에 집중되어 있었습니다.

송대부터는 하얀 기단석 위에 선 궁전 건축에서 지붕에 황색과 녹색의 각종 유리와를 깔고, 기단과 지붕의 중간에는 선명한 주홍색의 기둥과 문창을 사용했습니다. 시원하게 뻗은 처마 아래에는 금색, 청색, 녹색 등의 화려한 색깔로 단청을 칠해서 그림자 진 처마 부분의 대비 효과를 강조했습니다. 당시에는 아랍에서 기하 도안과 조합 기술이 전래된데다 목조각 기술이 고도로 발전하여 단청의 방심枋心 부분에 각종 부조 조각을 붙이기도 했습니다.

봉건 군주가 다스리던 시대에는 보고 듣는 모든 것이 신분 등급에 따라 엄격히 정해져 있었고 모든 사람이 반드시 그것을 따라야 했습니다. 원과 명 두 나라의 개국 군주는 흥미롭게도 하나는 만리장성 넘어 북방에서 건너왔고 하나는 초야草野의 서민이었습니다. 황제 자신은 신분 질서를 무시할 수 있지만 백성은 절대로 무시할 수 없는 법입니다. 건축 단청에 대한 제도는 원대에 제도의 기본 틀이 세워졌고 명대에 들어 제도화되었습니다. 당시 도읍지에 부역하던 유칠油漆 단청장의 수만 6천 7백 명이었는데《명회전明會典》참고 이들이 돌아가면서 전체 황성과 각종 관저에 단청을 칠했다고 합니다.

건축에서 등급별 제약을 두기 시작하면 색채는 반드시 포함됩니다. 색을 마음대로 쓸 수 있는 사람이 아름다운 색을 가질 수도 있었겠지요.

청나라는 명의 제도를 이어받았으며 단청의 등급에 더욱 엄격했습니다. 오늘날 자주 보이는 단청은 대부분 청대 건축의 단청입니다. 궁전 건축에서 많이 사용한, 금박을 입히는 퇴분첩금堆粉貼金 기술은 화려하기 그지없는 황가의 색을 만들어냈습니다. 정원 건축의 장식에서는 청초

하고 담백하며 해맑은 색조를 추구했습니다. 강남 지역은 무더운 기후로 식물이 무성하고 색채가 다양해서 건축물에는 오히려 차가운 색 계통을 많이 사용했습니다. 흰색 벽, 회색 기와와 어우러진 밤색, 검정색, 짙은 녹색은 고대의 질박한 벽체와 백토의 소박한 모습을 어렴풋이 내비칩니다.

고대 중국 건축에서 색채를 사용할 때는 원색의 노란색, 붉은색, 청색, 녹색, 파란색, 검정색, 흰색을 큰 면적에 사용하는 관습이 있었습니다. 화려한 단청을 싫어하는 사람이 있다면 "100장의 거리에서는 모양을 본다百丈為形"는 말을 기억하기 바랍니다. 단청은 건축 전체를 감상하도록 하기 위한 것입니다.

사실 들보에 잘 그려진 단청 그림은 세필화와 비교해도 전혀 모자람이 없을 정도로 훌륭합니다(이화원頤和園의 장랑長廊에 그려진 단청이 바로 그러하지요). 일본의 풍속화인 우키요에浮世繪는 도시의 풍속을 근대 일본의 뛰어난 장식 스타일로 바꾸었습니다. 우키요에는 사실상 세속화된 세필화이자 〈청명상하도清明上河圖〉를 분할하여 그런 것과 마찬가지입니다.

만약 건축의 단청과 둔황의 벽화가 다른 곳에서 서로 만난다면 어떨까요. '정칸의 종도리와 장여과 방의 세 부재가 만드는 면에 그리는 포복선자채화包袱鏇子彩畫'가 예술계를 열광시킬 것은 자명합니다. 언젠가 중국 건축의 단청이 유명한 쑤저우의 도화오桃花塢나 톈진의 양류청楊柳青 판화처럼 또 다른 길을 가게 될지도 모를 일이지요.

이화원의 장랑은 길이가 728미터이다. 이 장랑의 들보와 창방 등에 그려진 단청 그림은 1만 4천 폭이 넘는다.

등급

> "황색은 한가운데 있는 화합의 색으로 자연의 이치이니 만세토록 변하지 않는다. 황제가 처음 제도를 만들어 가운데를 얻고 화합하여 만세토록 존재하니 고로 황제라 부른다."
>
> 《백호통의白虎通義》 호號 편

서주 시대에는 "귀천을 명확히 하여 등급을 나누었습니다."

- 정색: 청색, 적색, 황색, 백색, 흑색
- 오행: 청색(나무 木), 적색(불 火), 황색(흙 土), 백색(쇠 金), 흑색(물 水)
- 중간색: 홍색(담적색), 보라색, 옥색, 흑적색, 유황색

《예기·월령禮記·月令》에 의하면 황제의 옷 색깔은 다음과 같습니다.

- 입춘 (청색 옷)
- 입하 (붉은색 옷)
- 삼복 시기 (황색 옷)
- 입추 (백색 옷)
- 입동 (검정색 옷)

- 당나라: "서민은 집을 지을 때 … 장식해서는 안 된다."《당회전唐會典》
- 송나라: "궁실과 절, 도관을 제외하고 건물에 단청을 해서는 안 되고 보와 기둥 및 창호에 검고 붉은 칠을 해서는 안 되며, 주초석에 조각을 할 수 없다."《고금도서집성·고공전古今圖書集成·考工典》
- 명나라: "서민의 집은 … 공포와 단청 장식을 할 수 없다."《명회전明會典》

청대 건축 단청의 종류는 이러했습니다.

- 선자채화鏇子彩畵: 사찰, 사당, 능침 등의 건축에서 등급에 따라 9종류의 다양한 기법이 있다. 소용돌이 모양 꽃의 도안에 따라서 금탁묵석년옥金琢墨石碾玉, 연탁묵석년옥烟琢墨石碾玉, 금선대점금金綫大點金, 묵선대점금墨綫大點金, 소화선대점금蘇畫綫大點金, 금선소점금金綫小點金, 묵선소점금墨綫小點金, 아오묵雅伍墨과 웅황옥雄黃玉이 있다.
- 화새채화和璽彩畵: 궁전에서 가장 격이 높은 단청
- 금룡화새金龍和璽: 궁전에서 중축선에 있는 주요 대전에 사용
- 금봉화새金鳳和璽: 황실과 관련이 있는 건축에 사용(지단, 월단)
- 용봉화새龍鳳和璽: 황제와 황후, 황비, 아들의 침궁에 사용

- 용초화새龍草和璽: 황실에서 칙령으로 만든 사찰과 사당에 사용
- 소화화새蘇畵和璽: 황실 원림의 건축에 사용

화새채화와 선자채화는 형식이 엄격히 정해진 단청이었기 때문에 반드시 규정에 따라야 했습니다.

쑤저우와 항저우 지역에서 유행한 소식원림蘇式園林의 단청은 강남 지역의 비단처럼 자유롭고 화려하며 도안 역시 매우 정교하고 다양합니다.

해마다 여유가 넘치다

설날이 오기 전에 농촌 마을에서는 할머니가 가위로 붉은색 종이를 잘라 큰 수탉 모양을 만들어 동쪽 창문에 붙입니다. 이로써 일 년 동안 가족들의 아침이 태양을 보듯이 찬란하고 수탉처럼 항상 기운 넘치기를 바라는 것입니다. 할머니가 종이를 또 잘라서 화병 하나를 만들더니 거기에 통통한 쥐 한 마리가 거꾸로 달려가는 모습을 넣어 복이 집 문앞에 오기를 기원합니다. 그리고 뜻대로 장수하기를, 해마다 여유가 있기를 기원해봅니다.•

할머니는 학교에 다닌 적도 없지만, 후손이 관직에 오르고 승진을 하게 되면 자연히 매난국죽梅蘭菊竹의 사군자를 넣어 도안으로 만듭니다. 여기에는 단순히 길하기를 바라는 마음뿐 아니라 도덕적 지향점에 대

• 중국어에서 넘어지거나 거꾸로 됨을 의미하는 '도(倒)'자는 도달함을 의미하는 '도(到)'와 발음이 같다. 글을 새기지 않고 그림을 통해 의미를 전하는 도안에서 복이 집에 이르기를 기원할 때는 박쥐 등 길상한 동물을 거꾸로 그려서 표현한다.

한 가르침도 담겨 있습니다.

필법이 시원스러운 서당 선생은 마을 사람들을 대신해서 "폭죽이 터지면 옛 세월도 걷어 가네爆竹一聲除舊歲"라든가 "사람이 완성되면 품위를 추구하지 않아도 스스로 높아진다人到無求品自高"는 글귀를 써서 집집마다 나누어줍니다. 사람들은 저마다 만족스러운 마음으로 봄맞이 문구를 손에 들고서 집으로 돌아가 붙입니다. 벽에는 새해를 맞이하여 통통한 아기들이 수없이 그려진 백자천손百子千孫 그림이 걸리고, 그 벽에 기대어 부녀자가 원앙과 화목을 상징하는 신발을 한 땀 한 땀 수놓습니다.

해마다 여유가 넘치기를 바라는 뜻에서 '남을 여(餘)'와 발음이 같은 '물고기 어(魚)'의 형상을 넣었다.

서예는 참으로 감상할 만합니다. 기둥에 나란히 걸어둔 대련對聯은 새봄을 맞이하는 기쁨을 표현하는 좋은 글귀로 가득합니다. 우리는 지금 장식에 대해 이야기하고 있는데, 장식이란 게 어쩌면 생활을 한바탕 꾸미는 것인지도 모르겠습니다.

"중국인은 어찌된 일인지 변형의 천재이다. 가령 중국 글자의 음은 원래 한 글자가 하나의 말인데, 그렇게 하면 글자의 음은 4백 개가 채 안 된다. 그런데 이를 음평성(1성), 양평성(2성), 상성(3성), 거성(4성)의 4가지 성조로 나누어서, 하나의 음이라 할지라도 어기를 완만하게 하느냐 급하게 끊느냐, 혹은 늘이느냐 줄이느냐, 내리느냐 들어 올리느냐 하는 다양한 처리를 더하여 여러 가지 다른 의미를 만들어냈고 그 결과 발음이 매우 풍부해졌다. 중국 건축의 장식도 마찬가지여서 온갖 지혜를 다 짜내어 기이하게 아름다움을 만들어낸다."

이토 추타(伊東忠太), 『중국건축사中國建築史』

항상 기운이 넘치는 수탉을 그린 도안

평생의 화목을 바라는 마음을 표현하고자 '함께 동(同)'자, '화할 해(諧)'자를 발음이 유사한 '동 동(銅)'자, '신발 혜(鞋)'자에 빗대어 동거울과 신발을 그린 도안

부귀를 상징하는 모란 꽃과 평안을 상징하는 화병을 그린 도안

이렇게 구조와 관계없는 장식은 '희망希望'을 담아냅니다.

도안으로 쓰이는 한자는 모양과 발음과 뜻을 겸비하고 있습니다. 도안에서도 한자를 이루는 여섯 가지 방법인 상형象形, 전주轉注, 가차假借, 지사指事, 회의會意와 해성諧聲을 모두 응용할 수 있죠.•• 예를 들어 제후侯와 발음이 유사한 원숭이猴, 그리고 녹봉祿과 발음이 유사한 사슴鹿, 봉해지다封와 발음이 유사한 꿀벌蜂을 도안의 소재로 삼아서 제후로 봉해지고 녹봉이 오른다는 의미인 '봉후진록封侯進祿'을 표현할 수 있습니다.

•• 한자를 만드는 여섯 가지 방법으로서 이를 육서(六書)라 한다. 구체적으로는 사물의 형상을 본뜨는 상형(象形), 사물의 추상적인 개념을 본떠서 만드는 지사(指事), 둘 이상의 한자를 합하고 그 뜻도 합성하여 낱말의 뜻을 나타내는 회의(會意), 글자의 절반은 뜻을 나타내고 다른 절반은 음을 나타내는 해성(諧聲 혹은 형성形聲), 이미 있는 한자의 뜻을 확대 발전시켜 다른 뜻으로 쓰는 전주(轉注), 어떤 뜻을 나타내는 한자가 없을 때 뜻은 다르나 이미 있는 한자의 음만 빌리는 가차(假借)가 있다.

장원급제, 가장 마지막에 장식을 쓰다

건축의 장식은 눈으로 감상하는 것이기에 마구잡이로 장식하면 '호사가好飾家'가 되는 것을 피하기 어렵습니다. 감상할 만하다고 해서 반드시 장식의 범주에 들어가지는 않겠지만 장식은 분명 시각효과에서 관건이 되는 요소입니다. 그리고 중국 전통 건축은 이 방면에 있어 세계적으로 뛰어납니다.

중국의 건축 장식은 건축 구조를 바탕으로 이루어집니다. 그래서 전체 건축물이 지닌 비례와 공간의 효과 역시 장식에 포함되지요. 자금성의 태화전만 해도 만약 무게가 3.5톤이나 되는 취두가 용마루 끝을 물고 있지 않았다면 이렇게 거대한 지붕이 안정적으로 서 있지 못할 것입니다. 이 건물이 없었다면 아름다운 기단도 없었을 테고, 이 기단이 없었다면 화려한 난간도, 난간기둥도 또 계단도 없었겠지요. 우리가 자금성의 궁문 안으로 발을 내딛는 그 순간 보이는 태화전의 취두는 오래전부터 황금빛 찬란한 지붕의 용마루를 힘껏 물고서 기다리고 있었던 것입니다. 말하다 보니 또 구조로 돌아왔지만 우리가 이야기하는 것은 장

한 마리의 오리(一隻鴨) 도안. '오리 압(鴨)'자는 왼쪽엔 갑(甲)이, 오른쪽에는 명(名)과 모양이 유사한 조(鳥)가 있기에 과거시험 '갑(甲)과에서 수석(第一名)'인 장원급제를 의미한다.

식이며, 장식을 보니 자연히 장식된 환경을 보게 되는 것입니다.

중국의 서북 고원지대는 춥고 건조해서 보통 집에 장식이 매우 적지만, 그럼에도 오히려 아름다움이 있습니다. 장식은 '소중히 여기는 것' 외에 사실 다른 비결이 없답니다.

언젠가 중국 남방의 시골 사당 앞에서 정교한 벽돌 조각으로 장식된 조벽照壁을 본 적이 있습니다. 사당에서 공부하는 자제들이 문을 나서면 먼 산을 배경으로 고관이 쓰는 모자인 '관모官帽'처럼 생긴 이 조벽이 그 '앞길'에 펼쳐져 있는 것입니다. 이런 담장은 '풍수'를 좋게도 하지만 신기한 장식 효과를 냅니다. 들보 위에 장원급제를 기원하는 '진사제일명進士第一名'이라는 편액이 걸려 있는데, 그 들보 아래에서 누가 감히 마음을 다잡고 공부하지 않을 수 있겠습니까?

장식의 내용과 기술은 이미 오래전부터 전문가들에 의해 연구되어 왔습니다. 여기서는 조각 기술과 단청을 이야기하고 할머니의 종이예술剪紙을 살펴보며, 건축의 외부를 총총히 한 바퀴 돌아보았을 뿐입니다. 거듭 말했듯이, 중국 건축사는 공예의 발전사와 다르지 않습니다. 각각의 실용 기술은 모두 장식의 범위에 포함시킬 수 있습니다.

장식을 가장 마지막 장에 둔 것은 여러분이 '중국 건축'을 다시 처음부터 감상했으면 하는 마음에서입니다.

후기

불광사를 기억하며

처음에 불광사는 저에게 2차원의 평면으로 존재할 뿐이었습니다. 제가 파리에서 공부할 때 노트르담 대성당이 근처에 있었는데 동서양의 그런 '신성한' 건축 구조를 알고 싶어서 량스청 선생의 중국 건축에 관한 자료들을 찾아본 적이 있습니다. 그후 1995년에 다시 중국 건축의 역사를 처음부터 읽기 시작했는데 그때 불광사는 중국영조학사中國營造學社의 여러 문헌들이나 『중국건축기술발전사中國建築科技發展史』와 『둔황전집건축권敦煌全集』속에 들어 있었습니다.

중국 건축을 공부하면서 적은 필기를 정리하여 2000년에 『나무로 집 지은 이야기만은 아니랍니다』를 출판한 후에 저는 펜과 종이를 들고 중국 그림 여행을 시작했는데, 그렇게 산과 강을 떠돌며 돌아 돌아 도착한 곳이 '대불광사'였습니다. 2008년쯤 타이완의 불광산佛光山에서 불교예술전집을 펴낸다고 여상如常 법사님께서 제가 그린 그림을 좀 빌려 쓸 수 없겠느냐고 여쭈어오셨는데 불광산에서 요청한 것 역시 불광사 그림이었습니다.

한번은 〈관음께 가다不肯去觀音〉라는 영화로 인연이 닿아서 2013년 가을에 영상기록채널의 총감독인 쉬환徐歡 여사 그리고 그 팀원들과 함께 베이징 산시山西의 고원을 답사한 적이 있습니다. 황토 고원지대의 누런 산과 대지를 차로 달려 한참을 가자 평면이던 불광사가 마침내 누런 산비탈에 기대어 입체가 되어 나타났습니다. 사찰 규모는 크지 않았지만 건축의 비례가 웅대하고, 거대한 공포의 깊고 다양한 색깔이 오대산의 가을빛 속에 녹아 있었습니다.

처음에 말한 '신성한' 구조라는 주제로 돌아와봅시다. 불광사를 천천히 돌아 감상할 때 영원히 지탱하고 서 있을 거대한 기둥을 하나하나 쓰다듬으면서 긴 세월이 주는 느낌과 악수를 청해보았습니다. 절은 산의 암벽 가까이 있었는데, 암벽은 동쪽에서 서쪽으로 지층이 층층이 쌓였다가 이동하고 눌려져서 쇄석이 되었다가 다시 섞여 이동한 흔적들을 그대로 노출하고 있었습니다. 이 50미터도 안 되는 길이에서 암층이 쌓였다가 변화를 겪으며 서쪽 끝까지 이르지도 못한 채 잘게 부서져 가루가 되어 나무뿌리들에 얽히고설키고…. 절 앞뒤에서 조용히 태고의 지층 운동이 진행되고 있었습니다.

이런 모습들은 '신성'이라는 것이 만들어진 구조가 아니라, 구조도 삼켜버리는 하늘과 땅의 힘이라고 선포하는 듯해서 경외감에 마음이 떨립니다. 최초로 절을 만들던 승려는 그런 힘이 준 하늘의 계시를 받든 것이리라!

이 천년 고찰은 암벽과 함께 인간 세상에서는 더 이상 듣지 못하는 많은 말들을 나누고 있습니다. 역사가 당唐이라는 시대를 선택하고 세월이 불광사를 선택하니, 불광사는 슬픔을 억누른 채 나와 함께 암벽의 흙과 절 안의 조소상에 머리 조아려 절하고 있습니다.

자오광차오

2015년 겨울

부록

형이 보내온 글

저는 미국에서 20여 년을 살면서 대학 연구소를 졸업하고 정부의 회계감사와 관련된 일에 줄곧 종사해왔고, 지금은 플로리다주 남부 팜비치 교육부 회계감사서의 서장으로 있습니다. 팜비치카운티의 교육부는 매년 예산이 약 18억 달러로 미국에서 14번째로 큰 교육행정기관입니다. 책임자로서 저의 일은 '경제 원칙성'과 '논리성', '합법성'과 '실행 가능성'을 바탕으로 하여 의결된 예산안을 진실되고 치우침 없이 심의하고, 관찰 조사를 거친 후 당국이 예산을 지급하도록 건의하는 것입니다.

이런 직업과 건축의 접점을 찾자면, 현지 인구가 급증해서 당국이 해마다 많은 수의 중학교와 초등학교 교사를 건설하도록 예산을 지급하는 경우입니다. 작년에만도 심의를 거쳐 지급된 예산만 5억 달러가 넘습니다. 보고서의 내용은 주로 각 건축 공정 항목의 예산과 자재, 시공, 설계 및 관리 효율 등을 포함합니다.◇

아우가 내게 자신의 책에 대한 생각을 써달라고 말했을 때, 오랫동안 어떤 사안에 대한 '심의와 건의'에 종사해온 저는 가벼운 수레를 몰고 아는 길을 가는 것만큼이나 손쉬운 일이라고 생각했습니다. 그런데

◇ 이곳의 중등과 초등 미술 및 음악 교육에는 주정부의 보조금이 없었는데, 학부모들과 교육자들의 노력으로 겨우 예산에 넣을 수 있었습니다. 홍콩은 예술발전국에서 이런 일을 순조롭게 추진하고 있어 매우 기쁘게 생각합니다.

◇◇ 자오광롱(趙廣隆). 저자 자오광차오의 친형으로 미국 플로리다주 팜비치카운티 교육부 회계감사서 서장이자 코럴 스프링스(Coral Springs) 중국문화협회 회장이다.

현실은 전혀 달랐습니다.

제가 1998년 홍콩을 잠시 방문했을 때 아우는 이 책 쓰는 일에 몰두해 있었습니다. 우리 형제는 성격이 딴판이어서 아우가 독일에서 조형예술을 공부할 때 저는 이과 계통을 전공하고 있었습니다. 우리 형제가 몇 년간 떨어져 있다가 만나서 이야기를 나눌 때면 각자의 생각과 가치관, 생활 환경이 아주 달라서 가끔은 서로의 생각에 동의할 때도 있지만 대부분은 완전히 반대였습니다. 대화의 출발점은 같더라도 마지막에는 늘 예상치 못하게 각자의 방향을 향하고 있었습니다. 아마도 '현실'과 '예술'이 충돌했던 거였겠지요. 처음의 곤혹스러움은 어린 시절에 들었던 장님 코끼리 만지기의 속담을 떠올리고서야 다독일 수 있었습니다. 서로 제것만 주장하면 어떤 사물의 진짜 모습을 영원히 이해할 수 없는 법입니다. 우리 둘 다 상대방의 시각에서도 보고 판단해야 진짜 모습을 이해할 기회를 얻는 것입니다.

과학이건 예술이건 간에 일부만 보고 전부를 평가하는 그런 장님과 같은 판단이 있을 수밖에 없습니다. 동양과 서양이 서로 자신의 말만 하던 태도는 이미 시대에 맞지 않습니다. 아우가 5년에 걸쳐 완성한 이 책이 국내와 해외에서 서양 문화의 영향 아래 성장한 새로운 세대에게 '잃어버린 퍼즐'을 찾도록 안내하고 두 문화의 '전체'를 이해하는 데 도움이 되기를 바랍니다.

어떤 문화나 예술이나 경제적 수익이 없으면 도태되어 사라지는 이 시대에, 한 사람의 독자이자 저자의 형으로서 아우가 중국 건축의 역사와 문화, 예술의 발전을 차분히 전하여준 것을 매우 기쁘게 생각합니다.

자오광룽(CPA, CMA)◇◇

2000년 1월

초판 후기

성당盛唐 시대를 상상하며

그 찬란한 날들

어떤 관점에서 출발해도 항상 당나라로 돌아오게 됩니다. 전설 속의 황제黃帝로부터 오늘에 이르기까지 중국 전체 역사를 통틀어 '성할 성盛' 자를 수식어로 붙여 시대를 부르는 것은 '성당盛唐'이 유일합니다.

당나라 때의 번성을 상상해보는 것은 중국인에게 항상 유쾌한 일입니다.

수도 장안에서 평원처럼 드넓은 주작대로(지금 베이징 천안문 앞의 장안가보다 두 배나 넓었습니다)에 20만여 군대가 한번에 쏟아져 나온 광경을 상상해보세요. 이따금 당 황제가 왕림하면 황제를 겹겹이 둘러싸고 장엄한 행진이 진행됩니다. 또 장안성의 임덕전麟德殿은 베이징 자금성의 태화전보다 세 배나 컸습니다. 이 둘도 없는 대단한 성당 시대는 다른 많은 나라들이 중국 문화를 배우고자 했던 때였습니다.

과거 서양인의 눈에 중국 고대 도시의 완벽한 도시 계획은 줄곧 부러움의 대상이었습니다. 서양의 도시는 전부 소수의 사람들이 모여 살던 마을이 점차 커지면서 옛것과 새것이 섞여 이루어진 것이기에 도시가 클수록 혼잡했습니다. 모든 길은 로마로 통했지만 로마는 가장 길을 잃기 쉬운 도시였죠. 그러나 중국의 고문헌을 보면 오래전부터 택지를 선택해서 도시를 건설하는 전통이 있었습니다. 각 시대의 집권자들은 나라를 다스리는 첫걸음으로써 정권의 영원함을 상징할 새로운 땅을

신중하게 선택했습니다. 수도 장안은 수차례의 답사와 종합 개조를 거쳐 건설된 초대형 도시였지요.

607년에 일본사절단이 처음으로 중국에 도착했습니다. 백 년 후 '당풍唐風'이 일본에서 크게 유행하여 장안성의 궁전 배치에서부터 주작대로, 동서로 둔 두 개의 시장인 동시東市와 서시西市의 이름까지 일본으로 전해져서 일본에서 처음으로 고정된 수도였던 나라의 헤이조쿄平城京, 710년과 헤이안쿄平安京, 794년 계획의 모범이 되었습니다. 8세기에 현재의 중국 동북 지역에 세워진 발해의 수도 상경용천부上京龍泉府 역시 또 다른 작은 장안성이라고 할 만했습니다(현재의 헤이룽장성 닝안현 발해진에 있었으며 후한왕성忽汗王城이라고도 부릅니다. 926년에 거란에 의해 멸

• 〈예빈도禮賓圖〉로 불리는 이 그림의 제작 시기는 7세기 중반으로, 이 인물은 원서의 표기와는 달리 고구려 혹은 신라의 사신으로 알려져 있다.

망했습니다).

과거 다른 나라에서는 수도를 '한성漢城'이라 부르기도 했습니다.

13세기 이탈리아의 상인 마르코 폴로Marco Polo, 1254-1324가 귀국했을 때 가장 곤혹스러웠던 것은 자신이 본 원나라의 대도大都, 지금의 베이징의 번성한 도시 광경을 사람들이 믿지 않는 것이었다고 합니다. 천국과도 같아서 마르코 폴로가 크게 놀랐다고 하는, 높은 누각이 가득한 인구 백만의 임안臨安(중원을 잃고 남쪽으로 이전한 남송의 수도로서 지금의 항저우)은 당과 송의 여운이 그저 조금 남아 있는 도시일 뿐이었으니, 당 장안의 번성은 가히 상상하기 어렵습니다.

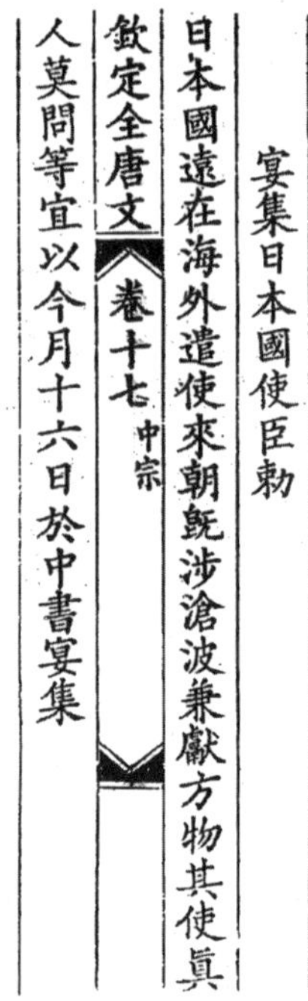
宴集日本國使臣勅
日本國遠在海外遣使來朝既涉滄波兼獻方物其使眞
欽定全唐文 卷十七 中宗
人莫問等宜以今月十六日於中書宴集

일본 사신의 방문을 기록한 《흠정전당문欽定全唐文》•

기교와 운치

처마 아래로 날아 집 안으로 들어온 것은 시에서 읊곤 하는 제비만이 아니었습니다. 《당송전기唐宋傳奇》을 보면 협객도 몰래 들어오곤 했습니다. 고대 중국의 건축은 열려 있기를 추구했지만, 과하게 높이 솟아나기를 추구하지는 않았습니다.

청대의 문학가인 이어李漁, 1610-1680는 중국 전통 문화의 특징을 '정교

• 이 내용은 역자가 덧붙였다.

精'와 '고아雅'로 정리했습니다. 이를 건축에 대입해보면 '정교'는 물체를 가공하는 고도의 기술을 말하고 '고아'는 아마 추상적인 '운치'라는 단어로 이해할 수 있겠지요. '고아한 운치'는 설명하기 참으로 힘들지만 그것이야말로 중국 문화의 정수입니다. 《원야》에 나온 것처럼 왕공귀족의 저택에 굳이 대나무를 옮겨 심어 창문을 슬쩍 가리고, 배나무를 심어 공간을 나누어서 금빛 누각과 누대의 속됨이 조화되도록 조절하는 것입니다.

문인들이 손수 만들어 가꾸는 정원인 원림園林은 유유자적하고 휴식을 취할 수 있는 한 폭의 산수화와 같은 것이었습니다. 창문을 밀어 열면 먼 산의 낙엽이 바람에 날려 들어오고 마음의 먼지와 때를 씻어낼 수 있었습니다. 연꽃 위로 떨어지는 빗소리를 들으면 생활은 모두 시적인 상상으로 채워집니다.

이것은 중국 전통 건축에서 가장 잊히지 않는 부분입니다. 하나하나

의 건물로 둘러싸면 그 가운데는 정원이 되는데, 도덕적 마음가짐과 건축적 배치가 모두 비어 있으니 "겸허함이 산골짜기처럼 깊다虛懷若谷"고 말할 수 있을 것입니다.

그러나 옛 시절의 아름다움은 마치 사라진 미인과 같아서 비단치마를 잡으면 끊어질지언정 붙들어둘 수는 없습니다. 문명은 계속 발전해 가고 사람들은 옛날의 돌판과 흙으로 만든 온돌 대신 푹신푹신한 침대를 좋아합니다.

하지만 최근에는 건축 대가들이 시멘트로 밀봉된 건축을 유리 커튼월로 바꾸었고, 상자식 빌딩에서 빅토리아 시대나 신고전주의, 심지어 고대 그리스·로마의 건축 양식으로 돌아가고 있습니다. 다시 새롭게 창문을 열어젖히고 용감하게 현대 구조를 해체하여 더욱 우리에게 적합한 거주 공간을 찾기 위해 노력하는 것이지요.

만약 건설 공사의 사명이 인류가 다시금 '자연'으로 돌아가는 데 있다고 한다면, 지금 다시 '성당盛唐'을 상기해보는 것도 새로운 기분을 더할 테지요.

전통이란

"민가 건축은 마치 뽕나무를 둘러싸고 돌면서 부르는 민요같이 자연스럽게 만들어졌다. 이에 비해 관방의 건축은 계획과 설계를 통해 새로 배치되는 요소를 지니고 있다. 같은 음표이지만 장중하게 바뀌고, 원래의 자유로움은 다소 경직된다."

영국의 브루스 올소프(Bruce Allsopp, 1912-), 『건축사 연구 *The Study of Architectural History*』

홉스봄의 음악에 대한 관점은 다른 문화 유형에 충분히 빗대어 이야기할 만합니다. 뽕나무 아래서 봄갈이와 추수의 기대나 기쁨을 들을 수 있지만, 이런 자연적인 감정과 정서의 악보는 다음해 봄갈이와 추수 때는 흩어져 없어지겠지요. 매번의 감정과 정서를 수집 정리하여 보호하는 것이 소위 말하는 전통입니다.

시안 비림에 있는 유공권(柳公權)의 〈현비탑비玄秘塔碑〉(841)

관방官方의 고전 음악은 사실상 전체 민족 정신을 켜켜이 담고 있는 셈입니다. 다소 경직될 수는 있겠지만 이를 통해 각 세대의 문화 정신은 오히려 더 높은 차원으로 발전합니다. 민요가 계획과 설계를 거쳐 오페라하우스에서 흘러나오는 심금을 울리는 예술로 다듬어지는 것입니다.

만약 2천 년 전에 공자가 당시 민간에서 전해지는 노래들을 정리하여 편찬하지 않았다면 《시경》은 결코 오늘날까지 전해지지 못했을 테고, 중국 문학의 싹은 다른 때를 기다려야만 했을 것이며 역사와 전통도 없었겠지요.

전통은 문화의 증거입니다. 어떤 사람은 그것을 다시 불러일으키고 어떤 사람은 다시 발휘되게끔 합니다. 물론 지나치게 전통만을 추구하면 생기가 부족해질 수 있고, 반대로 전통을 완전히 무시해버리면 사람들이 무엇을 따라야 할지 몰라 갈팡질팡하게 됩니다. 우리 이름자 앞의 성씨, 설날의 세뱃돈, 즐거운 성탄절과 같이 만약 전통을 '보존할 만한 것'으로 본다면 전통의 의미를 더욱 깊이 이해하게 될 것입니다.

서예를 배우고자 하면 오늘날에도 여전히 옛 책들을 펼치게 되지요. 1천 3백 년 전 당나라의 서예가인 안진경顔真卿, 709-785과 유공권柳公權, 778-865의 글씨가 비석에 새겨져서 시안西安 비림碑林에 서 있듯이, 과거는 어느새 우리 생활의 한 부분이 되어 있습니다. 이것이 바로 전통입니다.

전통은 하나의 길과 같습니다. 뒤돌아보면 우리가 어디서부터 왔는지 보이고, 앞으로 어느 방향으로 가야 할지를 보여줍니다.

굽이굽이 돌아 있던 간에 모두 길인 것입니다.

참고 문헌

량쓰청梁思成, 『영조법식주석營造法式注釋』, 중국건축공업출판사, 1983.

량쓰청梁思成, 『청식영조칙례營造法式則例』, 중국건축공업출판사, 1981.

량쓰청梁思成, 『량쓰청문집梁思成文集』, 중국건축공업출판사, 1984.

류둔전劉敦楨 주편, 『중국고대건축사中國古代建築史』, 중국건축공업출판사, 1980.

왕보양王伯揚 주편, 중국역대예술편찬위원회 편, 『중국역대예술·건축예술 편中國歷代藝術·建築藝術篇』, 중국건축공업출판사, 1994.

류다커劉大可 편저, 『중국고건축의 기와작과 석작 작법中國古建築瓦石營法』, 중국건축공업출판사, 1993.

중국건축기술발전중심, 건축역사연구소 주편, 『저장민가浙江民居』, 중국건축공업출판사, 1984.

청완리程萬里 편저, 『중국전통건축中國傳統建築』, 중국건축공업출판사, 1991.

리윈허李允鉌, 『화하의장華夏意匠: 중국고전건축 설계원리 분석』, (홍콩)광각경출판사, 1984.

천퉁빈陳同濱·우동吳東 주편, 『중국고전건축 실내장식 도면집中國古典建築室內裝飾圖面集』, 금일중국출판사, 1995.

팡쥔方駿·창커尚可 편, 『중국고대삽도정선中國古代插圖精選』, 장쑤인민출판사, 1992.

중국미술전집편찬위원회 편, 『중국미술오천년 제7권 건축예술편中國美術五千年 第七卷 建築藝術篇』, 중국건축공업출판사, 1991.

왕전화王鎮華, 『중국건축비망록中國建築備忘錄』, (대만)시보문화출판사업유한공사, 1989.

류둔전劉敦楨, 『중국주택개설中國住宅概說』, (대만)명문서국, 1983.

러우칭시樓慶西, 『중국궁전건축中國宮殿建築』, (대만)예술가출판사, 1994.

마빙지엔馬炳堅, 『중국고건축 목작 영조기술中國古建築木作營造技術』, (대만)박원출판사, 1993.

칭화대학 건축과 편, 『건축사 논문집 제1집建築史 論文集 第一集)』, 칭화대학출판사, 1983.

(일본)이토 추타伊東忠太 저, 천칭취안陳清泉 번역 보완, 『중국건축사中國建築史』, (대만)상무인서관, 1981.

싱치민荊其敏 편저, 『중국전통민가백선中國傳統民居百題』, 톈진고학기술출판사, 1985.

(명)계성計成, 《원야園冶》, (대만)금풍출판사, 1987.

청젠쥔程建軍, 『중국고대건축과 주역철학中國古代建築與周易哲學』, 지린교육출판사, 1991.

중국과학원 자연과학사연구소 주편, 『중국고대건축기술사中國古代建築技術史』, 과학출판사, 1985.

장위환張馭寰, 『고건축 조사와 탐구古建築勘察與探究』, 장쑤고적출판사, 1988.

『월간고궁문물古宮文物月刊』, 타이베이고궁박물원.

중국건축학회 건축역사학술위원회 주편, 『건축역사와 이론建築歷史與理論』, 제1집과 제2집, 장쑤인민출판사, 1981, 1982.

위웨이궈俞維國 편저, 『중국건축사화中國建築史話』, (대만)명문서국, 1989.

뤄저원羅哲文, 『중국고대건축中國古代建築』, 상하이고적출판사, 1990.

차오쥔喬勻 주편, 『중국원림예술中國園林藝術』, (홍콩)싼롄서점, 1982.
중국건축과학연구원 편, 『중국고건축中國古建築』, (홍콩)싼롄서점, 1982.
천진대학 건축과, 청더시 문물국 편저, 『청더고건축承德古建築』, (홍콩)싼롄서점, 1982.
황타오펑黃韜朋·황중쥔黃鍾駿, 『원명원圓明園』, (홍콩)싼롄서점, 1985.
천충저우陳從周·판홍쉬안藩洪萱·루빙제路秉傑, 『중국민가中國民居』, (홍콩)싼롄서점, 1993.
천충저우陳從周 주편, 『중국 청당건축: 강남편中國廳堂: 江南篇』, (홍콩)싼롄서점, 1994.
천충저우陳從周, 『재실여묵梓室余墨』, (홍콩)싼롄서점, 1997.
호우요빈侯幼彬, 『중국건축미학中國建築美學』, 헤이룽장과학기술출판사, 1997.
류셴줴劉先覺 주편, 『건축역사와 이론 연구문집建築歷史與理論研究文集(1927-1997)』, 중국건축공업출판사, 1997.
류쉬제劉叙傑, 『류둔전건축사논저선집劉敦楨建築史論著選集』, 중국건축공업출판사, 1997.
(독일)마리안네 보이헤르트Marianne Beuchert 저, 원샤오멍聞曉萌·롄웨동廉悅東 옮김, 『중국원림中國園林』, 중국건축공업출판사, 1996.
펑이강彭一剛, 『중국고전원림 분석中國古典園林分析』, 중국건축공업출판사, 1986.
청자오슝程兆熊, 『중국 정원의 꽃과 나무를 논하다論中國庭院花木』 증정본, (대만)명문서국, 1985.
왕즈리汪之力 주편, 『중국전통민가건축中國傳統民居建築』, 산둥과학기술출판사, 1994.
러우칭시樓慶西, 『중국건축형태와 문화中國建築形態與文化』, (대만)예술가출판사, 1997.
린후이청林會承, 『전통건축수첩 형식과 작법 편傳統建築手冊 形式與做法篇』, (대만)예술가출판사, 1990.
마루이톈馬瑞田, 『중국고건축단청中國古建築彩畫』, 문물출판사, 1996.
왕치쥔王其鈞, 『중국전통민가中國傳統民居』, 외문출판사, 2004.

감사의 말

바쁘신 중에도 서문을 써주신 주촨룽朱傳榮 여사님과 자오광룽趙廣隆 형님, 그리고 도움을 주신 홍콩의 저명한 건축사 허셴옌何顯顏 님, 마지막으로 제작에 도움을 준 궈자오웨이郭照威, 린리얼林荔兒 님에게 감사의 말씀을 전합니다.

옮긴이의 말

자오광차오 선생이 쓴 이 책의 번역을 제안받았을 때 무심코 한번 해보겠다고 응답한 것이 여러 사람을 힘들게 한 것 같습니다. 가깝게는 번역에 함께 참여한 이정아 박사와 차주환 박사, 멀리는 우리의 질문에 바로바로 해답을 준 중국 쑤저우 과기대학 건축과의 셰훙췐謝鴻權 교수가 수고해주었습니다. 특히 번역 과정에서 함께 논의하며 힘을 보태어준 명지대 백소훈 교수에게는 큰 빚을 지고 말았습니다. 하지만 모두의 열의와 정성으로 동서고금을 넘나드는 해박한 지식과 유려한 문체로 쓰인 자오광차오 선생의 이 책을 우리말로 옮겨, 건축계는 물론 일반 대중에게도 중국 건축 문화를 이해할 수 있는 유익한 도서 하나를 보태게 된 것은 큰 보람이라고 생각합니다. 그리고 일전에 자오광차오 선생의 또 다른 저서인 『세상에서 가장 친절한 중국 건축 이야기』(다빈치, 2014)의 감수를 통해 이미 선생의 중국 전통 건축에 대한 독특한 접근과 해석 방법을 경험한 저는 직접 번역에 참여하게 되어 선생과는 개인적으로 더욱 각별한 인연을 맺게 된 것 같습니다.

이 책이 담고 있는 내용의 특징을 몇 가지 측면에서 살펴보면, 첫 번째로는 중국 전통 건축을 구성하는 기본 요소의 탄생 배경과 그것이 전개되는 과정을 입체적으로 조명하고 있습니다. 두 번째로는 동서고금을 넘나드는 문헌과 선인들의 견해를 적재적소에 인용하여 소개함으로써 중국 전통 건축이 과거에 머무는 것이 아니라 오늘날의 삶 속에서 어떻게 계승되고 있는가를 보여주는 한편, 세 번째로는 중국 전통 건축이 물리적인 실체로서의 존재 가치를 넘어 중국의 오랜 역사와 중국인의 의식 세계를 읽을 수 있는 유용한 도구임을 밝히고 있습니다. 이러한 점들은 우리 주변에서 손쉽게 접하는 기존의 건축 역사서와는 맥락을 달리하는 것으로서 건축 역사를 바라보는 자오광차오 선생만의 안목이라고 하겠습니다.

번역에 참여한 우리들은 자오광차오 선생의 문장을 한국어로 옮기며 시종일관 선생이 펼치는 건축 역사의 인식과 서술 방법에 감탄했고, 이 같은 저서를 내지 못한 우리 스스로의 한계와 한국 건축 역사학계의 현실을 부끄러워하지 않을 수 없었습니다. 아울러 한국 건축 역사의 근본을 꿰뚫으면서도 좀 더 대중적인 책을 내야 한다는 다짐도 하게 되었고, 중국 건축 역사에 관한 명저들을 선별하여 부지런히 우리말 번역본을 내어 소개해야겠다는 사명감도 다지는 좋은 계기가 되었습니다. 그 외에도 윤문 작업을 위해 여러 차례 모임을 가지면서 서로 기탄없이 중국 전통 건축에 대해 심도 있는 토론을 하게 된 것은 의외의 수확이었습니다.

이 책의 번역에 참여한 사람들은 모두 칭화대학에서 박사학위를 받은 저의 후배들입니다. 이들은 불 보듯이 뻔한 저의 무리한 요청에 조금의 망설임도 없이 응해주었으며 최선을 다해 번역에 임했습니다. 정말 말로는 이루 다 표현할 수 없는 고마움을 전하고 싶습니다. 또한 번역 작업을 통해 건축 역사라고 하는 학문의 고리에 우리들이 더욱 단단히 결속할 수 있도록 기회를 준 미진사에도 감사의 말을 드립니다. 옮긴이의 말에 보면 상투적인 주례사처럼 등장하는 구절 가운데 하나가 편집 팀에 대한 고마움을 표하는 것입니다. 저희도 예외는 아닙니다만 이 책을 담당해준 미진사 편집 팀은 번역문이 안정될 수 있도록 큰 역할을 해주었습니다. 이 자리를 빌어 감사의 말을 전하고 싶습니다.

끝으로, 같은 분야에 종사하는 연구자의 한 사람으로서 저자 자오광차오 선생에게 존경의 마음을 표하며 저자의 다른 저서들도 가급적 빠른 시일 내에 한국어 번역본으로 출판, 소개되기를 기대합니다. 그리고 이 번역서가 우리 건축계와 일반 대중에 한 권의 좋은 참고 서적이 되어 한국 건축 역사를 올바로 인식할 수 있는 길잡이가 되었으면 합니다.

옮긴이 대표 한동수
한양대 동아시아건축역사연구실에서
2020년 3월

지은이

자오광차오 趙廣超

홍콩 출생의 디자이너, 저술가, 교육자로서 프랑스로 유학을 떠나 브장송 고등미술학교와 파리 제1대학에서 공부했고 국가고등조형예술학위를 받았다. 2001년에 설립된 '디자인·문화연구 작업실Design and Cultural Studies Workshop'의 수장이자 작업실 내 고궁문화 연구발전 팀의 디렉터로서 동양과 서양, 옛것과 동시대의 것을 포용하여 이미지와 문장을 한데 아우르는 특유의 방식으로 중국의 문화예술을 소개한다. 출판·디지털 미디어·전시·교육 등 다양한 분야에서 활발히 활동하고 있다.

산터우 창작예술디자인대학 교수, 고궁출판사 출판·교육 고문, 2010 상하이엑스포 중국관 심포지움과 《지혜의 긴 흐름》 전시 설계고문으로 활동했으며 중국 중앙방송국인 CCTV-9에서 제작한 〈고궁 100〉 다큐멘터리의 자문도 담당했다. 주요 저서로 『세상에서 가장 친절한 중국 건축 이야기中國建築.自然組曲』, 『붓과 종이의 중국화筆紙中國畫』, 『대자금성, 왕의 축선大紫禁城-王者的軸綫』, 『나무의자一章木椅』, 『12명의 미인十二美人』, 『우리 집은 자금성에我的家在紫禁城』 시리즈, 『자금성 100紫禁城 100』 등이 있다. cnc.org.hk

옮긴이

한동수

한양대학교를 졸업하고 동 대학원에서 통도사에 관한 연구로 석사학위를, 국립대만대학에서 청대 지방 성곽의 영건제도에 관한 연구로 석사학위를, 중국 칭화대학에서 조선 시대와 명청 시대 건축의 비교 연구로 박사학위를 받았다. 역서로 『중국고대건축사』(공역, 1992), 저서로 『동양미술사』(공저, 2007) 등이 있다. 현재 한양대학교 공과대학 건축학부 교수로서 한중일 동아시아 건축의 상호 비교에 관한 강의 및 연구를 하고 있다.

이정아

한양대학교를 졸업하고 중국 칭화대학에서 건축역사와 이론으로 석사 및 박사학위를 받았다. 저서로 『한국 건축문화재 보호의 역사韓國建築文化財保護歷程』(베이징 과학출판사, 2019), 『불광사 동대전 정밀조사 연구보고佛光寺東大殿建築勘察研究報告』(공저, 베이징 문물출판사, 2011)와 기타 다수의 논문이 있으며 칭화대학의 문화유산보호연구센터에서 베이징 천단공원을 비롯한 다수의 중국 고건축에 대한 학술조사와 보호계획을 진행한 바 있다. 현재 한양대학교 공과대학 건축학부 겸임교수로서 역사건축물의 보존과 활용에 관해 강의하고 있다.

차주환

고려대학교에서 공학석사를, 중국 칭화대학에서 한중 목조구조 비교연구로 건축학 박사학위를 받았다. 역서로는 『중국건축도해사전』(공역, 2016)이 있으며, 논문으로는 「Design Principles of Early Stone Pagodas in Ancient Korean Architecture」, 「Reconsidering a proportional system of timber-frame structures through ancient mathematics books」, 「부석사 무량수전 측면 지붕부 결구의 구성방식에 관한 재고」 등이 있다. 현재 국민대학교, 목원대학교 등에서 설계 및 건축 역사 이론을, 한국전통문화대학교에서 중국 고전법식 제도와 한국 전통건축 목구조 비교에 관해 강의하고 있다.

나무로 집 지은 이야기만은 아니랍니다
중국 목조건축의 문화사

2020년 3월 18일 1판 1쇄 발행

지은이	자오광차오
옮긴이	한동수·이정아·차주환
펴낸이	김현표
본부장	최진선
편집	김지혜
디자인	신정민
펴낸곳	**미진사**
주소	서울시 마포구 동교로 134 7층
전화	02-336-6084
팩스	02-338-5391
이메일	mijinsa@mijinsa.com
홈페이지	www.mijinsa.com
등록번호	제2020-000032호
ISBN	978-89-408-0601-2 (03600)
값	20,000원

This book has been supported by Chinese Fund for Humanities and Social Sciences.